# Illustrator
## 逆引きデザイン事典

［CC/CS6/CS5/CS4/CS3］増補改訂版

生田信一、ヤマダジュンヤ、柘植ヒロポン、順井守

## 本書内容に関するお問い合わせについて

このたびは翔泳社の書籍をお買い上げいただき、誠にありがとうございます。弊社では、読者の皆様からのお問い合わせに適切に対応させていただくため、以下のガイドラインへのご協力をお願い致しております。下記項目をお読みいただき、手順に従ってお問い合わせください。

**◎ご質問される前に**
弊社Webサイトの「正誤表」をご参照ください。これまでに判明した正誤や追加情報を掲載しています。
正誤表　https://www.shoeisha.co.jp/book/errata/

**◎ご質問方法**
弊社Webサイトの「刊行物Q&A」をご利用ください。
刊行物Q&A　https://www.shoeisha.co.jp/book/qa/

インターネットをご利用でない場合は、FAXまたは郵便にて、右記"翔泳社 愛読者サービスセンター"までお問い合わせください。
電話でのご質問は、お受けしておりません。

**◎回答について**
回答は、ご質問いただいた手段によってご返事申し上げます。ご質問の内容によっては、回答に数日ないしはそれ以上の期間を要する場合があります。

**◎ご質問に際してのご注意**
本書の対象を越えるもの、記述個所を特定されないもの、また読者固有の環境に起因するご質問等にはお答えできませんので、予めご了承ください。

**◎郵便物送付先およびFAX番号**
送付先住所　〒160-0006　東京都新宿区舟町5
FAX番号　　03-5362-3818
宛先　　　　（株）翔泳社 愛読者サービスセンター

---

**本書の対象について**

本書は、Adobe Illustrator CC／CS6／CS5／CS4／CS3に対応しています。紙面ではCCを使って解説していますが、バージョンによって手順が異なる場合は別途記載しています。
対応OSはMacとWindowsです。紙面ではMacを使って解説していますが、Windowsでも同じ操作が可能です。ショートカットキーの表記は右のように読み替えてください。

| Mac | | Windows |
|---|---|---|
| ⌘キー | ➡ | Ctrlキー |
| Optionキー | ➡ | Altキー |
| Returnキー | ➡ | Enterキー |

---

※本書に記載されたURL等は予告なく変更される場合があります。
※本書の出版にあたっては正確な記述につとめましたが、著者や出版社などのいずれも、本書の内容に対してなんらかの保証をするものではなく、内容やサンプルに基づくいかなる運用結果に関してもいっさいの責任を負いません。
※本書に掲載されているサンプルプログラムやスクリプト、および実行結果を記した画面イメージなどは、特定の設定に基づいた環境にて再現される一例です。
※本書に記載されている会社名、製品名はそれぞれ各社の商標および登録商標です。

## はじめに

　Adobe Illustrator は、デザインの現場で欠かせない必携のソフトウェアです。柔軟に高品質のグラフィックを作成でき、印刷のみならず Web や各種デバイス用のデータ作成など、その活躍の分野は広がっています。さまざまな業界のプロフェッショナルユーザーが、Adobe Illustrator を利用して、実際に印刷物や Web などの多彩なコンテンツを制作しています。

　これまで Illustrator は、バージョンを重ねるごとに、ユーザーの願いをひとつひとつ実現してきた歴史と実績があります。そのスピリッツは、現在でも引き継がれています。最新バージョンの Illustrator CC では、Creative Cloud（CC）のライブラリを利用して、グラフィックや段落・文字スタイル、カラーを登録し、複数のアプリケーション間で利用したり、Typekit を使って豊富な書体ライブラリから好みの書体を同期させて利用したり、Adobe Stock の画像を CC を経由してスムースにドキュメントに取り込んだりできます。また、テキスト編集機能が大きく強化され、より使いやすい操作環境が実現されています。Web 用途では、さまざまなデバイス用に最適なコンテンツを一括して書き出すアセットパネルが搭載されたことで、制作に関わる時間が大幅に短縮されることでしょう。

　このような Illustrator の魅力的な機能を素早く習得して、制作現場でいち早く使いこなしてみたいというユーザーの要望は高いでしょう。本書『Illustrator 逆引きデザイン事典 増補改訂版』は最新の Illustrator CC をはじめ、CS6/CS5/CS4/CS3 を使用しているユーザーにも役立つように構成されています。従来からある諸機能から、最新の機能までを使いこなすためのノウハウを一冊にまとめました。

　本書は、今すぐにほしい情報を素早く探し出せるよう、逆引き形式で目次が構成されています。読者の皆さんは、どこからでも読み進められますし、関心のあるページだけを飛ばし読みして使うことも可能です。また、短時間で習得できるよう、すべての項目を 1 〜 2 ページ内で簡潔にまとめています。さらに巻末付録として、プロセスカラーチャート、罫線の作図法早見表を収録しています。ほしい情報を、短時間に、効率よく習得できることが本書の大きな特徴になっています。

　執筆にあたっては、第一線で活躍中のスペシャリッツたちが、それぞれの専門分野の観点から解説を試みていることも、本書の大きな特徴と言えるでしょう。制作現場で役立つ本として、愛用していただけるものと確信しております。

　本書が、皆さんのクリエイティブやビジネス、学習に役立つことを、心より祈っています。

生田 信一

# CONTENTS
目次

| | |
|---|---|
| ツールリファレンス | 012 |
| ワークスペースリファレンス | 014 |
| パネルリファレンス | 014 |
| CC 新機能リファレンス | 019 |

## 第1章　作業環境と操作 …… 021

| | | |
|---|---|---|
| 001 | ツールパネルの基本操作 | 022 |
| 002 | カスタムツールパネルを作成する | 023 |
| 003 | 作業画面をカスタマイズする | 024 |
| 004 | コントロールパネルを活用する | 026 |
| 005 | CC2017の新しいインターフェイスを確認する | 028 |
| 006 | インターフェイスの明るさを変更する | 029 |
| 007 | 旧バージョンで新規ドキュメントを作成する | 030 |
| 008 | CC2017で新規ドキュメントを作成する | 031 |
| 009 | ドキュメントをタブで開く | 032 |
| 010 | アートボードを複数作成しサイズを変更する | 033 |
| 011 | アートボードを追加する | 034 |
| 012 | アートボードを複製する | 035 |
| 013 | アートボードのページ順を変更する | 036 |
| 014 | アートボードを個別のファイルに保存する | 037 |
| 015 | ズームツールで画面の表示倍率を変更する | 038 |
| 016 | ショートカットで画面の表示倍率を変更する | 039 |
| 017 | 画面表示の範囲を変更する | 040 |
| 018 | 定規を表示して座標値でオブジェクトの位置を指定する | 041 |
| 019 | 座標の原点の位置を変更する | 042 |
| 020 | オブジェクトをガイドに変換する | 043 |
| 021 | 水平・垂直のガイドを座標値を使って正確に配置する | 044 |
| 022 | スマートガイドを使ってオブジェクト同士を整列させる | 045 |
| 023 | グリッドを活用する | 046 |
| 024 | プレビュー表示とアウトライン表示を切り替える | 047 |
| 025 | 異なるウィンドウ表示を並べたりウィンドウ表示を登録する | 048 |
| 026 | カーソルキーの移動距離や角度を変更する | 049 |
| 027 | 定規・文字・線の単位を変更する | 050 |
| 028 | 操作を取り消す・やり直す | 051 |
| 029 | ドキュメントを保存する | 052 |
| 030 | ドキュメントを下位バージョンで保存する | 053 |
| 031 | ライブラリパネルを活用する | 054 |
| 032 | 万一に備えてデータ復元の設定をする | 056 |

## 第2章 オブジェクトの作成 ・・・・・・057

- 033 サイズを指定して図形を描く ・・・・・・058
- 034 形を確認しながら星形や多角形を描く ・・・・・・059
- 035 視覚的操作でさまざまな形状の図形を描く ・・・・・・060
- 036 曲線ツールを使って直感的にパスを描く ・・・・・・061
- 037 フリーハンドで直感的に線を描く ・・・・・・062
- 038 ジェスチャーを使って直感的に図形を描く ・・・・・・063
- 039 オブジェクトをグループ化する ・・・・・・064
- 040 複数のオブジェクトを選択する ・・・・・・066
- 041 同じ軸上に複製をつくる ・・・・・・067
- 042 移動や複製する位置を数値で指定する ・・・・・・068
- 043 オブジェクトをペーストする ・・・・・・069
- 044 オブジェクトの重ね順を変更する ・・・・・・070
- 045 階層を指定してペーストする ・・・・・・071
- 046 レイヤーパネルを使いこなす ・・・・・・072
- 047 立体感のあるオブジェクトをつくる ・・・・・・074
- 048 異なるオブジェクトをブレンドする ・・・・・・075
- 049 オブジェクトを整列・分布させる ・・・・・・076
- 050 オブジェクトを型抜きする ・・・・・・078
- 051 オブジェクト同士を合体させる ・・・・・・079
- 052 繰り返し使うオブジェクトを登録して作業を簡略化する ・・・・・・080
- 053 インスタンスにバリエーションを持たせる ・・・・・・081
- 054 長方形・同心円のグリッドを作成する ・・・・・・082

## 第3章 オブジェクトの編集 ・・・・・・083

- 055 ペンツールを使いこなす ・・・・・・084
- 056 スムーズポイントとコーナーポイントを切り替える ・・・・・・085
- 057 パスを編集して形状を変更する ・・・・・・086
- 058 アンカーポイントを連結する ・・・・・・087
- 059 図形の形を編集する ・・・・・・088
- 060 アンカーポイントを整列する ・・・・・・089
- 061 縦横比を保ったまま拡大・縮小する ・・・・・・090
- 062 変形パネルを使って拡大・縮小する ・・・・・・091
- 063 位置を保ったまま複数のオブジェクトの大きさを変える ・・・・・・092
- 064 複数のオブジェクトをランダムに変形させる ・・・・・・093
- 065 バウンディングボックスを使って変形させる ・・・・・・094
- 066 直感的にオブジェクトを自由変形させる ・・・・・・095
- 067 オブジェクトのパターンのみ変形させる ・・・・・・096

| 068 | 回転角度を指定して複製する | 097 |
| --- | --- | --- |
| 069 | シンメトリーな図形を描く | 098 |
| 070 | オブジェクトを傾けて変形させる | 099 |
| 071 | パスを任意の場所で切り分ける | 100 |
| 072 | 図形を複数に切り分ける | 101 |
| 073 | 用意した図形に沿ってほかの図形を変形させる | 102 |
| 074 | さまざまな変形や歪みを加える | 103 |
| 075 | オブジェクトの一部にランダムな変形を加える | 104 |
| 076 | 塗りブラシツールでオブジェクトを描く | 105 |
| 077 | 図形の一部をフリーハンドで消す | 106 |
| 078 | 用意した図形でほかの図形を分割する | 107 |
| 079 | 遠近グリッドを設定する | 108 |
| 080 | アートワークにパースを付ける | 110 |

## 第4章　塗り・線・カラーの設定 …………… 111

| 081 | 塗りと線の色を変える | 112 |
| --- | --- | --- |
| 082 | カラーモードを変更する | 113 |
| 083 | カラースウォッチをオブジェクトに適用する | 114 |
| 084 | スウォッチパネルにオリジナルカラーを登録する | 115 |
| 085 | グローバルカラーを利用する | 116 |
| 086 | 破線（点線）を描く | 117 |
| 087 | 線幅や線の形状を設定する | 118 |
| 088 | 線の位置を変更する | 120 |
| 089 | オブジェクトに複数の線を適用する | 121 |
| 090 | 線の形状をアウトラインに変換する | 122 |
| 091 | 強弱のある線を描く | 123 |
| 092 | グラデーションを適用・登録する | 124 |
| 093 | 線にグラデーションを設定する | 126 |
| 094 | グラデーションの不透明度を変更する | 127 |
| 095 | 立体的で複雑なグラデーションをつくる | 128 |
| 096 | カスタムブラシを登録する | 129 |
| 097 | オリジナルアートワークを使ってカスタムブラシを作成する | 130 |
| 098 | オリジナルのパターンを登録・適用する | 132 |
| 099 | ペイント属性をほかのオブジェクトに反映する | 134 |
| 100 | オブジェクトの不透明度を変更する | 135 |
| 101 | オブジェクトの描画モードを変更する | 136 |
| 102 | アートワークをマスクにしてオブジェクトの不透明度を変更する | 137 |
| 103 | さまざまな配色パターンを試す | 138 |

## 第5章 画像の配置と編集 ……………… 139

- 104 画像を配置する ……………………………………………………………… 140
- 105 複数の画像を配置する …………………………………………………… 141
- 106 画像をトレース用の下絵として配置する……………………………… 142
- 107 画像のレイヤーを保持したまま配置する ……………………………… 143
- 108 画像をドラッグ＆ドロップで配置する ………………………………… 144
- 109 レイヤーを保持したまま Photoshop ファイルに書き出す ………… 145
- 110 配置した画像の状態を一覧にする ……………………………………… 146
- 111 配置した画像を別の画像に置き換える ………………………………… 147
- 112 リンク画像を埋め込み画像に変更する ………………………………… 148
- 113 埋め込みを解除して PSD や TIFF ファイルとして保存する ……… 149
- 114 リンク画像の元画像に編集を加える …………………………………… 150
- 115 リンク画像を更新する …………………………………………………… 151
- 116 リンク画像のリンクを外れないようにする …………………………… 152
- 117 配置した画像の不要な部分を切り取る ………………………………… 153
- 118 文字やオブジェクトの中に写真を配置する …………………………… 154
- 119 画像の色をオブジェクトに適用する …………………………………… 155
- 120 オブジェクトをビットマップ画像に変換する ………………………… 156
- 121 配置する画像の解像度を調整する ……………………………………… 158
- 122 低解像度の画像を印刷用として使用する ……………………………… 159
- 123 Photoshop で作成したパスを Illustrator で使用する ……………… 160
- 124 Creative Cloud デスクトップを活用する ………………………………… 161
- 125 ライブラリパネルに画像を登録する …………………………………… 162
- 126 ライブラリパネルの画像に編集を加える ……………………………… 164
- 127 Adobe Stock の画像を利用する …………………………………………… 165
- 128 Adobe Stock の素材を直接検索する ……………………………………… 166

## 第6章 フィルター効果 ……………… 167

- 129 カラー調整でイラストの色合いを変える ……………………………… 168
- 130 写真をモザイクにする …………………………………………………… 169
- 131 フォントの太さをカスタマイズしてロゴを作成する ………………… 170
- 132 オブジェクトのアウトラインをジグザグにする ……………………… 171
- 133 オブジェクトをラフに歪ませる………………………………………… 172
- 134 パスを変形して奥行き感を出す ………………………………………… 173
- 135 図形の角を丸くする ……………………………………………………… 174
- 136 効果をグラフィックスタイルに登録して利用する …………………… 175
- 137 アピアランスパネルで効果を変更する ………………………………… 176
- 138 ワープ効果でオブジェクトを旗のように変形する …………………… 177

| 139 | オブジェクトの変形を一括指定する | 178 |
| 140 | オブジェクトにぼかしを加える | 179 |
| 141 | ぼかし効果を加えて動きのある画像にする | 180 |
| 142 | 写真やオブジェクトに絵画のような効果を与える | 181 |
| 143 | 写真やオブジェクトにテクスチャを加える | 182 |
| 144 | スケッチのようなラフな表現に加工する | 183 |
| 145 | 写真にアーティスティック効果を加える | 184 |
| 146 | 印刷物や銅版画のような表現に加工する | 185 |
| 147 | 筆を使ったような表現に加工する | 186 |
| 148 | アナログな表現に加工する | 187 |
| 149 | イラストを落書きのように加工する | 188 |
| 150 | 効果を複製して複雑なオブジェクトに加工する | 189 |
| 151 | 効果を編集可能なパスに変換する | 190 |

## 第7章　文字の操作　191

| 152 | ポイント文字を作成する | 192 |
| 153 | エリア内文字を作成する | 193 |
| 154 | ポイント文字とエリア内文字を切り替える | 194 |
| 155 | パス上に文字を配置する | 196 |
| 156 | パス上文字オプションを適用する | 197 |
| 157 | オブジェクト内に文字を配置する | 198 |
| 158 | エリア内文字オプションを適用する | 199 |
| 159 | 文字タッチツールで文字を変形する | 200 |
| 160 | 効率的にテキストを選択する | 202 |
| 161 | フォント検索機能を利用する | 203 |
| 162 | 文字パネルで文字スタイルを編集する | 204 |
| 163 | 段落パネルで段落スタイルを編集する | 206 |
| 164 | キーボードショートカットで効率的に文字組みする | 208 |
| 165 | テキストを検索・置換する | 209 |
| 166 | 字形パネルを活用する | 210 |
| 167 | タブパネルを活用して表をつくる | 212 |
| 168 | 表組みの枠をつくる | 214 |
| 169 | 文字をアウトライン化する | 216 |
| 170 | アウトライン化した文字の中に画像を配置する | 217 |
| 171 | 白フチ文字をつくる | 218 |
| 172 | 文字の周囲をぼかして読みやすくする | 219 |
| 173 | ワープを利用して文字を変形する | 220 |
| 174 | 任意の形で文字を変形する | 221 |
| 175 | Adobe Typekit を活用する | 222 |
| 176 | 文字パネルのフォント検索とライブプレビューを使う | 224 |
| 177 | 特殊文字を挿入する | 226 |

| 178 | サンプルテキストを割り付ける | 227 |
| 179 | テキストをオブジェクトに回り込ませる | 228 |

## 第8章 日本語組版 … 229

| 180 | 段落スタイルを作成して活用する | 230 |
| 181 | 段落スタイルを編集する | 232 |
| 182 | 文字スタイルを作成して活用する | 234 |
| 183 | 文字スタイルを編集する | 236 |
| 184 | テキストエリアを連結する | 238 |
| 185 | ぶら下がりを設定する | 240 |
| 186 | 禁則調整方式を設定する | 241 |
| 187 | コンポーザーを使って改行位置を設定する | 242 |
| 188 | 縦組み中の欧文回転を設定する | 243 |
| 189 | 縦中横を設定する | 244 |
| 190 | 割注を設定する | 245 |
| 191 | 文字揃えを設定する | 246 |
| 192 | 上付き文字、下付き文字を設定する | 247 |
| 193 | 合成フォントをつくる | 248 |

## 第9章 グラフの作成 … 249

| 194 | データを入力して棒グラフをつくる | 250 |
| 195 | グラフにラベルや凡例を表示する | 251 |
| 196 | テキストエディットで作成したデータを読み込む | 252 |
| 197 | 座標軸のラベルと凡例を入れ換える | 253 |
| 198 | 棒グラフの棒の幅を変更する | 254 |
| 199 | 凡例を上部に表示する | 255 |
| 200 | ほかの種類のグラフに変更する | 256 |
| 201 | 数値の座標軸や項目の座標軸に目盛りを入れる | 258 |
| 202 | 数値の座標軸に単位を追加する | 259 |
| 203 | グラフの色や書体を変更する | 260 |
| 204 | グラフの棒と凡例にパターンスウォッチを適用する | 261 |
| 205 | 円グラフをつくる | 262 |
| 206 | 複数の円グラフをまとめてつくる | 263 |
| 207 | 半円のグラフをつくる | 264 |
| 208 | 棒グラフに適用するイラストを登録する | 265 |
| 209 | 棒グラフの棒にイラストを適用する | 266 |
| 210 | 棒グラフの棒に適用したイラストの表示を変更する | 267 |
| 211 | 棒グラフの系列ごとに異なるイラストを適用する | 268 |

| 212 | 棒グラフに適用したイラストにデータの数値を表示させる | 269 |
| 213 | 折れ線グラフのマーカーにイラストを適用する | 270 |
| 214 | 3D の円グラフをつくる | 271 |
| 215 | 円柱のグラフをつくる | 272 |

## 第10章 Web グラフィックの作成 …… 273

| 216 | ピクセルプレビューで作業する | 274 |
| 217 | オブジェクトをピクセルグリッドにスナップする | 275 |
| 218 | アートワークをスライスして分割する | 276 |
| 219 | スライスを編集する | 277 |
| 220 | Web グラフィックの最適化と最適化設定を登録する | 278 |
| 221 | コピー & ペーストで CSS コードを生成する | 280 |
| 222 | SVG フィルターを利用してオブジェクトにインパクトを加える | 282 |
| 223 | SVG フィルターをカスタマイズする | 283 |
| 224 | リサイズしても劣化しない SVG 形式で保存する | 284 |
| 225 | コピー & ペーストで SVG 形式に変換する | 285 |
| 226 | インタラクティブな SVG ファイルを書き出す | 286 |
| 227 | Web やアプリ制作に便利なモックやパーツを書き出す | 288 |
| 228 | LINE 用のスタンプセットを一度に書き出す | 290 |
| 229 | さまざまなサイズのバナーを一度に書き出す | 292 |
| 230 | よく使うバナーサイズのテンプレートを作成する | 294 |

## 第11章 高度な機能 …… 295

| 231 | オブジェクトを再配色でイラストのカラーテイストを変える | 296 |
| 232 | 直感的に領域を選択して着色する | 298 |
| 233 | 3D の回転体で立体的なオブジェクトをつくる | 299 |
| 234 | 3D オブジェクトの表面にアートワークを貼り付ける | 300 |
| 235 | 3 次元ワイヤフレーム風のロゴをつくる | 302 |
| 236 | コーナーの形状を保ったまま拡大・縮小する | 304 |
| 237 | トレース機能でビットマップ画像をベクター画像にする | 305 |
| 238 | 画像トレースのセット済み設定を試してみる | 307 |
| 239 | 3D の押し出しで立体的なブロックをつくる | 308 |
| 240 | アクションを作成して一括でファイル処理をする | 310 |
| 241 | スクリプトを自作して Illustrator の機能を拡張する | 312 |
| 242 | 変数を使用してグラフィックのデータを差し替える | 314 |
| 243 | Adobe Bridge でファイルを一括管理する | 316 |
| 244 | Adobe Bridge でファイル名を一括置換する | 318 |

## 第12章　印刷と入稿 ……………………………… 319

| | | |
|---|---|---|
| 245 | PDFプリセットを登録する | 320 |
| 246 | Typekit使用時の印刷入稿の注意点 | 321 |
| 247 | 複数のアートボードを印刷する | 322 |
| 248 | アートボードを拡大・縮小して印刷する | 323 |
| 249 | 印刷する範囲を変更する | 324 |
| 250 | プリントダイアログでトンボを付ける | 325 |
| 251 | ドキュメント内でトンボとガイドを作成する | 326 |
| 252 | CDレーベルのテンプレートをつくる | 328 |
| 253 | 複数のページに分けてタイリング印刷する | 330 |
| 254 | 特定のレイヤーを印刷しない設定にする | 331 |
| 255 | 使用中のフォントを確認する | 332 |
| 256 | 使用中のフォントを検索・置換する | 333 |
| 257 | 印刷に必要ないオブジェクトを削除する | 334 |
| 258 | 印刷入稿前にアピアランスを分割する | 336 |
| 259 | 透明効果を適用したオブジェクトを印刷する | 338 |
| 260 | 特色をプロセスカラーに変換する | 339 |
| 261 | オーバープリントを設定する | 340 |
| 262 | ブラックのオーバープリントを一括して設定する | 341 |
| 263 | トラップを設定する | 342 |
| 264 | 印刷分版をプレビューする | 343 |
| 265 | パッケージを使って印刷入稿する | 344 |
| 266 | PDFでWeb用や印刷入稿用として書き出す | 346 |
| 付録 | プロセスカラーチャート | 348 |
|  | 罫線の作図法早見表 | 352 |
| 索引 |  | 355 |

### ●サンプルファイルのダウンロードについて

本書の解説で使用しているデータを、サンプルとしてダウンロードできます。以下のサイトよりファイルを保存してご利用ください。

https://www.shoeisha.co.jp/book/download/9784798149820

### ●紙面の見方

040　複数のオブジェクトを選択する
058　アンカーポイントを連結する

関連項目：類似機能を扱う項目や、併せて読むと便利な項目を紹介しています。

VER.
CC / CS6 / CS5 / CS4 / CS3

黒い文字は対応しているバージョン、薄い文字は対応していないバージョンを表します。
なお、CCとは2016年11月にリリースされたIllustrator CC 2017のことを指します。

# TOOL REFERENCE

ツールリファレンス

● Illustrator CC ツールパネル

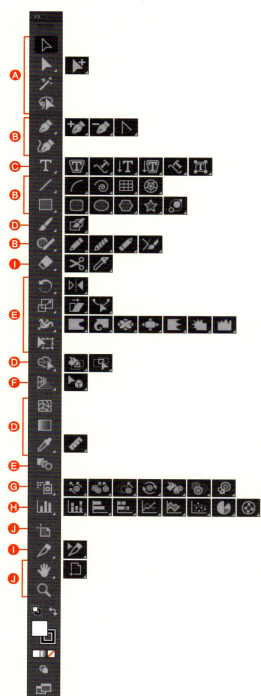

| A | 選択するツール |
|---|---|
| | [選択] ツール |
| | [ダイレクト選択] ツール |
| | [グループ選択] ツール |
| | [自動選択] ツール |
| | [なげなわ] ツール |
| B | 描画するツール |
| | [ペン] ツール |
| | [アンカーポイントの追加] ツール |
| | [アンカーポイントの削除] ツール |
| | [アンカーポイント] ツール　[CC ～] |
| | [曲線] ツール　[CC ～] |
| | [直線] ツール |
| | [円弧] ツール |
| | [スパイラル] ツール |
| | [長方形グリッド] ツール |
| | [同心円グリッド] ツール |
| | [長方形] ツール |
| | [角丸長方形] ツール |
| | [楕円形] ツール |
| | [多角形] ツール |
| | [スター] ツール |
| | [フレア] ツール |
| | [shaper] ツール　[CC ～] |
| | [鉛筆] ツール |
| | [スムーズ] ツール |
| | [パス消しゴム] ツール |
| | [連結] ツール　[CC ～] |
| C | 文字に関するツール |
| | [文字] ツール |
| | [エリア内文字] ツール |
| | [パス上文字] ツール |
| | [文字（縦）] ツール |
| | [エリア内文字（縦）] ツール |
| | [パス上文字（縦）] ツール |
| | [文字タッチ] ツール　[CC ～] |

| | D | ペイントするツール |
|---|---|---|
| | | [ブラシ] ツール |
| | | [塗りブラシ] ツール　[CS4 〜] |
| | | |
| | | [シェイプ形成] ツール　[CS5 〜] |
| | | [ライブペイント] ツール |
| | | [ライブペイント選択] ツール |
| | | |
| | | [メッシュ] ツール |
| | | [グラデーション] ツール |
| | | [スポイト] ツール |
| | | [ものさし] ツール |
| | E | リシェイプするツール |
| | | [回転] ツール |
| | | [リフレクト] ツール |
| | | |
| | | [拡大・縮小] ツール |
| | | [シアー] ツール |
| | | [リシェイプ] ツール |
| | | |
| | | [線幅] ツール　[CS5 〜] |
| | | [ワープ] ツール |
| | | [うねり] ツール |
| | | [収縮] ツール |
| | | [膨張] ツール |
| | | [ひだ] ツール |
| | | [クラウン] ツール |
| | | [リンクル] ツール |
| | | |
| | | [自由変形] ツール |
| | | [ブレンド] ツール |
| | F | パース図に関するツール |
| | | [遠近グリッド] ツール　[CS5 〜] |
| | | [遠近図形選択] ツール　[CS5 〜] |

| | G | シンボルに関するツール |
|---|---|---|
| | | [シンボルスプレー] ツール |
| | | [シンボルシフト] ツール |
| | | [シンボルスクランチ] ツール |
| | | [シンボルリサイズ] ツール |
| | | [シンボルスピン] ツール |
| | | [シンボルステイン] ツール |
| | | [シンボルスクリーン] ツール |
| | | [シンボルスタイル] ツール |
| | H | グラフツール |
| | | [棒グラフ] ツール |
| | | [積み上げ棒グラフ] ツール |
| | | [横向き棒グラフ] ツール |
| | | [横向き積み上げ棒グラフ] ツール |
| | | [折れ線グラフ] ツール |
| | | [階層グラフ] ツール |
| | | [散布図] ツール |
| | | [円グラフ] ツール |
| | | [レーダーチャート] ツール |
| | I | 消去・切断・スライスするツール |
| | | [消しゴム] ツール　[CS3 〜] |
| | | [はさみ] ツール |
| | | [ナイフ] |
| | | |
| | | [スライス] ツール |
| | | [スライス選択] ツール |
| | J | 表示を移動するツール |
| | | [アートボード] ツール　[CS4 〜] |
| | | [手のひら] ツール |
| | | [プリント分割] ツール |
| | | [ズーム] ツール |

# WORK SPACE REFERENCE

ワークスペースリファレンス

メニューバー

コントロールパネル
➡ 026 ページ

ツールパネル
➡ 022 ページ

作業スペース

ドック
➡ 024 ページ

パネルメニュー

パネル
➡ 024 ページ

アートボード

ズームボックス
➡ 040 ページ

アートボードナビゲーション　選択中のツール名

# PANEL REFERENCE

パネルリファレンス

●塗りや線を編集するパネル

カラーパネル：塗りや線のカラー設定に使います。➡ 112 ページ

スウォッチパネル：カラーやパターン、グラデーションを登録し、適用することができます。➡ 114 ページ

グラデーションパネル：グラデーションの詳細を設定できます。➡ 124 ページ

　線パネル：線の太さや形状を設定できます。● 120 ページ

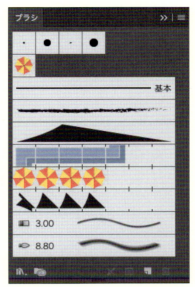

　ブラシパネル：ブラシの種類を設定できます。オリジナルのブラシを登録することもできます。● 130 ページ

　カラーガイドパネル：配色を選んだり、特色を指定するのに使います。● 138 ページ

　透明パネル：透明度や描画モードを設定できます。● 135 ページ

● オブジェクトを編集するパネル

　ライブラリパネル：カラーや文字の書式、オブジェクトを登録して、ほかのドキュメントや Photoshop、InDesign でも使えるようにします。● 054 ページ

　グラフィックスタイルパネル：あらかじめ塗りと線の色や属性、フィルター効果をまとめて登録しておき、適用することができます。● 175 ページ

シンボルパネル：オブジェクトをシンボルとして登録しておくことで、簡単にオブジェクトを利用できるようにします。
➡ 080 ページ

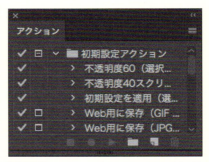

アクションパネル：あらかじめ一連の操作を記録して、適用できます。➡ 310 ページ

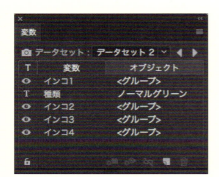

変数パネル：グラフィックやテキストの差し替えが可能なテンプレートを作成できます。➡ 314 ページ

アピアランスパネル：塗りと線の色や属性、フィルター効果を確認・編集できます。
➡ 121 ページ

● オブジェクトを変形するパネル

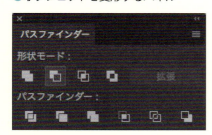

パスファインダーパネル：複数のオブジェクトを合体させたり、一方をもう一方で切り抜いたりできます。➡ 078 ページ

整列パネル：複数のオブジェクトの位置を揃えたり、等間隔に配置したりできます。➡ 076 ページ

●オブジェクトの状態を確認するパネル

ナビゲーターパネル：ドキュメントのサムネールが表示されます。見たい部分にすばやく移動できます。→ 040 ページ

レイヤーパネル：レイヤーの整列や複製、削除などが行えます。→ 072 ページ

リンクパネル：配置されているビットマップ画像（写真など）の一覧が表示されます。リンクの状態を確認・編集できます。→ 146 ページ

変形パネル：位置、サイズ、回転角度など、オブジェクトの形状に関する情報が表示されます。→ 091 ページ

アートボードパネル：アートボードの複製、削除などが行えます。→ 034 ページ

ドキュメント情報パネル：ドキュメントのさまざまな情報の確認ができます。→ 332 ページ

● Web に関するパネル

 CSS プロパティパネル：オブジェクトから CSS（スタイルシート）を書き出すために使います。→ 280 ページ

SVG インタラクティブパネル：オブジェクトに対して Web 上で表示する動きなどを設定するのに使います。→ 286 ページ

アセットの書き出しパネル：Web やアプリ制作に役立つデザインパーツ（アセット）をさまざまなフォーマットで書き出せます。→ 289 ページ

● 書式に関するパネル

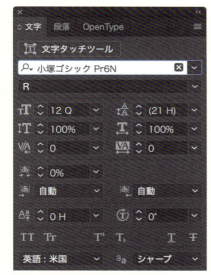

文字パネル：テキストの書体・サイズ・行送りなどの設定に使います。→ 204 ページ

段落パネル：段落のインデント・行取り・ドロップキャップ・禁則処理などの設定に使います。→ 206 ページ

タブパネル：テキスト内にタブを入力しておくと、文字を揃えることができます。→ 212 ページ

字形パネル：異字体やさまざまな記号を入力するのに使います。→ 210 ページ

# CC NEW FEATURES REFERENCE
CC新機能リファレンス

**Illustrator CC 2017** ［2016.11.2］
- ■ インターフェイスの刷新 ……………… P028
- ■ 新規ファイル画面の刷新 …………… P031
- ■ Adobe Stockの検索機能強化 … P166
- ■ フォント検索機能の強化 …… P203,224
- ■ 異体字表示機能の強化 …………… P211
- ■ ピクセルスナップ機能の強化 …… P275

**Illustrator CC 2015.3.1** ［2016.8.10］
- ■ Adobe Stock素材の検索 ……… P166

**Illustrator CC 2015.3** ［2016.6.20］
- ■ ライブラリパネルの機能強化… P162,164
- ■ ピクセルの最適化 ……………… P275
- ■ アセット／アートボードの書き出し… P288

**Illustrator CC 2015.2** ［2015.11.30］
- ■ ライブシェイプの機能強化………… P060
- ■ [Shaper]ツール ………………… P063
- ■ ダイナミックシンボル ……………… P081

**Illustrator CC 2015** ［2015.6.15］
- ■ ズーム機能の強化 ………………… P038
- ■ データの復元 ……………………… P056
- ■ Adobe Stockの開始 …………… P165

## Illustrator CC 2014.1 [2014.10.6]

- ■ [曲線] ツール …………………… P061
- ■ [連結] ツール …………………… P087
- ■ Creative Cloudライブラリ ……… P162
- ■ テキストエリアの自動サイズ調整 … P199

## Illustrator CC 2014 [2014.6.18]

- ■ ライブシェイプ …………………… P060

## Illustrator CC 17.1 [2014.1.16]

- ■ カスタムツールパネル …………… P023
- ■ Adobe Typekitとの連携 ………… P222

## Illustrator CC 17 [2013.6.17]

- ■ [自由変形] ツール ……………… P095
- ■ 複数ファイルの配置 ……………… P141
- ■ 画像の埋め込み解除 ……………… P149
- ■ [文字タッチ] ツール …………… P170, 200
- ■ フォント検索機能の強化 ………… P203
- ■ CSSコードの生成 ………………… P280
- ■ ファイルのパッケージ …………… P344

**Ai** Creative Cloudスタート

# 第 1 章　作業環境と操作

## NO. 001 ツールパネルの基本操作

VER.
CC / CS6 / CS5 / CS4 / CS3

［ツール］パネルの表示の切り替えや、［ツール］パネルの中に隠れているツール選択の方法を紹介します。

### ［ツール］パネルの移動と1列／2列表示の切り替え

［ツール］パネルは頻繁にアクセスするパネルなので、操作方法を覚えておくと便利です。［ツール］パネルを移動するには、タイトルバーをドラッグします❶。また、タイトルバーの二重の矢印（ >> ）の部分をクリックすると、1列表示と2列表示を切り替えられます❷。

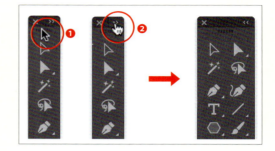

### 非表示状態のツールを選択する

ツールアイコンの右下に小さな三角形が表示されている場合はツールが隠れています。ツールアイコンを押したままにすると、ドロップダウンリストで隠れているツールが表示されます❸。そのまま目的のツールを選択します❹。

 MEMO
隠れているツールを順に呼び出すには、Option を押しながらツールアイコンをクリックします。

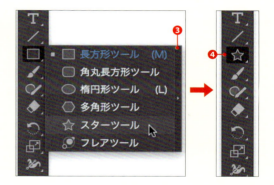

### ツールグループの切り離し

隠れているツール群は、［ツール］パネルから切り離して表示できます。ツールアイコンを押したままの状態で、右端の三角形が表示されているエリアまでドラッグします❺。ツールグループが切り離されるので、任意の位置に移動して利用できます❻。切り離したパネルを閉じるには［閉じる］ボタン❼をクリックします。
ツール名の右端にアルファベットが表示されている場合は、そのキーをタイプしてツールを選択することができます。たとえば長方形ツールであれば M を押します❽。

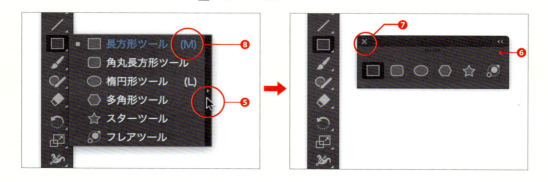

# NO. 002 カスタムツールパネルを作成する

VER. CC / CS6 / CS5 / CS4 / CS3

CC 17.1以降ではカスタムツールパネル機能を利用して、専用のツールセットを作成できます。

**STEP 1**
カスタマイズした［ツール］パネルを新規に作成します。［ウィンドウ］メニューから［ツール］→［新規ツールパネル］を選びます❶。［新規ツールパネル］ダイアログボックスが現れるので、名前を入力します❷。画面上に、新しい［ツール］パネルが現れます❸。

**STEP 2**
既存の［ツール］パネルから、新規で作成した［ツール］パネルに登録したいツールをドラッグ＆ドロップする操作で❹、ツールを登録することができます❺。この操作を繰り返し、専用の［ツール］パネルを作成します❻。

**STEP 3**
作成した［ツール］パネルの名前は、［ウィンドウ］メニューから［ツール］を選ぶと、サブメニューに現れるので❼、いつでも呼び出して利用できます。［ウィンドウ］メニューから［ツール］→［ツールパネルの管理］を選ぶと❽、［ツールパネルの管理］ダイアログが表示され❾、作成したパネルを削除したり、複製をつくることもできます❿。

003 作業画面をカスタマイズする

NO.
## 003 作業画面をカスタマイズする

VER.
CC / CS6 / CS5 / CS4 / CS3

ワークスペースの種類を選んだり、パネルの表示を自分なりにカスタマイズして、保存することができます。

### ワークスペースを選択する

Illustratorのワークスペースは、目的に応じて切り替えることができます。[ウィンドウ]メニューから[ワークスペース]を選ぶと、[Web][テキスト編集][トレース][プリントと校正][ペイント][レイアウト][初期設定][自動処理]の中から目的の種類を選べます（表示される内容はバージョンにより異なります）。選んだ種類により、パネル類の表示や組み合わせが切り替わります❶。

### ドックの操作

パネル類はドックに格納されています❷。それぞれのパネルはアイコンで表示されます。ドックのアイコン❸をクリックするとパネルが表示されます❹。[パネルを展開]ボタン❺をクリックすると、すべてのパネルが表示されます❻。

### パネル表示をカスタマイズする

ドックでは、パネルを自由にグループ化して格納できます。パネルをドック内のグループに組み入れるには、組み入れたいパネルのタブ名の部分をクリックし、そのままドッグ内のパネルのタブ名の位置❼、あるいはアイコンの上❽までドラッグします。グループからパネルを分離させたい場合は、分離したいパネルのタブ名を外にドラッグします。

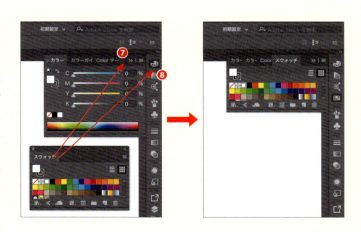

また、パネルのタブ名をドッグの下側にドラッグすると❾、ドック内にほかのグループとは独立した状態でパネルを格納できます❿。

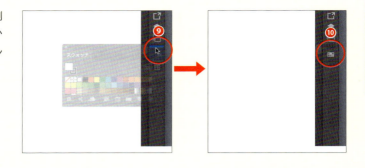

## カスタマイズしたワークスペースを保存する

**STEP 1**　カスタマイズしたワークスペースは、名前を付けて保存できます。手順は、まず［ウィンドウ］メニューから［ワークスペース］→［新規ワークスペース］（CS5以前では［ワークスペースを保存］）を選びます⓫。

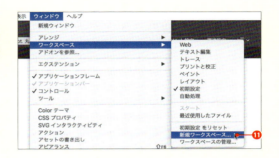

**STEP 2**　［新規ワークスペース］（CS5以前では［ワークスペースを保存］）ダイアログが現れます。ワークスペースの名前を入力し⓬、［OK］をクリックして保存します。

**STEP 3**　保存したワークスペースはいつでも呼び出せます。［ウィンドウ］メニューから［ワークスペース］を選ぶと、保存したワークスペースの名前が表示されるので、目的のワークスペース名を選びます⓭。

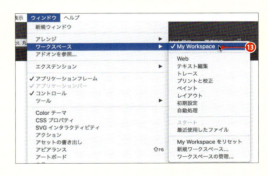

**STEP 4**　保存したワークスペースを削除する場合は、［ウィンドウ］メニューから［ワークスペース］→［ワークスペースの管理］を選びます。削除したいワークスペース名をクリックして選択し、［ワークスペースの削除］ボタン⓮をクリックします。

## NO. 004 コントロールパネルを活用する

VER.
CC / CS6 / CS5 / CS4 / CS3

横長の［コントロール］パネルを使うと効率的に作業できます。選んだオブジェクトの種類により表示内容が切り替わり、パネルの長さによっても表示される項目数が変わります。

### ［コントロール］パネルの操作

［コントロール］パネルでは、オブジェクトの属性を指定するために、各種パネルを表示したり、入力ボックスに数値を入力したり、ボタン操作などでコマンドを実行できます。主な操作方法は以下の通りです。

**STEP 1** 塗りや線のカラーは、矢印ボタン（▼）をクリックすると［スウォッチ］パネルが現れ❶、[Shift]キーを押したままクリックすると［カラー］パネルが現れます❷。そのほか、色のついた（CC2017 では下線）パネル名をクリックしてパネルを表示します。

**STEP 2** 数値指定を行う場合は、ドロップダウンリストの中から数値を選んだり❸、入力ボックスに直接数値を入力します❹。

**STEP 3** コマンドを実行する場合は、ボタン操作で行ったり❺、コンテキストメニューから実行することができます❻。

**STEP 4** ［コントロール］パネルの右端をクリックするとパネルメニューが表示されます。デフォルトでは［上部にドッキング］が選ばれていますが、［下部にドッキング］を選ぶと［コントロール］パネルがウィンドウの下に表示されます。また［コントロール］パネルに表示する項目を選ぶこともできます。

### ［選択］ツールでオブジェクトを選択した場合

［選択］ツール ▶ で長方形のオブジェクトを選択した場合の［コントロール］パネルの表示です。オブジェクトの線や塗りのカラーの指定や、線幅、可変線幅プロファイル、ブラシ、不透明度などが指定できます。

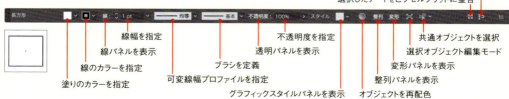

## ［ダイレクト選択］ツールでアンカーポイントを選択した場合

［ダイレクト選択］ツール でアンカーポイントをひとつだけ選択した場合の［コントロール］パネルの表示です。
複数のアンカーポイントを選択した場合は、［整列］パネルの操作が可能になります。

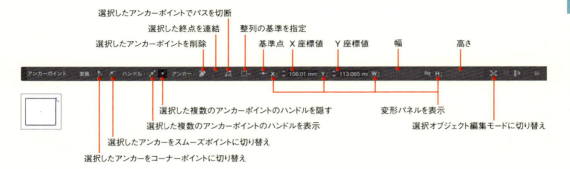

## テキストを選択した場合

［選択］ツール や［文字］ツール で文字のオブジェクトを選択した場合の［コントロール］パネルの表示です。文字のフォントファミリやフォントスタイル、フォントサイズを指定できるほか、［文字］パネルや［段落］パネルの表示もできます。

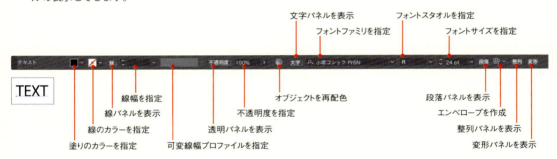

## 画像を選択した場合

配置したリンクファイルの画像を選択したときの表示です。［リンク］パネルを表示したり、［埋め込み］や［オリジナルを編集］の操作をボタンで行えます。［マスク］をクリックするとクリッピングマスクが作成されます。

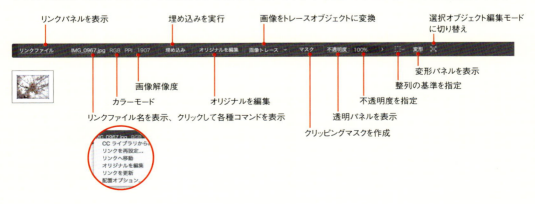

## NO. 005 CC 2017の新しいインターフェイスを確認する

VER. CC/CS6/CS5/CS4/CS3

CC 2017では、ツールアイコンやパネル類、新規ドキュメント作成時のインターフェイスの変更が行われました。

### ワークスペースのインターフェイスの変更

CC 2017では、インターフェイスのデザインが変更され、見やすくなりました。ツールアイコンのデザインが変更され、画面上に現れるカーソルの形も変わりました。

CC 2017

CC 2015

CC 2017 / 作業時のカーソルの形

CC 2015

パネル類の表示も図のように変更されました。アイコン類がフラットなデザインになり、見やすくなっています。

CC 2017

CC 2015

006 インターフェイスの明るさを変更する

Illustrator Design Reference

## NO. 006 インターフェイスの明るさを変更する

VER.
CC / CS6 / CS5 / CS4 / CS3

CS6以降では、インターフェイスの明るさを4段階で設定できます。また、カンバスカラーの明るさも変更できます。

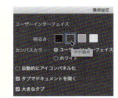

第1章　作業環境と操作

### ユーザーインターフェイスの明るさを指定する

作業画面のパネルやダイアログの背景のカラーは、4段階で切り替えが可能です。[Illustrator]メニューから［環境設定］→［ユーザーインターフェイス］を選び、［明るさ］から［暗］［やや暗め］［やや明るめ］［明］の中から好みの明るさを選ぶことができます❶。

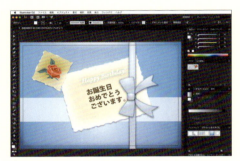
暗

やや暗め

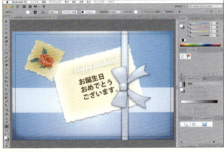
やや明るめ

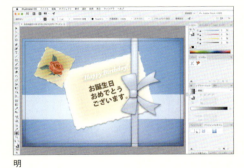
明

### カンバスカラーを指定する

アートボード以外の周辺部分をカンバスと呼びます❷。カンバスカラーはユーザーインターフェイスの明るさに一致して変わりますが、［カンバスカラー］で［ホワイト］を選んで白い表示にできます❸。

029

NO.
# 007 旧バージョンで新規ドキュメントを作成する

VER.
CC / CS6 / CS5 / CS4 / CS3

CC 2017以前のバージョンで新規ドキュメントを作成するときは、[プロファイル]で目的のメディアを選択し、個々の設定を行います。

## 目的のプロファイルを設定して新規ドキュメントの各種設定を行う

[ファイル]メニューから[新規]を選ぶと、新規ドキュメントのダイアログが表示されます。[プロファイル]❶で目的のメディアの種類を選び、[単位]❷や[カラーモード]などの各種設定を行います。

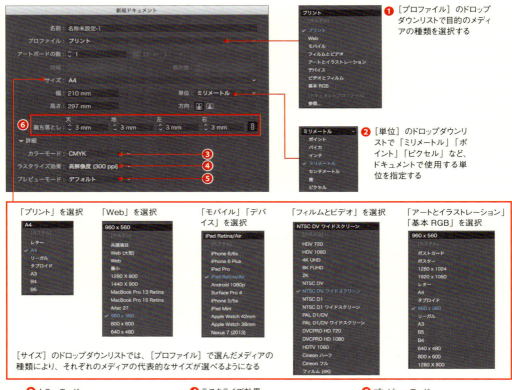

❶ [プロファイル]のドロップダウンリストで目的のメディアの種類を選択する

❷ [単位]のドロップダウンリストで「ミリメートル」「ポイント」「ピクセル」など、ドキュメントで使用する単位を指定する

[サイズ]のドロップダウンリストでは、[プロファイル]で選んだメディアの種類により、それぞれのメディアの代表的なサイズが選べるようになる

❸ カラーモード

印刷・プリントが目的の場合は「CMYK」、Webなど画面表示で使用する場合は「RGB」を選ぶ

❹ ラスタライズ効果

[効果]メニューのラスタライズ効果を利用したときに適用される解像度を指定する

❺ プレビューモード

画面表示のモードを指定する。Webなど画面表示で使用する場合は「ピクセル」を選ぶ

## 裁ち落としを設定する

[裁ち落とし](CS4以降で設定可能)❻は、一般的に「3mm」の値を指定します。[裁ち落とし]で設定した値は、アートボードの周囲に赤いガイド線として現れます❼。裁ち落としで写真や色を配置したい場合は、この赤いガイド線まで塗り足しを行います。

Illustrator Design Reference

## NO. 008 CC 2017で新規ドキュメントを作成する

VER.
CC / CS6 / CS5 / CS4 / CS3

CC 2017では、新しいインターフェイスで新規ドキュメントを作成することができます。

第1章 作業環境と操作

**STEP 1**
CC 2017でIllustratorを立ち上げると図のような画面が表示されます。このダイアログでは、最近使用したファイルを選んで開いたり❶、Adobe Stockを検索したりできます。新規ドキュメントを開きたい場合は［新規］ボタンをクリックします❷。

**STEP 2**
新規ドキュメントが現れ、上部のタブで［最近使用したもの］［保存済み］［モバイル］［Web］［印刷］［フィルムとビデオ］［アートとイラスト］のいずれかを選択します。ウィンドウの右側で、サイズや単位、方向、アートボードの数などを指定します。［詳細設定］を選ぶと❸、より細かな設定が可能です❹。

### MEMO
従来のインターフェイスで新規ドキュメントを作成したい場合は、［Illustrator］メニューから［環境設定］→［一般］を選び、［以前の「新規ドキュメント」インターフェイスを使用］をチェックすれば、従来のインターフェイスを利用できます。

005 CC 2017の新しいインターフェイスを確認する

## NO. 009 ドキュメントをタブで開く

VER. CC / CS6 / CS5 / CS4 / CS3

CS4以降では、ドキュメントをタブで開くことができます。ウィンドウを分離させて並べて表示させることもできます。

### ドキュメントをタブで開く

[Illustrator]メニューから[環境設定]→[ユーザーインターフェイス]を選び、[タブでドキュメントを開く]をチェックすると❶、新規でドキュメントを作成したり、既存のドキュメントを開く際に、ドキュメントがタブで開くようになります。複数のドキュメントを開いた際は、タブにファイル名が表示されます。表示を別のドキュメントに切り替えるには、ファイル名が表示されたタブ部分をクリックします❷。

### タブで表示されたウィンドウを分離する

ウィンドウをタブで表示するとひとつのドキュメントしか表示できません。複数のウィンドウを並べて表示するには、ウィンドウを分離します。ウィンドウの分離は、タブの部分を掴んでドラッグする操作で行えます❸。表示されている複数のウィンドウをまとめて分離したいときは、[ウィンドウ]メニューから[アレンジ]→[すべてのウィンドウを分離]を選ぶとよいでしょう❹。

> **MEMO**
> 複数のドキュメントを並べて表示したい場合は、アプリケーションバーの[ドキュメントレイアウト]ボタンをクリックして、好みのレイアウト方法に切り替えることができます。

007 旧バージョンで新規ドキュメントを作成する
008 CC 2017 で新規ドキュメントを作成する

# NO. 010 アートボードを複数作成しサイズを変更する

VER. CC / CS6 / CS5 / CS4 / CS3

CS4以降では、ひとつのドキュメントの中に複数のアートボードを作成できます。

## 新規ドキュメントを作成時に、複数のアートボードを作成する

［ファイル］メニューから［新規］を選び、新規ドキュメントのダイアログを表示します。[アートボードの数]に作成するアートボードの数を入力します❶。さらに、アートボードの並べ方をボタンで指定し❷、［間隔］の値を指定します❸。［OK］をクリックすると、複数のアートボードが作成されます。

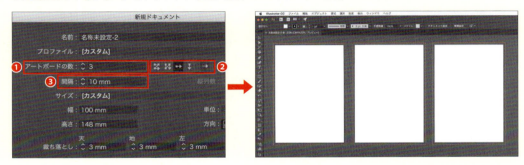

## ドキュメントを作成後にアートボードのサイズを変更する

まず、［アートボード］ツールを選びます❹。［コントロール］パネルの表示がアートボード用に切り替わり、さまざまな操作が行えるようになります❺。[アートボード]ツールで変更したいアートボードをクリックして選択し、［プリセット］のポップアップメニューでサイズを選択します❻。あるいは、［コントロール］パネルの［W（幅）］と［H（高さ）］の入力ボックスに値を直接入力します。下図では、右側のアートボードのサイズが変更されました❼。

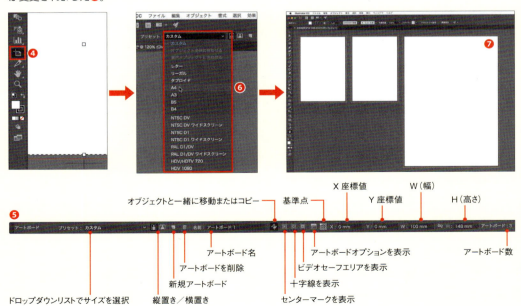

011 アートボードを追加する
012 アートボードを複製する

# NO. 011 アートボードを追加する

VER.
CC / CS6 / CS5 / CS4 / CS3

アートボードを追加します。操作は[アートボード]ツール や[アートボード]パネルを使って行えます。

**STEP 1**

[アートボード]ツール を選択します。[コントロール]パネルの表示が切り替わるので、[新規アートボード]ボタン❶をクリックします。カーソルの形が、新しく作成されるアートボードの大きさを示すようになるので❷、目的の場所でクリックすると、アートボードが追加されます❸。

**STEP 2**

CS5以降では、[ウィンドウ]メニューから[アートボード]を選択し、[アートボード]パネルを表示します。パネル下の[新規アートボード]ボタン❹をクリックすると、選択されているアートボードと同じサイズのアートボードが追加されます。[アートボード]パネルには、新しい名前でアートボードが追加されます。

**STEP 3**

複数のアートボードを作成し管理したいときは、[アートボード]パネルを表示させると便利です。CS6以降では、アートボード名の左側の数字部分❺をダブルクリックすると画面表示が切り替わります。また、アートボード名の名前部分❻をダブルクリックすると、名前の入力が行えます。CS5以降では、アートボード名の右側のアイコン❼をクリックすると[アートボードオプション]パネル❽が表示され、ダイアログで各種設定が行えます。

012 アートボードを複製する

# NO. 012 アートボードを複製する

VER.
CC / CS6 / CS5 / CS4 / CS3

アートボードを複製します。その際、アートボードのみか、アートワークを含めて複製するかを選びます。

### STEP 1

はがきのデザインを含んだアートワークを準備し、アートボードを複製します。まず、[アートボード] ツール を選びます。[コントロール] パネルで [オブジェクトと一緒に移動またはコピー] ボタンをオフにします❶。[Option] キーを押しながらドラッグするとアートボードのみが複製されます❷。

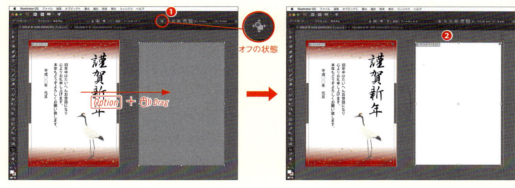

### STEP 2

アートワークを含めてアートボードを複製するには、[アートボード] ツール を選び、[コントロール] パネルで [オブジェクトと一緒に移動またはコピー] ボタンをオンにします❸。[Option] キーを押しながらドラッグすると、アートワークも含めてアートボードが複製されます❹。

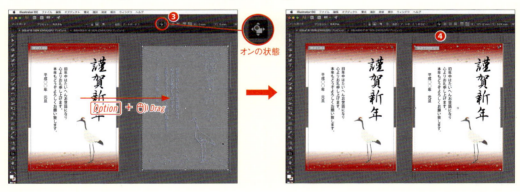

### STEP 3

CS5以降では [アートボード] パネルを使ってアートボードを複製することもできます。パネルメニューから [アートボードを複製] を選びます❺。この操作では、アートワークも含めてアートボードが複製されます❻。

NO.
# 013 アートボードのページ順を変更する

VER.
CC / CS6 / CS5 / CS4 / CS3

［アートボード］パネルでページ番号を変更して、［アートボードを再配置］コマンドで画面表示を再配置できます。

**STEP 1**
アートボードは、作成した順にページ番号が振られます。ページ番号は［アートボード］パネルで確認できます❶。下図は、3つのアートボードに名前を付けて、並びの順番をわかりやすくしました。ページ番号は左から順に1、2、3の番号が振られています。まず、ページ番号を変更してみましょう。

**STEP 2**
［アートボード］パネルで、ページ番号1の「招待状」のレイヤーをドラッグして、一番下までドラッグして、順番を入れ替えました。「招待状」のレイヤーが一番下になり、3つのアートボードのページ番号が変わりましたが、画面表示は元のままです。

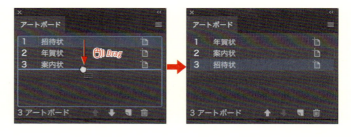

**STEP 3**
画面表示のアートボードの並びを変更するには、［アートボード］パネルのパネルメニューから［アートボードを再配置］を選びます。ダイアログが表示されるので、［レイアウト］の方法をボタンで選び❷、［間隔］の値を指定します❸。［オブジェクトと一緒に移動］をチェックすると、アートボードと共にオブジェクトも一緒に移動します❹。［OK］をクリックすると、再配置が行われます。

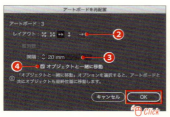

# NO. 014 アートボードを個別のファイルに保存する

VER. CC / CS6 / CS5 / CS4 / CS3

複数のアートボードを含んだドキュメントを、保存時に個別のファイルとして保存することができます。

## STEP 1

複数のアートボードを作成したドキュメントを開きます。[ファイル]メニューから[別名で保存]を選びます❶。

## STEP 2

[別名で保存]ダイアログで[名前]と[場所]を指定し、ファイル形式で[Adobe Illustrator (ai)]を選び、[保存]ボタンをクリック❷します。[Illustrator オプション]ダイアログが表示されるので、[各アートボードを個別のファイルに保存]をチェックします❸（CS4では[バージョン]で[Illustrator CS3]以前を選ぶと個別のファイルに保存できます）。[すべて]❹を選ぶとすべてのアートボードが個別に保存されます。[範囲]❺をチェックし、入力ボックスにアートボードのページ番号を入力すると、指定したページのアートボードが個別のファイルとして保存されます。

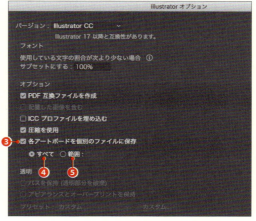

> **MEMO**
> 保存するアートボードのページ範囲を指定する場合は、[,]（カンマ）を付けると特定のページを区切って指定でき、[-]（ハイフン）を付けると連続したページを指定できます。たとえば[1,3-5]と指定すると、1ページと3〜5ページのふたつが個別に保存されます。

## STEP 3

STEP2の設定で[OK]をクリックすると、右図のように、すべてのアートボードが個別に保存されます。CS5以降で保存した場合は、ファイル名には、アートボードの名前が自動で付加されるので、何のファイルか識別しやすいでしょう。

## NO. 015 ズームツールで画面の表示倍率を変更する

VER.
CC / CS6 / CS5 / CS4 / CS3

［ズーム］ツール🔍を利用して、画面表示を拡大したり縮小することができます。

**STEP 1**
［ズーム］ツール🔍で画面上をクリックすると、クリックした位置を中心に画面が拡大表示されます。下図は、［ズーム］ツールで❶の場所をクリックして、画面を拡大表示したところです。画面表示を縮小したいときは、［ズーム］ツール🔍で Option キーを押しながら画面上をクリックします。Option キーを押すと、ツールアイコンが［＋］（プラス）から［−］（マイナス）の表示に切り替わります。

［ズーム］ツール🔍のアイコンは、Option キーを押すと、プラスのマークがマイナスのマークに切り替わる

**STEP 2**
［CPUでプレビュー］モード（CC 2015で搭載）では、［ズーム］ツール🔍で拡大表示するエリアを指定することもできます。下左図のように、［ズーム］ツール🔍でドラッグして四角形を描き❷、拡大表示したいエリアを指定します。マウスボタンを放すと、指定したエリアが拡大表示されます。

> **MEMO**
>
> Illustrator CC 2015からは、［Illustrator CC］メニュー→［環境設定］→［GPUパフォーマンス］で、［GPU パフォーマンス］や［アニメーションズーム］を「オン」にすることで、ズームツールを使用した「スクラブズーム」や「アニメーションズーム」が使用可能になります。「スクラブズーム」は、ズームツールでクリックしたまま、右側にドラッグすると拡大され、左側にドラッグすると縮小されます。「アニメーションズーム」は、ズームツールでマウスボタンを押したままにすると徐々に拡大されます（ Option キーを押した場合は徐々に縮小されます）。「表示」メニューでは「GPUでプレビュー」と「CPUでプレビュー」を切り替えることができます。

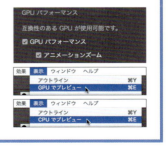

016 ショートカットで画面の表示倍率を変更する
017 画面表示の範囲を変更する

Illustrator Design Reference

## NO. 016 ショートカットで画面の表示倍率を変更する

VER. CC / CS6 / CS5 / CS4 / CS3

画面表示を切り替える操作にはいくつかのショートカットがあるので、覚えておくと便利です。

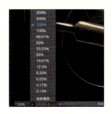

### ［表示］メニューから画面表示の切り替えコマンドを選ぶ

［表示］メニューには画面表示を切り替えるコマンドとして、［ズームイン］［ズームアウト］［アートボードを全体表示］［すべてのアートボードを全体表示］［100% 表示］を選ぶことができます。CC 2017 では、オブジェクトが選択された状態でズームインをすると、オブジェクトを中心に拡大表示されます。

S  ズームイン▶ ⌘ + ＋ ／ズームアウト▶ ⌘ + －
   アートボードを全体表示▶ ⌘ + 0
   すべてのアートボードを全体表示▶ ⌘ + Option + 0 （CS5 以降）
   100% 表示▶ ⌘ + 1

### ［手のひら］ツール、［ズーム］ツールのアイコンをダブルクリックして画面表示を切り替える

［ツール］パネルで、[手のひら］ツール のアイコンをダブルクリックすると❶［アートボードを全体表示］になります。また、[ズーム］ツール のアイコンをダブルクリックすると❷［100% 表示］になります。

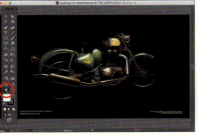

### ズームボックスで画面表示の倍率を切り替える

ウィンドウ左下のズームボックスをクリックすると❸、表示倍率がポップアップメニューで現れるので、目的の表示倍率を選択して画面表示を切り替えられます。また、ズームボックスに画面表示の倍率を直接数値入力して指定することもできます。CC2014 以降では、拡大倍率が最大 64,000 %まで可能です。

015 ズームツールで画面の表示倍率を変更する
017 画面表示の範囲を変更する

NO.
# 017 画面表示の範囲を変更する

VER.
CC / CS6 / CS5 / CS4 / CS3

［ナビゲーター］パネルや［手のひら］ツールを使って画面表示の範囲を変更できます。

## ［ナビゲーター］パネルで画面表示を切り替える

**STEP 1**
［ウィンドウ］メニューから［ナビゲーター］を選び、［ナビゲーター］パネルを表示します。［ナビゲーター］パネルでは、ドキュメントのサムネールが示され、現在画面表示されているエリアが赤い四角形❶で示されます。また、パネル下には、ズームボックス❷に現在の表示倍率が表示されます。このボックスに直接数値を入力して表示倍率を切り替えられます。さらにズームアウトボタン❸、ズームインボタン❹で画面表示を切り替えられます。

**STEP 2**
［ナビゲーター］パネル内の赤い四角形の枠を直接ドラッグして動かすことで、現在画面表示されているエリアを変更できます。下図の画面では、赤い枠内のエリアと画面表示が対応している様子を示しています。

## ［手のひら］ツールで画面表示を移動する

［ツール］パネルから［手のひら］ツールを選ぶと、カーソルが手のひらの形になります❺。この状態でドキュメント上のあらゆる方向にドラッグして、画面表示を移動することができます。近くの画面表示されていないエリアを表示させたいときに便利です。

Illustrator Design Reference

## NO. 018 定規を表示して座標値でオブジェクトの位置を指定する

VER. CC / CS6 / CS5 / CS4 / CS3

オブジェクトの位置は、定規を表示させて、X、Yの座標値で正確に指定できます。

第1章 作業環境と操作

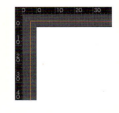

**STEP 1**
オブジェクトの位置をX座標値、Y座標値で指定して配置できます。まず、[表示]メニューから[定規]→[定規を表示]（CS4以前では[表示]メニューから[定規を表示]）を選びます❶。ウィンドウの上部と左側に定規が表示されます。

S 定規を表示 ▶ ⌘ + R

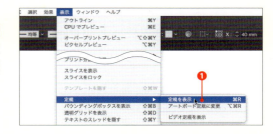

**STEP 2**
座標値の原点（0, 0）は、アートボードの左上コーナーに位置しています❷。（注：CS3以前ではアートボードの左下コーナーが原点（0, 0）になります。）四角形のオブジェクトを描くと、[変形]パネルにX座標値、Y座標値が示されます❸。また、[コントロール]パネルにも、X座標値、Y座標値が示されます❹。X、Yの入力ボックスに直接数値入力して、座標値を指定することもできます。

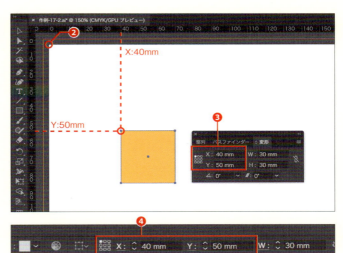

### 「基準点」を指定してX座標値、Y座標値を表示する

X、Yの座標値は、オブジェクトのどの位置を基準点にするかで変わってきます。基準点は変形パネルや[コントロール]パネルに示され、9個の小さい四角形のボタンをクリックして切り替えます❺。右図では、基準点を中央に指定したため、X、Yの座標値がそれぞれ変わりました❻。

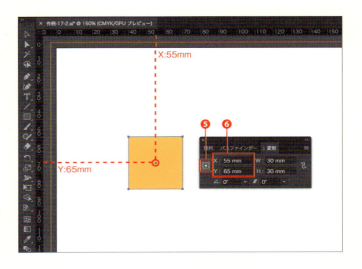

❺ 「基準点」を切り替える9個のボタン。図では中央のボタンを指定している

 019 座標の原点の位置を変更する

041

NO.
# 019 座標の原点の位置を変更する

VER.
CC / CS6 / CS5 / CS4 / CS3

X、Y座標の原点の位置は、任意の位置に変更できます。

**STEP 1**
ここでは、X、Y座標の原点（0, 0）を、四角形のオブジェクトの左上コーナーの位置に変更します。まず、水平、垂直の定規が交差する四角形の上にカーソルを合わせ、クリックします❶。

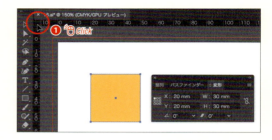

**STEP 2**
クリックしたままドラッグすると、十字マークが表示されます❷。座標の原点にしたい位置までドラッグし、マウスボタンを放します❸。場所を合わせる場合は、アンカーポイントの位置でスナップさせるとよいでしょう。

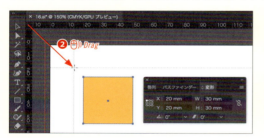
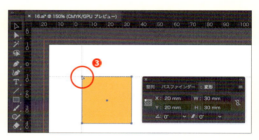

**STEP 3**
マウスボタンを放した位置が、X、Y座標の原点（0, 0）の位置になります。定規の「0」の値の位置が変わっていることを確認しましょう。

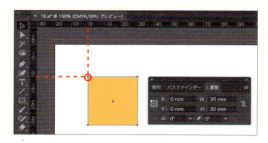

### MEMO

ドキュメント内にトンボを作成してレイアウト作業を行う場合は、アートボードの左上コーナーに座標の原点を置くのではなく、仕上がりサイズの左上コーナーに原点を移動して再設定するとよいでしょう。右図は名刺のレイアウトを行っている作業画面ですが、仕上がりサイズの左上コーナーを座標の原点にして、オブジェクトをX、Y座標値で正確に配置できるようにしています。

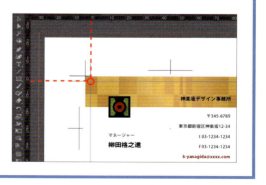

 018 定規を表示して座標値でオブジェクトの位置を指定する

# NO. 020 オブジェクトをガイドに変換する

VER.
CC / CS6 / CS5 / CS4 / CS3

任意のオブジェクトをガイドに変換できます。ガイドオブジェクトは画面表示されますが、印刷されません。

**STEP 1**

ガイドはデザインを行う上での補助線です。ここではA4サイズのアートボードを作成し、天地左右10mmの余白を示すガイドをつくります。余白の長方形を描くため、[長方形]ツール■で画面内をクリックし、[幅：190mm][高さ：277mm]を指定します❶。座標値は左上コーナーを基準点にし❷[X：10mm][Y：10mm]（CS3では[Y：287mm]）に設定し❸、アートボード内に長方形を配置します❹。

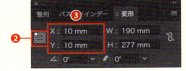

**STEP 2**

長方形を選択し、[表示]メニューから[ガイド]→[ガイドを作成]を選びます❺。長方形のオブジェクトがガイドオブジェクトに変換されます❻。ガイドを誤って選択し、移動できないようにするには、[表示]メニューから[ガイド]→[ガイドをロック]を選んでおくとよいでしょう❼。

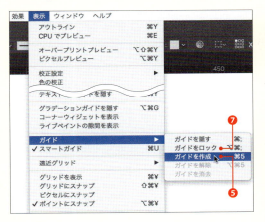

## MEMO

ガイドを非表示にするには、[表示]メニューから[ガイド]→[ガイドを隠す]を選びます。作成中のオブジェクトのカラーによっては、ガイドが見にくくなる場合があります。そのような場合は見やすいカラーに変更することができます。[Illustrator]メニューから[環境設定]→[ガイド・グリッド]を選び、[ガイド]フィールドから[カラー]のドロップダウンリストで希望のカラーを選択します。

021 水平・垂直のガイドを座標値を使って正確に配置する

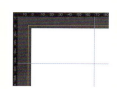

NO.
# 021 水平・垂直のガイドを座標値を使って正確に配置する

VER.
CC / CS6 / CS5 / CS4 / CS3

定規からドキュメント内にドラッグする操作で、水平・垂直のガイドを作成できます。

**STEP 1**
水平・垂直のガイドを作成します。まず［表示］メニューから［定規］→［定規を表示］（CS4以下では［表示］メニューから［定規を表示］）を選び、定規を表示します。左側の垂直の<mark>定規の上にカーソルを重ね、アートボード内にドラッグ</mark>すると、垂直の定規を作成できます❶。上側の水平の定規の上にカーソルを重ね、アートボード内にドラッグすると、水平の定規を作成できます❷。

**STEP 2**
ドラッグ操作で作成した定規を、座標値で数値指定し、正確な位置に配置してみましょう。そのためには、［選択］ツール でガイドを選択する必要があるため、ガイドのロックを外しておきます。［表示］メニューから［ガイド］→［ガイドをロック解除］を選びます❸。CC2015以前では、チェックが入っていたら［ガイドをロック］を選択し、チェックを外してください。

**STEP 3**
ガイドの座標値の確認や入力は、変形パネルや［コントロール］パネルの［X］［Y］の入力ボックスで行います。［ガイドをロック］をオフにした状態で、ガイドを［選択］ツール でクリックして選択します。垂直のガイド❹はX座標値❺で数値指定します。水平のガイド❻はY座標値で数値指定します❼。

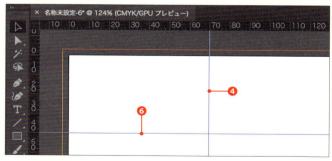

 **MEMO**
Illustrator CCでは、定規の上でダブルクリックすると、定規上のその位置で水平・垂直のガイドを作成できます。また Shift キーを押しながらダブルクリックすると、定規上の最も近い目盛り（マーク）に自動的にスナップします。

 **MEMO**
ガイドを消去するには、ガイドを選択して Delete キーを押します。［表示］メニューから［ガイド］→［ガイドを消去］では、作成したガイドをすべて消去できます。

# NO. 022 スマートガイドを使ってオブジェクト同士を整列させる

VER. CC / CS6 / CS5 / CS4 / CS3

スマートガイドは、オブジェクトを移動したり変形したとき、整列したことを示すメッセージを表示する機能です。

## スマートガイドで表示する項目を設定する

スマートガイドを使いたいときは、[表示] メニューから [スマートガイド] を選びます❶。また、スマートガイドで表示させたい項目は、[Illustrator] メニューから [環境設定] → [スマートガイド]（CS3 では [スマートガイド・スライス]）を選んで設定できます❷。

## オブジェクト同士を重ねたときに表示されるメッセージ

オブジェクト同士を重ねる場合は、選択したアンカーポイントがほかのオブジェクトのアンカーポイント❸、パス❹、中心の位置❺で整列したときに、右図のようなメッセージが表示されます。

## 離れたオブジェクト同士が整列したときに表示されるメッセージ

CS4 以降では、オブジェクト同士が離れている場合は、オブジェクト同士の端点や中心点が整列した位置で補助線が現れ、整列したことを示すメッセージが表示されます❻。

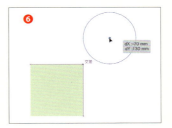

## 変形用ツールを利用したときに表示されるメッセージ

[Illustrator] メニューから [環境設定] → [スマートガイド] を選び、[変形ツール] をチェックすると、[拡大・縮小] ツールや [シアー] ツールなどの変形用ツールを使用時にスマートガイドのメッセージが表示されるようになります。右図は、[拡大・縮小] ツールを選び、拡大の操作を行っているときに表示されるスマートガイドのメッセージです❼。

# NO. 023 グリッドを活用する

VER.
CC / CS6 / CS5 / CS4 / CS3

精密な図面を作成したいときなどには、作業画面の背面に格子状のグリッドを表示すると便利です。

**STEP 1**
グリッドに指定する目盛りの数や間隔を指定します。［Illustrator］メニューから［環境設定］→［ガイド・グリッド］を選び、［グリッド］フィールドから［カラー］❶、［スタイル］❷をドロップダウンリストで選びます。［グリッド］と［分割数］の入力ボックス❸に表示するグリッドの値を入力します。

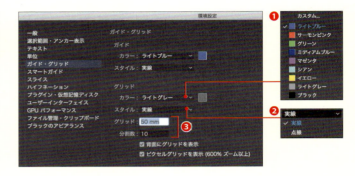

**STEP 2**
STEP1の設定では、［グリッド：50mm］、［分割数：10］と指定し、［スタイル］に［実線］を指定しました。［表示］メニューから［グリッドを表示］を選ぶと❹、画面上では50mm間隔で太い実線、5mm間隔で細い実線が表示されます❺。

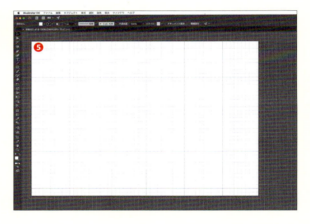

**STEP 3**
［表示］メニューから［グリッドにスナップ］を選ぶと❻、オブジェクトを作成したり、配置する場合に、グリッドにスナップします。オブジェクトを描くときはグリッドが交差する場所にポイントがスナップします❼。また、文字を配置する場合も、グリッドが交差する場所にスナップして配置されます❽。

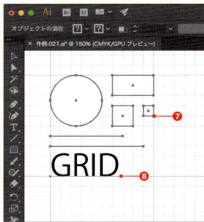

## NO. 024 プレビュー表示とアウトライン表示を切り替える

VER. CC / CS6 / CS5 / CS4 / CS3

プレビュー表示をアウトライン表示に切り替えると、パスやアンカーポイントのみが表示されます。

### プレビュー表示とアウトライン表示の切り替え

［表示］メニューから［アウトライン］を選ぶと❶、パスに適用した塗りや線の設定が非表示になり、パスとアンカーポイントだけの表示になります。表示を元に戻すには、［表示］メニューから［CPUでプレビュー］または［GPUでプレビュー］を選びます（GPUを使ったプレビューはCC 2015以上で利用が可能です。CC 2014以前では［プレビュー］［アウトライン］から選択します）。

S　プレビュー表示とアウトライン表示の切り替え ▶ ⌘+Y

> **MEMO**
> アウトライン表示でオブジェクトを選択すると、右図のように表示されます。ほかの人がつくったオブジェクトのパスやアンカーポイントの構造を知りたいときに便利です。また背面に隠れてしまったオブジェクトは、アウトライン表示に切り替えると選択しやすくなります。

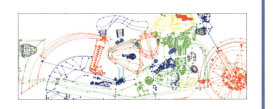

### 特定のレイヤーをプレビュー表示する

特定のレイヤーのみをプレビュー表示にできます。［レイヤー］パネルでプレビュー表示したいレイヤーを選択し、パネルメニューから［その他をアウトライン表示］を選ぶと❷、選択したレイヤー以外のオブジェクトがアウトライン表示になります。元に戻すには、同パネルメニューから［すべてのレイヤーをプレビュー］を選びます。

NO.
# 025 異なるウィンドウ表示を並べたりウィンドウ表示を登録する

VER.
CC / CS6 / CS5 / CS4 / CS3

ウィンドウを異なる表示方法で並べたり、ウィンドウの表示方法に名前を付けて登録することができます。

## ひとつのウィンドウを異なる画面表示で並べる

[ウィンドウ]メニューから[新規ウィンドウ]を選ぶと、ひとつのウィンドウを異なる表示方法で並べることができます。下左図の作例では、ひとつを全体表示に、もうひとつを拡大表示にして並べました❶。下右図の作例では、ひとつを全体表示に、もうひとつをプレビュー表示にして並べました❷。一方のウィンドウで行った操作結果は、もう一方のウィンドウにもすぐに反映されます。

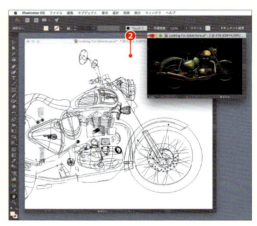

## 画面表示の方法を登録する

画面表示の方法は名前を付けて登録できます。登録方法は、まず画面表示の見え方を調整します。そのままの状態で[表示]メニューから[新規表示]を選びます❸。[新規表示]ダイアログが表示されるので、[名前]を入力し❹、[OK]をクリックします。登録を終えると、登録した画面表示の名前が[表示]メニューの下部に現れるようになります❺。その名前を選択することで、画面表示が切り替わります。

NO. **026** カーソルキーの移動距離や角度を変更する

VER.
CC / CS6 / CS5 / CS4 / CS3

オブジェクトの位置を微調整したり、決まった距離を移動させる場合はカーソルキー ↑ ↓ ← → を使うと便利です。

## カーソルキーの移動距離を変更する

オブジェクトを選択してカーソルキー ↑ ↓ ← → のいずれかを押すと、わずかな距離でオブジェクトが移動します。カーソルキーを1回押したときの移動距離は変更できます。[Illustrator]メニューから[環境設定]→[一般]を選び、[キー入力]の値を変更します❶。

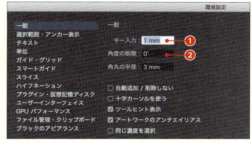

### MEMO
オブジェクトを選択し、Shiftキーを押しながらカーソルキーを押して移動させると、移動距離が10倍になります。たとえば[キー入力：1mm]と指定すると、Shiftキーを押しながらカーソルキーを押した場合は10mm移動するようになります。

[キー入力：30mm]に指定しカーソルキーを押すと30mm移動する。下図はOptionキーを押しながらカーソルキーを押して、複製を作成した例

## [角度の制限]の値を変更する

[環境設定]ダイアログの[一般]で[角度の制限]の値を変更します❷。デフォルトでは[0°]になっているためカーソルキーの移動は右方向であれば水平方向になります。この値を変更すると、カーソルキーでオブジェクトを移動する際の角度や❸、ドラッグして四角形などのオブジェクトを作成するときの角度❹、さらにShiftキーを押したときに制限される角度が変更されます。

❸[角度の制限：30°]に指定し矢印キーを押すと、30°の角度で移動するようになる

❹[角度の制限：45°]に指定しオブジェクトを描画した例

## NO. 027 定規・文字・線の単位を変更する

VER.
CC / CS6 / CS5 / CS4 / CS3

［環境設定］の［単位］を選ぶと、定規の単位や、線や文字の単位を個別に設定することができます。

### ［環境設定］ダイアログで単位を設定する

[Illustrator]メニューから［環境設定］→［単位］（CS4以下では［単位・表示パフォーマンス］）を選ぶと、［一般］（定規などで使用する一般的な単位）、［線］、［文字］（CS5以下では［書式］）、［東アジア言語のオプション］（CS6以前は「日本語オプション」）の項目で利用したい単位をドロップダウンリストから選ぶことができます。

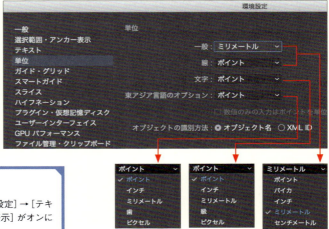

> **MEMO**
> ［東アジア言語のオプション］は、［環境設定］→［テキスト］で［東アジア言語のオプションを表示］がオンになっているときに使用できます。

### ［ドキュメント設定］ダイアログで単位を設定する

開いているドキュメントでのみ、単位の一般設定を変更するには、［ファイル］メニューから［ドキュメント設定］を選び、［全般］タブで［単位］を変更します❶。また、定規の上でControl＋クリック（右クリック）し、コンテキストメニューから単位を選択して変更することもできます❷。

### 入力ボックスに数値指定をするときに単位を付ける

入力ボックスに数値を入力したあとに単位を付けて指定することができます。級は［Q］または［q］、ミリメートルは［mm］、ポイントは［pt］と入力して数値指定すると、現在設定している単位に自動換算されて表示されます。

Illustrator Design Reference

# NO. 028 操作を取り消す・やり直す

VER. CC / CS6 / CS5 / CS4 / CS3

操作を誤った場合は、複数回の操作を取り消すことができます。また取り消した操作をやり直すこともできます。

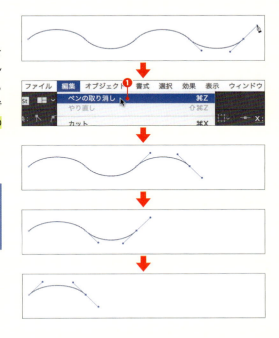

## 操作を取り消す

作業中、誤った操作をしてしまった場合は、操作を取り消すことができます。右図では［ペン］ツールで曲線を描画した直後に、［編集］メニューから［ペンの取り消し］を選び❶、操作を戻したところです。この操作を素早く行うには、ショートカットの ⌘ + Z キーを押します。

S 操作の取り消し ▶ ⌘ + Z

> **MEMO**
> 操作の取り消しを行える回数は、使用可能なメモリ容量によって異なります。

## 戻した操作をやり直す

戻した操作をやり直すことができます。上図で行った［ペン］ツールで曲線を描画し、操作を戻したあとで、［編集］メニューから［ペンのやり直し］を選ぶ❷と、操作をやり直すことができます。この操作を素早く行うには、ショートカットの ⌘ + Shift + Z キーを利用するとよいでしょう。

S 操作のやり直し ▶ ⌘ + Shift + Z

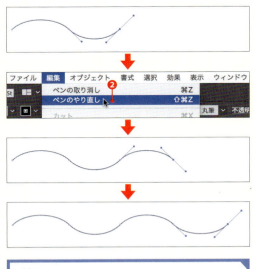

> **MEMO**
> 操作を最後に保存した状態にまで戻したい場合は［ファイル］メニューから［復帰］を選びます。ただしこの操作は取り消しできません。
>
>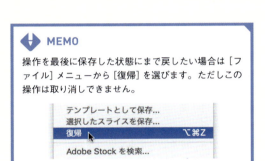

> **MEMO**
> ドキュメントをいったん閉じてしまうと、再度開いて操作を戻したりやり直したりできないので注意しましょう。

第1章 作業環境と操作

051

## NO. 029 ドキュメントを保存する

VER. CC / CS6 / CS5 / CS4 / CS3

ドキュメントを保存するときは、ファイル形式やバージョンを指定します。

### ファイル形式を選択して保存する

ファイルを保存するには[ファイル]メニューから[保存]を実行します。[ファイル]メニューから[別名で保存]を選ぶと、ファイル名を変更したり、ファイル形式を変更して保存できます。保存できるファイル形式として Illustrator CC では[Adobe Illustrator][Illustrator EPS][Illustrator Template][Adobe PDF][SVG 圧縮][SVG]が選べます❶。ファイルを保存すると、ファイル形式により以下のようなアイコンや拡張子を持つようになります。

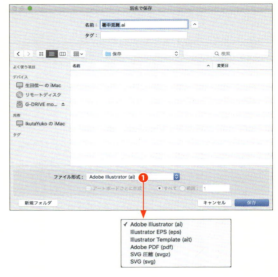

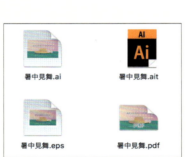

保存するファイル形式により、アイコンやファイル名に付く拡張子が異なる
左上：Adobe Illustrator 形式（拡張子：ai）
右上：Illustrator Template 形式（拡張子：ait）
左下：Illustrator EPS 形式（拡張子：eps）
右下：Adobe PDF 形式（拡張子：pdf）

### バージョンを指定して保存する

保存時に、Illustrator のバージョンを指定できます。ファイルを下位バージョンで開く必要がある場合は、[バージョン]のドロップダウンリストでバージョンを指定して❷保存すれば、下位バージョンの Illustrator で開くことができます。

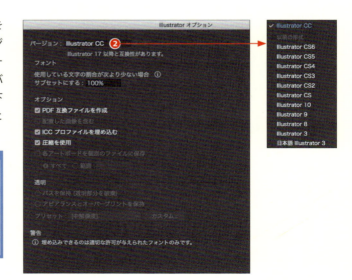

> **CAUTION**
> 上位バージョンでのみ利用できる機能を使ったファイルを下位バージョンで保存すると、ラスタライズして見映えを保持したり、効果の一部が変換されて保存されます。

030 ドキュメントを下位バージョンで保存する

# NO. 030 ドキュメントを下位バージョンで保存する

VER. CC / CS6 / CS5 / CS4 / CS3

上位バージョンで搭載された効果を作成し、下位バージョンで保存すると、見映えを保持して保存されます。

## 線の形状を指定して下位バージョンで保存する

IllustratorのCS5では、[線]パネルで線の形状を指定できるようになりました。CS5以降で作成した線の形状を、下位バージョンで保存するとどのような見映えになるのか検証してみましょう。

下左図はIllustrator CCで線の形状に矢印を指定したものです。これをIllustrator CS3で保存したものが右図です。線の形状の見映えを保つために、パスが分割されて保存されているのがわかります。

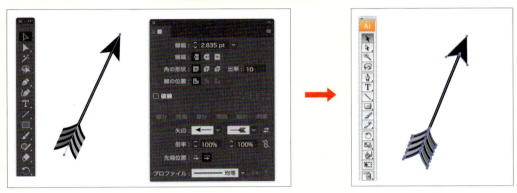

## 3Dの効果を指定して下位バージョンで保存する

Illustratorの3D機能はCSバージョンから搭載されました。CS以降のバージョンで、3Dの効果を指定して、下位バージョンで保存するとどのような見映えになるのか検証してみましょう。

上図はIllustrator CCで[3D回転体]を使って作成したものです。これをIllustrator 8バージョンで保存したものが下図です。3Dの形状の見映えを保つために、パスが分割されて保存されているのがわかります。ぼかしや透明などの効果はビットマップ画像にラスタライズされて、見映えを保つ場合もあります。

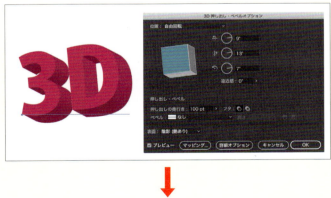

029 ドキュメントを保存する

NO.
# 031 ライブラリパネルを活用する

VER.
CC / CS6 / CS5 / CS4 / CS3

［ライブラリ］パネルには、カラーや文字の書式、オブジェクトを登録しておくことができます。PhotoshopやInDesignでも同じパネルが表示され、利用できます。

※ライブラリは2017年10月よりCCライブラリに名前が変わっています

## 新規ライブラリを作成する

［ライブラリ］パネルは、バージョンにより操作が変わります。以下はCC 2017での操作です。まず、ライブラリを新規に作成します。<mark>ライブラリ名の下向きの矢印をクリックして［新規ライブラリ］を選びます</mark>❶。名前を入力して［作成］ボタンをクリックすると❷、新規ライブラリが作成されます❸。

## グラフィックをライブラリに追加する

グラフィックをライブラリに追加します。オブジェクトを選択し、［コンテンツを追加］ボタンをクリックし❹、種類で［グラフィック］選択し、［追加］をクリックします❺。あるいはパネル内にドラッグします❻。追加したグラフィックは名前を変更できます❼。

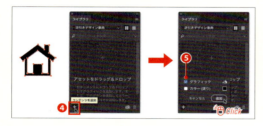

## 文字スタイル／段落スタイルをライブラリに追加する

テキストの文字スタイルや段落スタイルを［ライブラリ］パネルに追加できます。文字スタイルは、追加したいテキストを選択し、［ライブラリ］パネルの［コンテンツを追加］ボタンをクリックし、「文字スタイル」をチェックして［追加］をクリックします❽。段落スタイルは、追加したいテキストを選択し、［ライブラリ］パネルの［コンテンツを追加］ボタンをクリックし❾、「段落スタイル」をチェックして❿［追加］をクリックします。

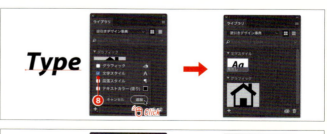

## カラー（塗り）をライブラリに追加する

カラー（塗り）をライブラリに追加します。まず塗りのカラーを適用したオブジェクトを選択し、[コンテンツを追加] ボタンをクリックし、[カラー（塗り）] をクリックします⓫。追加したカラーは名前を変更できます⓬。

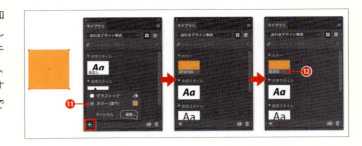

## ライブラリをドキュメントに配置／適用する

ライブラリのグラフィックをドキュメントに配置するには、[ライブラリ] パネルからグラフィックをドラッグして、ドキュメント内でドロップします⓭。文字・段落スタイルやカラーを適用するには、テキストやオブジェクトを選択し、[ライブラリ] パネルで目的のスタイルやカラーをクリックします⓮。

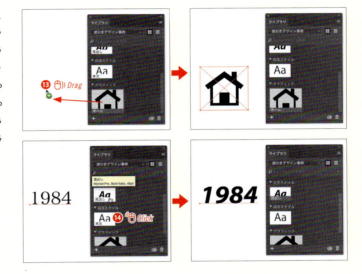

## ライブラリの内容を変更する

ライブラリのグラフィックをダブルクリックすると⓯、ライブラリに保存されたデータが別ウィンドウで開きます⓰。修正を行って⓱、保存すると⓲、ドキュメントに配置したオブジェクトに変更した内容が反映されます⓳。

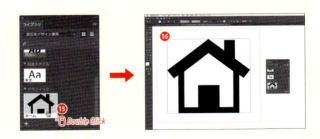

## NO. 032 万一に備えて データ復元の設定をする

VER.
CC / CS6 / CS5 / CS4 / CS3

CC 2015から「データ復元機能」が追加されました。万一の場合に備えてオンにしておくとよいでしょう。

**STEP 1** データ復元機能を利用するには、[Illustrator CC] メニューから [環境設定] → [ファイル管理・クリップボード] を選び❶、ダイアログを表示します。[データの復元] の項目で、[復帰データを次の間隔で自動保存] をチェックし❷、何分おきに保存するかをドロップダウンリストで選びます❸。[選択] ボタンをクリックすると❹、バックアップファイルの保存先を指定することができます❺。データが複雑で保存に時間がかかり、作業効率が悪くなった場合は、[複雑なドキュメントではデータの復元を無効にする] をチェックすることで❻、復元データの自動保存を無効にできます。

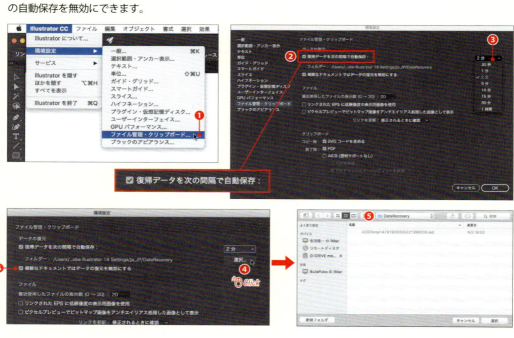

**STEP 2** 環境設定で変更した後、Illustratorを再起動することでデータ復元機能を利用できます。たとえば、アプリケーションがフリーズして [アプリケーションの強制終了] を実行した後で❼、再度 Illustrator を立ち上げると、ダイアログが表示されるので❽、[OK] をクリックします。復元されたデータはファイル名の後に [復元] という名前が付きます❾。

第 **2** 章　オブジェクトの作成

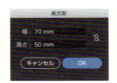

## NO. 033 サイズを指定して図形を描く

VER.
CC / CS6 / CS5 / CS4 / CS3

長方形や円などの基本図形は、数値を指定して正確な大きさで描画できます。

**STEP 1**

［ツール］パネルから［長方形］ツールを選択します❶。アートボードの任意の場所をクリックし、［長方形］ダイアログを表示させます。

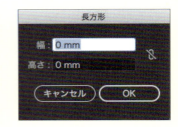

> **MEMO**
> 図形の作成される場所は、［長方形］ツール■でクリックした場所を起点に作成されます。クリックした場所が図形の左上コーナーになります。また、[Option]キーを押しながらクリックすると描かれるオブジェクトの中心位置になります。

**STEP 2**

［長方形］ダイアログの［幅］と［高さ］に任意の数値を入力します❷。

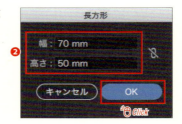

**STEP 3**

［OK］をクリックすると指定した大きさの図形が作成されます。線や塗りは［カラー］パネルの設定が反映されます。

> **MEMO**
> 作成された長方形のサイズは［変形］パネルや［コントロール］パネルに表示されています。幅や高さの数値を変更することによって、長方形のサイズを変えることができます。
>
>

# NO. 034 形を確認しながら星形や多角形を描く

VER. CC / CS6 / CS5 / CS4 / CS3

星形や多角形の図形をドラッグで描画するとき、辺や点の数などを確認しながら変更して描画できます。

**STEP 1**
［ツール］パネルから［スター］ツール を選択します❶。アートボードの任意の場所をクリックしてドラッグします❷。任意の大きさに調節し、マウスボタンを押したままの状態にしておきます。

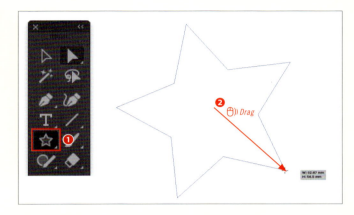

**STEP 2**
マウスボタンを押したままの状態で ↑ キーと ↓ キーで点の数を増減できます。⌘ キーを押しながらドラッグすることで、第2半径の大きさを変更できます。

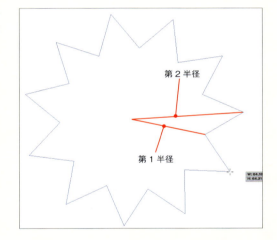

**STEP 3**
 キーを押すことでオブジェクトの角度をスナップできます。図形の形が決まったらマウスボタンを放し、図形を確定させます。

> **MEMO**
> ［多角形］ツール は ↑ キーと ↓ キーの操作により、辺の数が増減します。［角丸長方形］ツール は ↑ キーと ↓ キーの操作により、角丸の半径の数値が増減します。

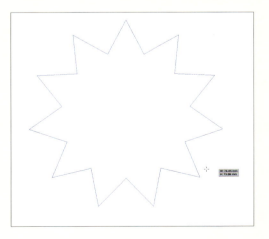

NO.
## 035 視覚的操作でさまざまな形状の図形を描く

VER.
CC / CS6 / CS5 / CS4 / CS3

ライブシェイプに表示される各種ウィジェットは、角丸や辺の数などの変更操作を視覚的に行えます。

### STEP 1

[長方形] ツール■ または [角丸長方形] ツール■ で描画すると、4つの各コーナーにコーナーウィジェットが表示されます❶。コーナーウィジェットをドラッグするとコーナー半径が変更されます。コーナー半径の最大値に達すると赤い弧が表示されます。コーナーを個別に変更するには [ダイレクト選択] ツール▶ で変更するコーナーをクリックし、ドラッグ操作で編集します。

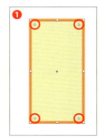

> **MEMO**
> コーナーウィジェットが表示されていない場合は、[表示] メニューから [コーナーウィジェットを表示] を選びます。

### STEP 2

[Option] キーを押しながらコーナーウィジェットをクリックすると、コーナースタイルを切り替えることができます❷。コーナースタイルは [角丸 (外側)]・[角丸 (内側)]・[面取り] の3種類で、クリックするたびに順に切り替わります。また、コーナーウィジェットを [ダイレクト選択] ツール▶ でダブルクリックすると [コーナーメニュー] が表示され、こちらでもコーナーの編集が行えます。

### STEP 3

[多角形] ツール■ で描画したシェイプには辺ウィジェットが表示され、スライダーをドラッグすることで辺の数を増減できます。[楕円形] ツール■ で描画したシェイプには円ウィジェットが表示され、ドラッグするとで円を作成します。ライブシェイプが選択された状態では、[変形] パネルを使用してシェイプのプロパティを変更することもできます❸。[コントロール] パネルの [シェイプ] をクリック❹することでも、プロパティは表示されます。

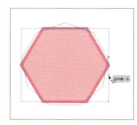
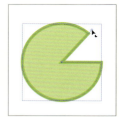
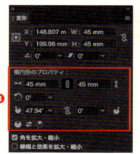

> **MEMO**
> 多角形を等辺に戻すには、[変形] パネルの [辺の長さを等しくする] をクリックします。また、円をリセットして楕円形に戻すには、円ウィジェットをダブルクリックします。

034 形を確認しながら星形や多角形を描く

Illustrator Design Reference

# NO. 036 曲線ツールを使って直感的にパスを描く

VER.
CC / CS6 / CS5 / CS4 / CS3

CC 2014.1以降では、[曲線]ツールを使うと、直感的かつ簡単な操作でパスの作成と描画を行えます。

第 2 章　オブジェクトの作成

**STEP 1**

[ツール]パネルから[曲線]ツールを選び、アートボードをクリックするとポイントが現れます❶。次の任意のポイントでクリックするとふたつのポイントが結ばれます❷。さらにマウスカーソルを移動すると、その位置に応じてパスのシェイプがラバーバンドプレビュー表示されるので、任意の位置で次のポイントをドロップします。このように続けてポイントをドロップしていくことで、滑らかな曲線を描くことができます。

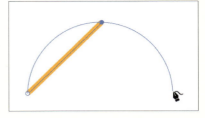

**MEMO**
既存のポイントはドラッグすることで移動できます。また[Delete]キーで削除、セグメント上をクリックすることで追加することができます。

**STEP 2**

直線を描く場合は、任意の場所をダブルクリックするか、[Option]キーを押しながらクリックしてコーナーポイントを作成します❸。また、既存のスムーズポイントをコーナーポイントに切り替えることもできます。コーナーポイントから伸びる線は直線になります❹。

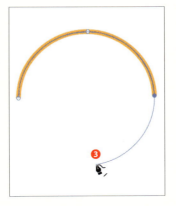

**MEMO**
操作中に[Shift]キーを押すと、水平・垂直・斜め45度角にスナップされます。

**STEP 3**

最初のポイントにマウスカーソルを合わせ（カーソルの右下に丸が表示される）❺、クリックすることでパスが閉じます。オープンパスのまま描画を中断するには、操作中に[⌘]キー＋クリックするか、[Esc]キーを押します。

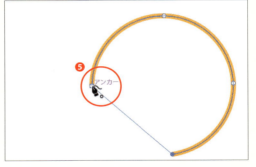

037 フリーハンドで直感的に線を描く
038 ジェスチャーを使って直感的に図形を描く

061

## NO. 037 フリーハンドで直感的に線を描く

VER.
CC / CS6 / CS5 / CS4 / CS3

［鉛筆］ツール  は、紙に鉛筆で線を描くような感覚でアートボードに線を描けます。

### STEP 1

［ツール］パネルから［鉛筆］ツール  を選びます。ドラッグ操作を行うことで、ポインタの軌跡通りのパスを描画できます❶。CC 以降のバージョンでは、ドラッグ操作中、[Option] キーを押している間は直線を描きます❷。このとき [Shift] キーを同時に押すと 45 度単位で直線の角度を固定できます。

#### MEMO

［ツール］パネルの［鉛筆］ツール  をダブルクリックすると［鉛筆ツールオプション］ダイアログが開きます。CC 以降のバージョンでは「精度」が設定できます。［精細］にすると従来の［鉛筆］ツール  に近い動きとなり、［滑らか］にすると非常に滑らかな曲線を描けます。

### STEP 2

パスの端点からドラッグを始めることで描き足すことができます。描いたパスを［鉛筆］ツール  でなぞるようにドラッグすると、その部分を描き直すことができます❸。いずれの動作も、パスは選択されている必要があります。

#### CAUTION

これらの動作を行うには、［鉛筆ツールオプション］の［選択したパスを編集］を有効にする必要があります。

### STEP 3

［スムーズ］ツールで既存のパスをなぞると、パスを滑らかにできます（編集するパスは選択されている必要があります）。［鉛筆］ツール  でなぞる場合と異なり、既存のパスの形状を保ちながら形状を滑らかに変化させます。線の仕上げに使うのが効果的です。

#### MEMO

［鉛筆］ツール  を使用時に、[Option] キーを押している間は［スムーズ］ツール、[⌘] キーを押している間は［選択］ツールと  して機能します。

#### CAUTION

CC 以降のバージョンでは［鉛筆ツールオプション］で［Option キーでスムーズツールを使用］の有効／無効を切り替えます。

---

036 曲線ツールを使って直感的にパスを描く
096 カスタムブラシを登録する

Illustrator Design Reference

NO.
# 038 ジェスチャーを使って
直感的に図形を描く

VER.
CC / CS6 / CS5 / CS4 / CS3

CC 2015.2で導入された［Shaper］ツールはシンプルなジェスチャーで図形を描けるほか、結合や削除も行えます。タッチデバイス向けの新機能です。

### STEP 1

［ツール］パネルから［Shaper］ツールを選びます。アートボード上で、図形を描くようにおおまかにドラッグ操作を行うと、対応した幾何学図形に変換されます。長方形や三角形、円形や楕円形に加え、多角形や直線の描画が可能です。作成したシェイプはライブシェイプ同様に編集可能です。

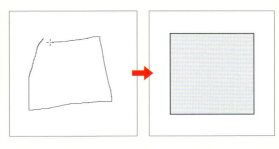

### STEP 2

［Shaper］ツールで描いたシェイプ同士、またはその他のシェイプツールで描いたシェイプが重なり合う場合、合体、中マド、型抜きなどの操作も［Shaper］ツールで行えます。シェイプ上の領域を、手描き描画（こするようなドラッグモーション）でこの操作を行いますが、どの領域内で行うかによって結果が変わります。

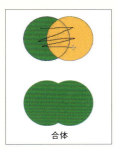
合体

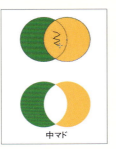
中マド

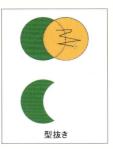
型抜き

> **CAUTION**
> いくつかのシェイプが選択されている場合では操作が異なります。

### STEP 3

［Shaper］ツールで合体、中マド、型抜きを行うと、これらは Shaper Group というグループになります。Shaper Group をクリックすると選択され、矢印ウィジェットが表示されます❶。シェイプをクリックすると面の選択モードに入り❷、塗りの色を変更できます。矢印ウィジェットをクリックすると設計モードに入ります❸。シェイプを個別に扱えるようになり、移動や変形といった編集を加えて外観を変更することができます。設計モードを抜けるには矢印ウィジェットか空白をクリックします。

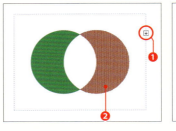

> **MEMO**
> シェイプをダブルクリック、もしくはシェイプの線をクリックすることでも設計モードに入ります。

> **MEMO**
> Shaper Group からシェイプを外すには、設計モード時にバウンディングボックス外にドラッグします。

第2章 オブジェクトの作成

036 曲線ツールを使って直感的にパスを描く
037 フリーハンドで直感的に線を描く

NO.
# 039 オブジェクトをグループ化する

VER.
CC / CS6 / CS5 / CS4 / CS3

グループ化とは、複数のオブジェクトをまとめることです。グループ化されたオブジェクトは、ひとつの単位として扱えます。

**STEP 1** 複数のオブジェクトをグループ化するには、まずはオブジェクトを選択する必要があります。[選択] ツール で複数のオブジェクトを選択します❶。下図では Shift キーを押しながらオブジェクトを順にクリックし、選択しました。

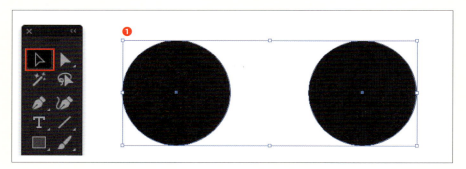

**STEP 2** [オブジェクト] メニューから [グループ] を選択します❷。これでふたつのオブジェクトがグループ化されます。[選択] ツール でどちらかひとつのオブジェクトをクリックすると、ふたつのオブジェクトが選択されることが確認できます。ドラッグして移動するときや、[回転] ツール、[リフレクト] ツール などの各種ツールでオブジェクトを変形させるときも、グループをひとつの単位として扱えるようになります。

S　グループ化▶ ⌘ + G

**STEP 3** グループはネスト（入れ子状態）にすることができます。つまりグループにほかのオブジェクトやグループを結合して、さらに大きなグループを形成できます。

## グループ化したオブジェクトの一部を編集する

**STEP 1**
グループ内の一部のオブジェクトを選択するには、[ツール]パネルから[グループ選択]ツール を選び❸、目的のオブジェクトをクリックします❹。[グループ選択]ツール では、クリックするたびにグループ化した階層をさかのぼり、複数のオブジェクトを選択できます。クリックを続けると最終的にはグループ内のオブジェクトすべてを選択できます。グループを解除するには[オブジェクト]メニューから[グループ解除]を選びます。

S　グループ解除 ▶ ⌘ + Shift + G

**STEP 2**
[選択]ツール でグループ化したオブジェクトをダブルクリック❺すると、ウィンドウの上部がグレーになり＜グループ＞と表示されます❻。この状態が編集モードです。目的のオブジェクトをさらにダブルクリックすると、最前面に表示されアクティブになります❼。ほかのオブジェクトは色が薄くなりアクセスできなくなります。現在アクティブなオブジェクトやグループのみ、各種ツールで編集することができます。

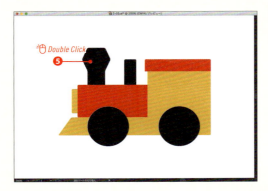
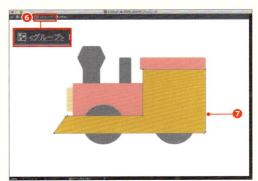

**STEP 3**
ひとつ前の階層に戻りたい場合は、グレー部分の一番左にある[1レベル戻る]❽をクリックします。直接＜グループ＞や＜パス＞の文字をクリックして指定することもできます。編集モードを終了するには、アートボードおよびキャンバスの空白部分をダブルクリックします❾。

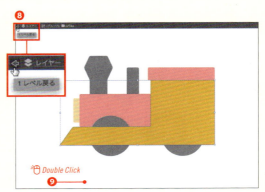

> **MEMO**
> [コントロール]パネルの[選択オブジェクト編集モード]ボタンをクリックすることでも編集モードに入ることができます。また、編集モード中に同ボタンをクリックすることで、編集モードを終了します。

NO.
## 040 複数のオブジェクトを選択する

VER.
CC / CS6 / CS5 / CS4 / CS3

オブジェクトの配置やカラーによって選択方法を使い分け、複数のオブジェクトを効率的に選択していきます。

**STEP 1**
［選択］ツール でひとつのオブジェクトをクリックして選択したあと、もうひとつのオブジェクトをクリックすると、前に選択したオブジェクトは選択が解除されてしまいます。複数のオブジェクトを選択するには、[選択] ツール で選択したい複数のオブジェクトを横切るようにドラッグします❶。また、Shift キーを押しながらオブジェクトを続けてクリックしても、選択するオブジェクトを追加できます。

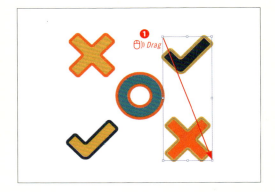

**STEP 2**
複数のオブジェクトをマウスのドラッグで選択する際に、選択したくないオブジェクトを横切って選択してしまうことがあります。このようなときは Shift キーを押しながら選択を解除したいオブジェクトをクリックすることで、選択が解除されます❷。

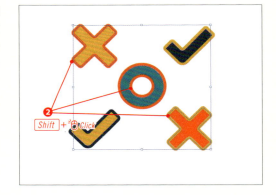

**STEP 3**
共通のカラーや線幅などを持つオブジェクトを一括で選択することもできます。任意のオブジェクトをひとつ選択したあと❸、［コントロール］パネルの［共通オプションを選択］の三角ボタンをクリックしてメニューを表示させます❹。任意の設定を選び［共通オブジェクトを選択］をクリックすると、共通の設定を持つオブジェクトがすべて選択されます❺。［選択］メニューから［共通］でも同様の操作が行えます。

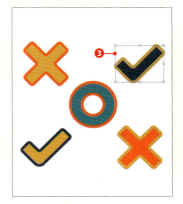

Illustrator Design Reference

# NO. 041 同じ軸上に複製をつくる

VER.
CC / CS6 / CS5 / CS4 / CS3

オブジェクトを複製する方法はいくつかありますが、マウスドラッグによる複製は直感的に素早く操作できる利点があります。

**STEP 1**

複製元となるオブジェクト、もしくはグループを［選択］ツール で選択し❶、Option キーを押しながらドラッグを始めると複製を表示するガイド❷が現れます。マウスボタンを放した位置にオブジェクトが複製されます。

S オブジェクトの複製▶
［選択］ツール ＋ Option ＋ドラッグ

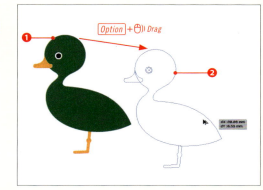

**STEP 2**

複製を同軸上（45度単位）に作成するには Shift キーを組み合わせます。Option + Shift キーを押しながら複製したい場所までドラッグし、マウスボタンを放します。右の作例では、この操作で水平方向に複製が作成できました。

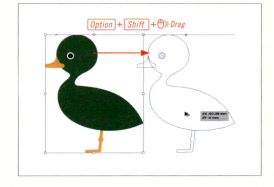

**STEP 3**

さらに、同軸上に同じ間隔で複製を作成するには、1回複製したあとに［オブジェクト］メニューから［変形］→［変形の繰り返し］を選択します❸。［変形の繰り返し］を続けて実行すると、等間隔で複製が増えていきます。

S 変形の繰り返し▶ ⌘ ＋ D

042 移動や複製する位置を数値で指定する

NO.
# 042 移動や複製する位置を数値で指定する

VER.
CC / CS6 / CS5 / CS4 / CS3

元となるオブジェクトを基準にして、移動や複製する位置を数値で指定できます。

**STEP 1**
数値指定で移動や複製を行うには、[選択]ツールで元となるオブジェクト、もしくはグループを選び、Return キーを押して[移動]ダイアログを表示させます。あるいは、[ツール]パネルの[選択]ツールアイコンをダブルクリックするか、[オブジェクト]メニューから[変形]→[移動]を選んでも、同じダイアログが表示されます。

S 移動 ▶ ⌘ + Shift + M

**STEP 2**
入力ボックスに任意の値を入力します。[水平方向]および[垂直方向]の数値と、[移動距離]および[角度]の数値は、互いにどちらかを入力すると、もう一方の数値は自動で計算されます❶。[OK]をクリックすると移動します。[コピー]❷をクリックすると複製されます。

> **MEMO**
> ダイアログのプレビューにチェックを入れることで、移動後のプレビューができますが、元の位置にあるオブジェクトは表示されません。

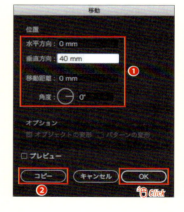

**STEP 3**
元となるオブジェクトのサイズで、コピーする距離を数値で指定すると、作例のようにオブジェクト同士をぴったり合わせた位置に複製することができます。元となるオブジェクトの大きさは、[コントロール]パネルや[変形]パネルの[W](幅)・[H](高さ)の値で確認できます。

# NO. 043 オブジェクトをペーストする

VER.
CC / CS6 / CS5 / CS4 / CS3

コピーやカットしたオブジェクトは、異なるアートボードや複数のアートボードにもペーストできます。

### STEP 1

［選択］ツール で任意のオブジェクト、もしくはグループを選択し❶、[編集]メニューから[コピー]を選びます❷。[編集]メニューから[ペースト]を選ぶとアートボードに複製がペーストされます。

S　カット▶ ⌘+X
　　コピー▶ ⌘+C
　　ペースト▶ ⌘+V

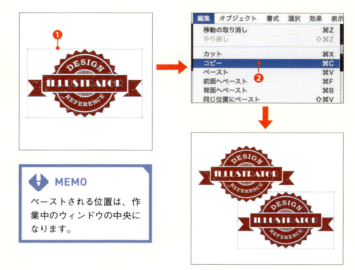

**MEMO**
ペーストされる位置は、作業中のウィンドウの中央になります。

### STEP 2

CS4以降では、複数のアートボードが扱えます。[コピー]および[カット]後にアートボードを切り替えて、[編集]メニューから[同じ位置にペースト]を選ぶと、異なるアートボードの同じ位置にペーストすることができます。

S　同じ位置にペースト▶ ⌘+Shift+V

### STEP 3

複数のアートボードにペーストしたい場合には[編集]メニューから[すべてのアートボードにペースト]を選びます。すべてのアートボードの同じ位置に複製がペーストされます。

S　すべてのアートボードにペースト▶ ⌘+Option+Shift+V

 011 アートボードを追加する

NO.
# 044 オブジェクトの重ね順を変更する

VER.
CC / CS6 / CS5 / CS4 / CS3

オブジェクトには重なりの順番があり、作成した順に前面の階層に配置されます。

**STEP 1**
通常 Illustrator では、オブジェクトを作成したり複製すると、作成した順に前面に重なっていきます❶。CS5 以降では［ツール］パネルの［背面描画］を有効にすることで❷、オブジェクトは作成した順に背面へと重なっていきます❸。

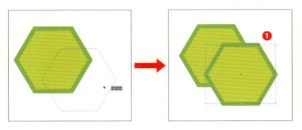

**STEP 2**
重ね順を変更したいオブジェクトやグループを［選択］ツール で選択し❹、［オブジェクト］メニューから［重ね順］（CS3 では［アレンジ］）→［前面へ］（［背面へ］）を選びます❺。選択したオブジェクトがひとつ前面（背面）の階層へ移動します❻。

S 最前面へ ▶ ⌘ + Shift + ]
 前面へ ▶ ⌘ + ]
 背面へ ▶ ⌘ + [
 再背面へ ▶ ⌘ + Shift + [

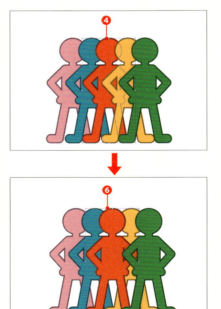

**STEP 3**
複数のオブジェクトを選択して❼重なり順を変更すると、選択中の階層は保持されたまま、重なり順が変更されます。

 **MEMO**
すべての階層を飛ばして、最背面や最前面に変更したい場合は［最背面へ］や［最前面へ］を選びます。

Illustrator Design Reference

## NO. 045 階層を指定してペーストする

VER.
CC / CS6 / CS5 / CS4 / CS3

コピーおよびカットしたオブジェクトは、階層を指定して同じ位置にペーストできます。

第 2 章　オブジェクトの作成

**STEP 1**
［選択］ツール で任意のオブジェクト、もしくはグループを選択し❶、［編集］メニューから［カット］を選びます❷。

S カット ▶ ⌘ + X

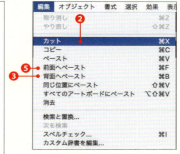

**STEP 2**
［編集］メニューから［背面へペースト］を選択すると❸、位置を保ったまま最背面にペーストされます❹。同じように、［編集］メニューから［前面へペースト］を選択すると❺、最前面へペーストされます。

S 前面へペースト ▶ ⌘ + F
　背面へペースト ▶ ⌘ + B

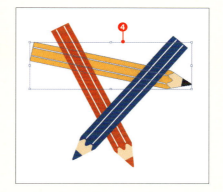

**STEP 3**
任意のオブジェクトを選択し、［編集］メニューから［コピー］します。オブジェクトが選択された状態で［前面へペースト］を行うと、選択されているオブジェクトのひとつ前面の階層にペーストされます。見た目に変化はありませんが、同じオブジェクトが同じ位置に重なってペーストされています。ペーストされたオブジェクトを移動させることで確認できます❻。

 **MEMO**
［カット］後に任意のオブジェクトを選択して［前（背）面へペースト］を行うと、選択したオブジェクトの前（背）面にペーストされます。

# NO. 046 レイヤーパネルを使いこなす

VER.
CC / CS6 / CS5 / CS4 / CS3

レイヤーをうまく使うことで、アートワークの管理を効率的に行えます。

**STEP 1**
新規ドキュメントを作成すると［レイヤー］パネルに「レイヤー 1」が自動的に作成されます。新たにレイヤーを追加するには［レイヤー］パネルの［新規レイヤーを作成］をクリックします。新しいレイヤーが作成されると同時にハイライト表示され、そのレイヤーが選択された状態になります❷。異なるレイヤーを選ぶには項目名をクリックします。また、項目名をドラッグすることでレイヤーの順序を入れ替えることができます。

> **MEMO**
> レイヤーは透明なフィルムのようなものと考えるとわかりやすいでしょう。

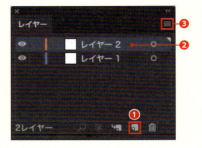

**STEP 2**
［レイヤー］パネルメニュー❸から［「(項目名)」のオプション］を選ぶとレイヤーオプションが開きます❹。ここでは、名前やレイヤーの表示カラーの変更、プリントの有無などの設定を行えます。

> **MEMO**
> レイヤーオプションはサムネールや項目名の右側をダブルクリックすることでも開けます。CS6以降では項目名を直接ダブルクリックすると項目名変更となります。

**STEP 3**
［レイヤー］パネルの両端にはコラムがあり、左側には表示コラム❺と編集コラム、右側にはターゲットコラム❼と選択コラムがあります。表示コラムには、レイヤーの表示状態がアイコンで示されています。表示されているか、テンプレートレイヤーであるか、アウトラインレイヤーであるかを示します。表示コラムをクリックするたびに目のアイコンが表示／非表示になり、レイヤーの表示と非表示を切り替えることができます。編集コラムはクリックするたびに鍵のアイコンが表示／非表示になり、ロックの状態を切り替えます。

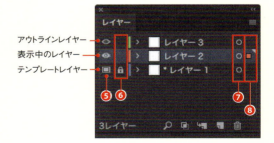

> **MEMO**
> 非表示およびロック中のレイヤーにあるオブジェクトは編集できません。

**STEP 4** ターゲットコラムはレイヤー階層の項目がターゲットとして指定されているかおよび、アピアランス属性を持っているかどうかを示します。二重の丸はターゲット指定されている状態、一重の丸はターゲット指定されていない状態です。クリックすることでターゲットの指定を切り替えます。丸が塗りつぶされた状態はアピアランス属性を持っていることを示します。アピアランスを持ったレイヤーにオブジェクトを新たに追加すると、追加したオブジェクトにアピアランスが適用されます。下の例では［落書き］効果のアピアランスを持ったレイヤーに、円形を新たに描画してアピアランスが適用されたところを示しています。

**STEP 5** 選択コラムには、オブジェクトをひとつでも選択しているとカラーボックスが表示されます❾。カラーボックスを異なるレイヤーにドラッグすることで❿、オブジェクトのレイヤー間での移動が行えます。作例では「文字」レイヤーにあるテキスト「DR」を「落書き効果」レイヤーに移動させています。移動させたテキストには、レイヤーが持つアピアランスが適用されます。

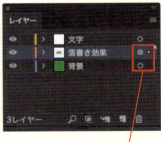

 **MEMO** 移動させたオブジェクトは、移動先のレイヤーの最前面に配置されます。

137 アピアランスパネルで効果を変更する

## NO. 047 立体感のあるオブジェクトをつくる

VER.
CC / CS6 / CS5 / CS4 / CS3

［ブレンド］ツールを使って、ふたつのオブジェクトをブレンドさせて、擬似3Dのオブジェクトをつくります。

**STEP 1**
元となるオブジェクトを用意し❶、［選択］ツールで Option キーを押しながらドラッグし、複製をつくります。複製したオブジェクトのカラーを、同系色の明るめのカラーに変更します❷。

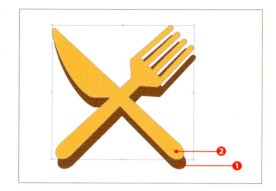

**STEP 2**
［ブレンド］ツールをダブルクリックし、［ブレンドオプション］ダイアログを表示させます。［間隔］を［スムーズカラー］にし❸、［OK］をクリックします。

**STEP 3**
［ブレンド］ツールで、ふたつのオブジェクトを順にクリックしていきます。ふたつのオブジェクト間を、滑らかにカラーが変化するようにブレンドされます。

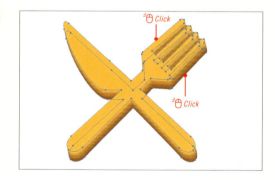

**STEP 4**
［ダイレクト選択］ツールで前面のオブジェクトのみを選択しコピーします。コピーしたものを前面へペーストし、さらに明るめのカラーに変更します❹。

>  **MEMO**
> ブレンドを解除するには、［オブジェクト］メニューから［ブレンド］→［解除］を選びます。

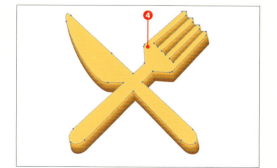

074　048 異なるオブジェクトをブレンドする

Illustrator Design Reference

## NO. 048 異なるオブジェクトをブレンドする

VER. CC / CS6 / CS5 / CS4 / CS3

［ブレンド］ツールは、オブジェクトとオブジェクトの間に新たな形状を作成して、均等に分布させることができます。

第2章 オブジェクトの作成

**STEP 1**
ブレンドを行うには、形状やカラーの異なるオブジェクトを離れた位置にふたつ用意します。オブジェクトはそれぞれグループ化しておきます。

> **MEMO**
> 複雑なオブジェクトやグループオブジェクトでもブレンドは適用できますが、思った通りの結果が得られない場合もあります。

**STEP 2**
［ツール］パネルの［ブレンド］ツールをダブルクリックし、［ブレンドオプション］ダイアログを開きます。［間隔］を［ステップ数］に指定し❶、数値を入力して❷、［OK］をクリックします。

**STEP 3**
［ブレンド］ツールで、ふたつのオブジェクトを順にクリックしていくと、中間にオブジェクトが補完されます。ブレンドの結果を通常のパスにしたい場合は、ブレンドオブジェクトが選択された状態で、［オブジェクト］メニューから［ブレンド］→［拡張］を選択します。

> **MEMO**
> 綺麗なブレンド結果を得たい場合は、ブレンドに使用するふたつのオブジェクトのアンカーポイントの数や、おおよその位置や重ね順を合わせるとよいでしょう。

**STEP 4**
ブレンドオブジェクトのブレンド結果は、拡張する前であれば簡単に変更できます。ブレンドオブジェクトが選択された状態で［ブレンド］ツールをダブルクリックし、［ブレンドオプション］ダイアログを開きます。各種設定や数値を変更し、［プレビュー］をチェックして結果を確認したら、［OK］をクリックします。

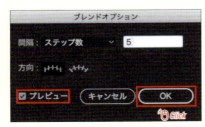

047 立体感のあるオブジェクトをつくる

NO.
# 049 オブジェクトを整列・分布させる

VER.
CC / CS6 / CS5 / CS4 / CS3

複数のオブジェクトの位置を揃えたり、綺麗に分布させるには、[整列] パネルを使います。

## オブジェクトの整列

**STEP 1**
[整列] パネルを使うと、選択した複数のオブジェクトを水平方向および垂直方向に整列させることができます。[選択] ツール  で整列させたい複数のオブジェクトを選択します。

> **MEMO**
> グループ化されたオブジェクトが含まれている場合は、グループはひとつの単位として扱われるため、グループ内のオブジェクトの配置には整列の影響はありません。

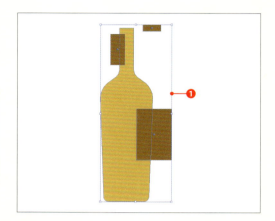

**STEP 2**
[整列] パネルの [オブジェクトの整列] セクションには6つのボタンが並び、水平・垂直ともに、整列する基準を3種類から選べます。ここでは、[水平方向中央に整列] ボタンをクリックします。

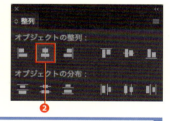

> **MEMO**
> [コントロール] パネルでも同様の操作が可能です。
>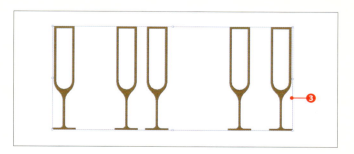

## オブジェクトの分布

**STEP 1**
[オブジェクトの分布] は複数選択したオブジェクトを、均等に分布します。分布する際には、選択されている各オブジェクトの、どの位置を基準にするかを決めることができます。まず、分布させたいオブジェクトを複数選択します。

STEP 2 次に、整列パネルの［オブジェクトの分布］セクションにある［水平方向中央に分布］をクリックします❹。
選択された各オブジェクトが、水平方向に、オブジェクトの中心を基準として均等に分布されます。

## キーオブジェクトを指定する

キーオブジェクトを設定すると、設定したオブジェクトを基準に整列や分布が行えます。キーオブジェクトの位置は変わらず、ほかのオブジェクトが移動します。設定するには、複数選択した後、キーオブジェクトにしたいオブジェクトを［選択］ツール でクリックして選択します。

整列前の状態

キーオブジェクトを設定せず［垂直方向下に整列］を実行

中央の瓶のオブジェクトをキーオブジェクトに設定し［垂直方向下に整列］を実行

## 等間隔に分布する

［等間隔に分布］❺は、オブジェクト同士の間隔を一定にする機能です。オブジェクトを複数選択して［垂直方向等間隔に分布］か［水平方向等間隔に分布］をクリックします。キーオブジェクトを設けることで、数値入力で間隔を指定することもできます❻。［整列］パネルに［等間隔に分布］セクションが表示されていない場合は、パネルメニュー❼から［オプションを表示］を選択してパネルを展開します。

> **MEMO**
> 
> ［アートボードに整列］を有効にすると、アートボードを基準に整列や分布を行えます。この機能を有効にするには、［整列］パネルの右下にある［整列］ボタンから［アートボードに整列］を選びます。

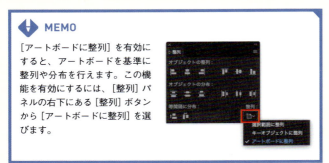

060 アンカーポイントを整列する

# NO. 050 オブジェクトを型抜きする

VER. CC / CS6 / CS5 / CS4 / CS3

前面に配置したオブジェクトで、背面のオブジェクトを型抜きするには、[パスファインダー] パネルや [シェイプ形成] ツールを使います。

### STEP 1

型抜きされるオブジェクト❶を用意し、削除部分の型となるオブジェクト❷を前面に配置します。このふたつのオブジェクトをまとめて選択します。

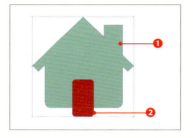

### STEP 2

[パスファインダー] パネルの [前面オブジェクトで型抜き] (CS3 では [形状エリアから前面オブジェクトで型抜き]) ボタンをクリックすると❸、背面のオブジェクトが前面のオブジェクトの形状に型抜きされます。

> **MEMO**
> 元のパスを保持した複合シェイプを作成するには、Option キーを押しながら [前面オブジェクトで型抜き] ボタンをクリックします。CS3 ではボタンをクリックすると複合シェイプになり、Option キーを押しながらクリックすると拡張されます。

### STEP 3

CS5 以降のバージョンでは、[シェイプ形成] ツールで直感的に型抜きできます。両オブジェクトが選択された状態で、[ツール] パネルから [シェイプ形成] ツールを選びます❹。Option キーを押しながら重なり合う部分をクリックすると、該当部分が削除されます。重なり合わない不要な部分もクリックして削除しましょう。

051 オブジェクト同士を合体させる

Illustrator Design Reference

# NO. 051 オブジェクト同士を合体させる

VER. CC / CS6 / CS5 / CS4 / CS3

単純な図形を組み合わせて配置し合体させることで、複雑な図形を効率よく作成できます。

**STEP 1** 複数のオブジェクトを任意の形に配置して、これらすべてを［選択］ツール  で選択します❶。

**STEP 2** ［パスファインダー］パネルの［合体］（CS3では［形状エリアに追加］）ボタンをクリックすると❷、選択されたオブジェクト同士が合体し、ひとつの形を形成します❸。

**MEMO**
元のパスを保持した複合シェイプを作成するには、Option キーを押しながら［合体］ボタンをクリックします。CS3ではボタンをクリックすると複合シェイプになり、Option キーを押しながらクリックすると拡張されます。

**STEP 3** CS5以降のバージョンでは、［シェイプ形成］ツール  で直感的に合体できます。合体させるオブジェクトがすべて選択された状態で、［ツール］パネルから［シェイプ形成］ツール  を選びます❹。ドラッグ操作を始めると、ポインタの軌跡通りに自由曲線（CS5、CS6では直線）が表示されます❺。この線に触れる部分が選択対象となり、網掛け表示になります。ドラッグ操作を終えると選択された部分が合体します。

**MEMO**
Shift キーを押している間は、選択範囲が長方形になります。

 050 オブジェクトを型抜きする

# NO. 052 繰り返し使うオブジェクトを登録して作業を簡略化する

VER.
CC / CS6 / CS5 / CS4 / CS3

何度も繰り返し使うオブジェクトやアートワークは［シンボル］パネルに登録することで、作業を簡略化できます。

### STEP 1

登録したいオブジェクトを用意し、［シンボル］パネルにドラッグすると❶［シンボルオプション］ダイアログが表示されます。CC2015以降のバージョンでは、［シンボルの種類］を選択できます。ここでは従来のシンボルに相当する［スタティックシンボル］を選びます。名前を入力し［OK］をクリックします。

> **MEMO**
> オブジェクトを選択したあと、［シンボル］パネルの［新規シンボル］ボタンをクリックすることでも登録できます。

### STEP 2

［シンボル］パネルに登録されたシンボルのサムネール❷を、アートボードにドラッグすることでシンボルインスタンスとして配置できます。複数のインスタンスを散りばめて配置するには、［ツール］パネルから［シンボルスプレー］ツール を使用します❸。クリックやドラッグ操作により、シンボルセットと呼ばれる複数のインスタンスからなる集合体を配置できます。配置されたシンボルセットは、各種［シンボル］ツールにより編集が可能です。

> **MEMO**
> 任意のシンボルのサムネールを選択し、［シンボルインスタンスを配置］ボタンをクリックすることでも配置できます。

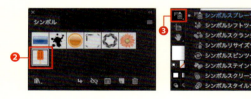
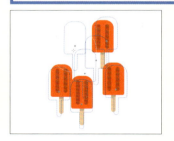

### STEP 3

［シンボル］パネルのサムネールをダブルクリックすると❹編集モードに切り替わります❺。編集モード中は、新たなオブジェクトの追加や削除、パスやカラーなどの編集が可能です。編集モードを抜けるには、アートボードの空白部分をダブルクリックします。パネル内のサムネールと配置済みのインスタンスがまとめて更新され、編集内容が反映されます。

> **MEMO**
> インスタンスとは登録されているシンボルの分身のようなものです。

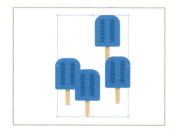

053 インスタンスにバリエーションを持たせる

Illustrator Design Reference

# NO. 053 インスタンスにバリエーションを持たせる

VER.
CC / CS6 / CS5 / CS4 / CS3

CC 2015.2以降では、ダイナミックシンボルとして登録すると、個別のインスタンスに対して編集を加えることができます。

## STEP 1

登録したいオブジェクトを用意し❶、[シンボル]パネルにドラッグします。[シンボルオプション]ダイアログで[シンボルの種類]から[ダイナミックシンボル]を選びます。名前を入力し[OK]をクリックします。ダイナミックシンボルとして登録すると[シンボル]パネル内のサムネールに[+]マークが表示されます❷。

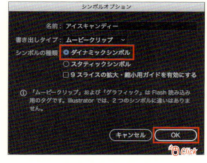

## STEP 2

[シンボル]パネルに登録したダイナミックシンボルのインスタンスを複数配置します。[選択]ツールでインスタンスを選択すると、バウンディングボックスで変形を行えます❸。[ダイレクト選択]ツールでインスタンスの一部をクリックすると、選択状態になります。[カラー]パネルでカラーを変更すると、そのインスタンスのみ変更が適用されます。

### ⚠ CAUTION
通常のオブジェクトとは異なりパスの編集はできません。アピアランスのみ変更することができます。

### 📝 MEMO
インスタンスをデフォルトに戻すには、インスタンスを選択し、[コントロール]パネルの[リセット]をクリックします。

## STEP 3

[シンボル]パネルのサムネールをダブルクリックして編集モードに切り替えます❹。パスの形状に変更を加え❺、アートボードの空白部分をダブルクリックして編集モードから抜けます。インスタンスすべてに変更内容が適用されますが、個別のインスタンスのアピアランス設定は維持されるので、バリエーションを持たせることができます。

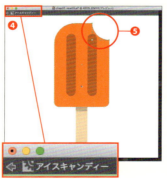

第2章 オブジェクトの作成

052 繰り返し使うオブジェクトを登録して作業を簡略化する

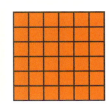

NO.
## 054 長方形・同心円のグリッドを作成する

VER.
CC / CS6 / CS5 / CS4 / CS3

[長方形グリッド] ツール 田、[同心円グリッド] ツール ◉ を使うと、正確なグリッドを数値で指定して作成できます。

**STEP 1**
長方形グリッドを作成するには、[ツール] パネルから [長方形グリッド] ツール 田 を選び❶、アートボードの任意の場所をクリックします。表示される [長方形グリッドツールオプション] ダイアログにサイズや水平・垂直方向の分割の値を設定し❷、[OK] をクリックします。

 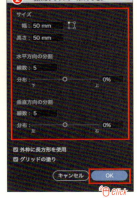 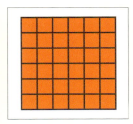

> **MEMO**
> [グリッドの塗り] にチェックを入れると、閉じていない直線パスの塗りにもカラーが適用されます。

**STEP 2**
同心円グリッドを作成するには、[ツール] パネルから [同心円グリッド] ツール ◉ を選び❸、アートボードの任意の場所をクリックします。表示される [同心円グリッドツールオプション] ダイアログにサイズや同心円・円弧の分割の値を設定し❹、[OK] をクリックします。

**STEP 3**
[長方形グリッド] ツール 田 および [同心円グリッド] ツール ◉ でアートボードをドラッグすると、直感的にグリッドを作成できます。マウスボタンを放す前に対応するキーを押すことでグリッドの形状を変化させます。↑↓キーで水平方向/同心円の分割線数を、←→キーで垂直方向/円弧の分割線数を、F V キーで水平方向/円弧の分割分布を、X C キーで垂直方向/同心円の分割分布を、それぞれ増減させることができます。

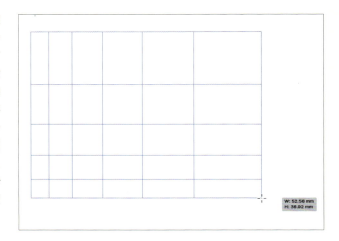

# 第 3 章　オブジェクトの編集

# NO. 055 ペンツールを使いこなす

VER. CC / CS6 / CS5 / CS4 / CS3

［ペン］ツール　でうまく描画するには、アンカーポイントの編集をスムーズに行うことがポイントとなります。

### STEP 1

［ペン］ツール　で直線を描くには、まず任意の場所をクリックしてアンカーポイントを打ちます❶。そのまままもう1か所クリックすれば❷、ポイント同士が結ばれて直線になります。

**MEMO**
［ペン］ツール　での描画を中断するには、Esc キーを押すか、⌘ キーを押しながらアートボードをクリックします。

### STEP 2

［ペン］ツール　で曲線を描くには、アンカーポイントを打つときにクリックした点から任意の方向へドラッグします。2方向に方向線が表示されるので❸、ハンドル（方向線の先端）を動かすことで、方向線の角度と長さを調整できます。マウスボタンを放してアンカーポイントを打ちます。次の箇所にアンカーポイントを打つと、ポイント同士が結ばれて曲線になります❹。

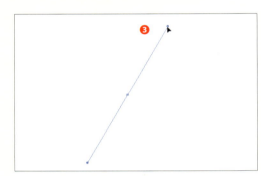

### STEP 3

［ペン］ツール　で描画中にアンカーポイントから伸びる方向線の長さや角度を変えるには、直前に打ったアンカーポイント❺を再度［ペン］ツール　でドラッグします。方向線の角度を変えると、直前に描画したセグメントの曲線形状が変化します。

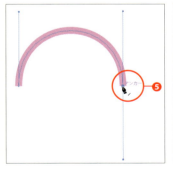
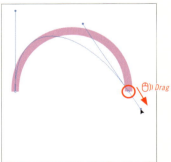

### STEP 4

直前に打ったアンカーポイントにポインタを合わせ、クリックすることで、進行方向の方向線を消すこと（コーナーポイントに変更）ができます。次に打つアンカーポイントと結ぶ線は直線になります❻。

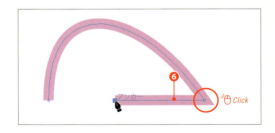

056 スムーズポイントとコーナーポイントを切り替える
057 パスを編集して形状を変更する

Illustrator Design Reference

## NO. 056 スムーズポイントと コーナーポイントを切り替える

VER.
CC / CS6 / CS5 / CS4 / CS3

［アンカーポイント］ツール  を使えば、スムーズポイントとコーナーポイントを切り替えることができます。

### スムーズポイントとコーナーポイント

スムーズポイント❶はアンカーポイントから伸びる2本の方向線が、1本の直線状に伸びているポイントです。片方のハンドルを動かすと連動してもう一方のハンドルも動きます。コーナーポイント❷はアンカーポイントから伸びる2本の方向線が、異なる角度に伸びているポイントです。それぞれのハンドルは独立して動かせます。またアンカーポイントに方向線がない、もしくは1本しか持たないポイントもコーナーポイントです。

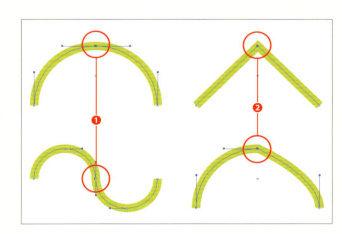

**STEP 1**
アンカーポイントの切り替えには、［アンカーポイント］ツール  を使用します。スムーズポイントをクリックすると❸、方向線を持たないコーナーポイントに切り替わります。また、ハンドルをドラッグすると方向線の連動が解除され、単独で方向線を動かすことができます。コーナーポイントを任意の方向にドラッグすると❹方向線が伸び、スムーズポイントに切り替わります。これらの動作はオブジェクトが選択されている必要があります。

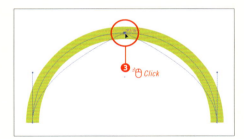

> **MEMO**
> ［ペン］ツール 使用中に Option キーを押し続けている間は［アンカーポイント］ツール に変わります。

> **CAUTION**
> バージョンCCより［アンカーポイントの切り換え］ツール の名称が［アンカーポイント］ツール に変更しました。

**STEP 2**
アンカーポイントの選択時、［コントロール］パネルの［変換］セクションにあるボタンを使用すると、対応したポイントの形状にワンクリックで切り替えられます。

コーナーポイントに切り替え
スムーズポイントに切り替え

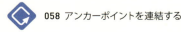 058 アンカーポイントを連結する

085

# NO. 057 パスを編集して形状を変更する

VER.
CC / CS6 / CS5 / CS4 / CS3

［ダイレクト選択］ツール でアンカーポイントを編集することで、パスの形状が変化します。

### STEP 1

編集したいオブジェクトを［ダイレクト選択］ツール で選択します。オブジェクトが選択されると、アンカーポイント❶と、そこから伸びる方向線❷、方向線の角度や長さを変えるハンドル❸が表示されます。

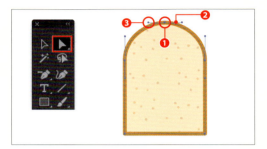

### STEP 2

編集したいアンカーポイントをクリックして選択します。アンカーポイントを移動させたり、ハンドルをドラッグすることで、対応するパスセグメントの形状を変化させます。ハンドルを引っ張り方向線を長くすると❹、カーブの形状が方向線の方向に引きつけられます。ハンドルをアンカーポイントを軸に回転させるようにドラッグすると❺、方向線の角度が変わります。

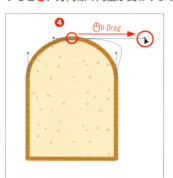 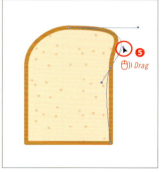

**MEMO**
ハンドルをドラッグ中に Shift キーを押している間は、水平、垂直、斜め45度単位でスナップします。

**CAUTION**
アンカーポイントがコーナーポイントの場合、方向線やハンドルが存在しない場合があります。

### STEP 3

バージョンCC以降ではパスのセグメントをドラッグで変形させることができます。［アンカーポイント］ツール に切り替えます。パスセグメントの任意の位置にマウスカーソルを合わせると、マウスカーソルの形状が変化します。このまま掴んでドラッグを始めると、引っ張るような動きでパスセグメントを変形します。曲線のパスセグメントに限り、［ダイレクト選択］ツール でも同様の操作が行えます。

**MEMO**
［ペン］ツール 時、Option キーを押している間は［アンカーポイント］ツールになります。

058 アンカーポイントを連結する

# NO. 058 アンカーポイントを連結する

VER.
CC / CS6 / CS5 / CS4 / CS3

開いたパスのオブジェクトを閉じたり、異なるオブジェクト（オープンパス）同士をつなげるには、両端のアンカーポイント同士を連結させます。

**STEP 1**
オープンパスの単独オブジェクトをクローズパスに変更するには、[選択]ツール でオープンパスのオブジェクトを選択し❶、[オブジェクト]メニューから[パス]→[連結]を選びます。パスの端点同士が直線で結ばれます❷。

[S] 連結 ▶ ⌘ + J

**STEP 2**
異なる位置にある、もしくは同じ位置で重なり合うアンカーポイントを、[ダイレクト選択]ツール で直接選択し[連結]することもできます。

> **MEMO**
> アンカーポイント選択後[コントロール]パネルの[アンカー]セクションにある[選択した終点を連結]をクリックすることでも、同じ結果が得られます。

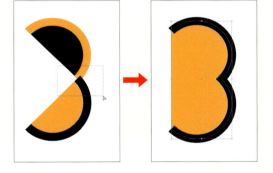

**STEP 3**
CCから実装された[連結]ツール は、直感的な動作でパスの連結を行えます。[選択]ツール でオブジェクトを選択したあと、パスが交差した部分を擦るような動作でドラッグします❸。パスが交差したところで結合され余分な部分はトリミングされます❹。また、パス間の隙間を埋めるようにドラッグすることで❺、ふたつのパスをつなげる線を描きます❻。

  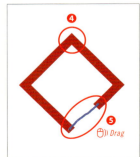 

056 スムーズポイントとコーナーポイントを切り替える

NO.
# 059 図形の形を編集する

VER.
CC / CS6 / CS5 / CS4 / CS3

オブジェクトは、アンカーポイントの位置を変更したり、ポイントの数を減らすことで形を変えることができます。

## STEP 1

[ダイレクト選択]ツール でオブジェクトの任意のアンカーポイントを、ドラッグして囲むか直接クリックして選択します❶。選択したアンカーポイントをドラッグして動かすことで、図形の形が変化します❷。

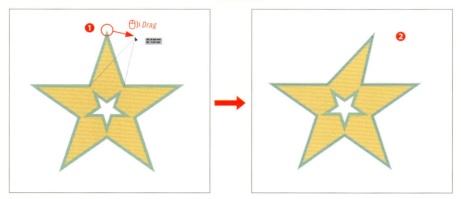

## STEP 2

[アンカーポイントの削除]ツール で、アンカーポイントをクリックして削除します❸。削除したアンカーポイントの両脇のアンカーポイント同士がパスで結ばれます❹。

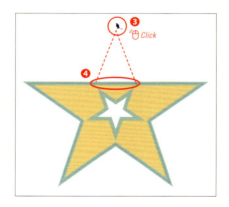

## STEP 3

ヌキのあるオブジェクトのヌキを無くすには[グループ選択]ツール でヌキ部分のパス❺を選択し、Deleteキーを押して削除します。

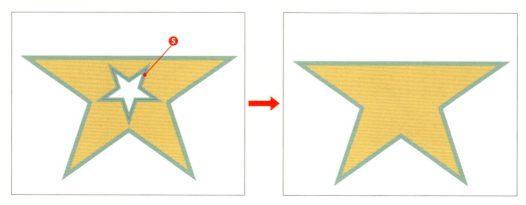

# NO. 060 アンカーポイントを整列する

VER.
CC / CS6 / CS5 / CS4 / CS3

複数のアンカーポイントは、［整列］パネルや［平均］を使うことで整列できます。

**STEP 1**
整列させるオブジェクトのアンカーポイントを［ダイレクト選択］ツールや［なげなわ］ツールなどでふたつ以上選択します❶。異なるオブジェクトのアンカーポイントでも可能です。

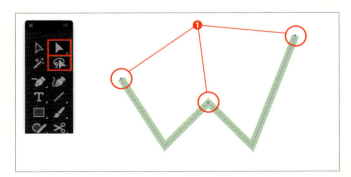

**STEP 2**
［整列］パネルを使って、任意の［整列］、［分布］ボタンをクリックすることで整列されます❷。なお、通常のオブジェクトの整列と同様に、キーをアンカーポイントに設定することも可能です。[Shift] キーを押しながら、ひとつずつアンカーポイントを選択していった場合、最後に選択されたアンカーポイントがキーアンカーとなります。

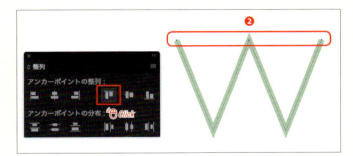

> **MEMO**
> ドラッグで囲むように選択した複数のアンカーポイントのひとつに、キーアンカーを設定する場合は、[Shift] キーを押しながらアンカーポイントをクリックして一度解除し、再度クリックすることで設定できます。

**STEP 3**
［オブジェクト］メニューから［パス］→［平均］を使っても、アンカーポイントを揃えられます。［平均］ダイアログで［水平軸］、［垂直軸］、［2軸とも］の中から平均の方法を選び、［OK］をクリックします。［整列］パネルを使用した場合と異なり、アンカーポイントを揃える基準は設けられず、選択した複数のアンカーポイントの平均位置（中間）に整列されます。

049 オブジェクトを整列・分布させる

## NO. 061 縦横比を保ったまま拡大・縮小する

VER.
CC / CS6 / CS5 / CS4 / CS3

［拡大・縮小］ツール🔲で縦横比を変えずに大きさを変更するには、ダイアログ上で数値指定するか、[Shift] キーを押しながらドラッグ操作します。

**STEP 1**　拡大・縮小したいオブジェクト、あるいはグループオブジェクトを［選択］ツール▶で選択したあと❶、［ツール］パネルから［拡大・縮小］ツール🔲を選びます❷。

**STEP 2**　この状態で [Return] キーを押すか、［ツール］パネルで［拡大・縮小］ツール🔲をダブルクリックすると、［拡大・縮小］ダイアログが開きます。［縦横比を固定］のボックスに任意の数値を入力します❸。［OK］をクリックすると、指定した数値で拡大・縮小できます。

**STEP 3**　ドラッグ操作で拡大・縮小を行うときに縦横比を固定するには、[Shift] キーを押しながら斜め方向（およそ45度）にドラッグします。

> **CAUTION**
> 拡大・縮小する際の基準点は通常、オブジェクトの中心ですが、基準点を移動させるには［拡大・縮小］ツール🔲を選んだ後に、基準点にポインタを合わせドラッグするか、移動したい場所をクリックします。

# NO. 062 変形パネルを使って拡大・縮小する

VER.
CC / CS6 / CS5 / CS4 / CS3

［変形］パネルを使うと、オブジェクトの大きさを絶対値で指定して拡大・縮小できます。また、加減乗除の演算を使った拡大・縮小も可能です。

**STEP 1**
拡大・縮小したいオブジェクト、あるいはグループオブジェクトを［選択］ツールで選択します❶。［変形］パネルに選択したオブジェクトの幅（W）と高さ（H）の数値が表示されます❷。パネルの左にあるマーク❸は基準点を示します。クリックして基準点を指定することで、拡大・縮小時の基準点を変更できます。

> **MEMO**
> XとYの値はオブジェクトが配置されている座標を示します。

**STEP 2**
幅（W）と高さ（H）の数値を変更し、Returnキーを押すことで変形を確定します。縦横比を固定して変形を行うには、［縦横比を固定］ボタン❹をクリックします。この状態では、幅（W）と高さ（H）どちらかの数値のみを変更して、Returnキーを押すだけで、もう一方の数値が自動で計算され変形が確定します。

> **MEMO**
> ［縦横比を固定］が無効状態でも、幅（W）か高さ（H）のどちらかの数値を指定後に、⌘キーを押しながらReturnキーで確定することで縦横比を固定した変形が行えます。

**STEP 3**
倍率の変更や数値の加算・減算などで変形させるには、現在の数値の後に対応した記号を入力し、続けて数値を入力します。乗法で変形する場合は［*］、除法で変形する場合は［/］、加法で変形する場合は［+］、減法で変形する場合は［-］に続けて数値を入れます。たとえば［50mm*2］と入力し変形を行うと、100mmを指定した場合と同じ結果になります。

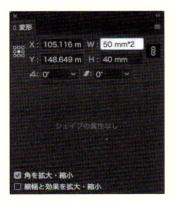

NO.
# 063 位置を保ったまま複数の
オブジェクトの大きさを変える

VER.
CC / CS6 / CS5 / CS4 / CS3

［個別に変形］を使うと、選択した複数のオブジェクトの位置を変えずに、まとめて拡大・縮小できます。

**STEP 1**
変形させる複数のオブジェクトを［選択］ツール で選択します❶。［オブジェクト］メニューから［変形］→［個別に変形］❷を選択し、［個別に変形］ダイアログを表示させます。

S 個別に変形 ▶ ⌘ + Option + Shift + D

**STEP 2**
［拡大・縮小］セクションの数値を直接入力するか❸、スライダー❹を動かすことで拡大・縮小を行えます。水平、垂直ともに同じ数値にすることで縦横比を変えずに変形させます。なお、拡大・縮小は個々のオブジェクトの中心が基準点になっています。これを変更するにはダイアログで任意の基準点❺をクリックすることで対応します。

**STEP 3**
数値の設定を終えたら、［OK］をクリックして適用します。

> 💡 **MEMO**
> グループオブジェクトの場合は、ひとつの単位として扱われ、拡大・縮小されます。

064 複数のオブジェクトをランダムに変形させる

Illustrator Design Reference

NO.
064 複数のオブジェクトを
ランダムに変形させる

VER.
CC / CS6 / CS5 / CS4 / CS3

［個別に変形］を使うと、選択した複数のオブジェクトの大きさや位置をランダムに変更できます。

**STEP 1**
変形させる複数のオブジェクトを［選択］ツールで選択します❶。[オブジェクト]メニューから[変形]→［個別に変形］を選択し、［個別に変形］ダイアログを表示させます。

S　個別に変形 ▶ ⌘ + Option + Shift + D

第3章　オブジェクトの編集

**STEP 2**
[ランダム］にチェックを入れ❷、各種設定を変更します。［プレビュー］❸にチェックを入れてリアルタイムに変形の結果を確認しながら数値を変えていきます。入力した数値幅でランダムに変形が行われます。

 **MEMO**
［垂直軸にリフレクト］および［水平軸にリフレクト］にチェックを入れると、軸反転を行えますが、ランダムにチェックを入れていても、すべてのオブジェクトに対してリフレクトが適用されます。

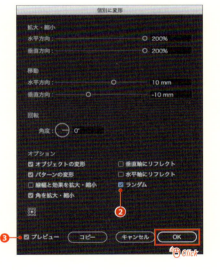

**STEP 3**
数値設定が決まっても、プレビューされた結果が納得できない場合は、［ランダム］か［プレビュー］のチェックボックスのオン／オフを繰り返すことで結果が変わります。納得のいく結果が出たら［OK］をクリックして適用します。

 063 位置を保ったまま複数のオブジェクトの大きさを変える

093

# NO. 065 バウンディングボックスを使って変形させる

VER.
CC / CS6 / CS5 / CS4 / CS3

オブジェクト選択時に表示されるバウンディングボックスを使うと、ドラッグ操作でさまざまな変形が行えます。

### STEP 1

変形させるオブジェクトを［選択］ツール で選択します。このときにオブジェクトを囲む四角形の枠がバウンディングボックスです❶。バウンディングボックスには4つのコーナーとそれぞれの辺の中央の全8か所にハンドルが表示されます。

> **MEMO**
> バウンディングボックスが表示されない場合は、［表示］メニューから［バウンディングボックスの表示］を選びます。

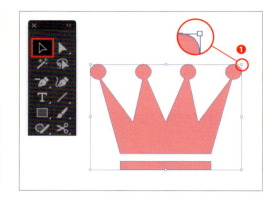

### STEP 2

ハンドルにポインタを合わせるとポインタの形状が変わります❷。この状態でドラッグすることでオブジェクトを拡大・縮小できます。変形の基準点は、ドラッグしたハンドルの逆（辺の場合は向かい合う辺、角の場合は向かい合う角）になります。

> **MEMO**
> [Shift]キーを押しながらドラッグすると縦横比を保って拡大・縮小できます。[Option]キーを押しながらドラッグすると、基準点を中心に変更します。

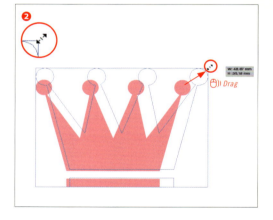

### STEP 3

コーナーのハンドルの外側付近にポインタを近づけると（ハンドルには重ねない）ポインタの形状が回転を示すものに変わります❸。この状態でドラッグするとオブジェクトを回転できます❹。

> **MEMO**
> 一度回転させたオブジェクトのバウンディングボックスは傾いて表示されます。これをリセットするには［オブジェクト］メニューから［変形］→［バウンディングボックスのリセット］を選択します。

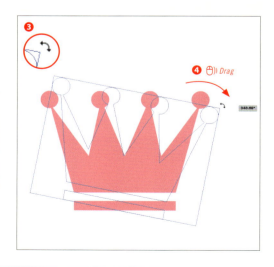

Illustrator Design Reference

## NO. 066 直感的にオブジェクトを自由変形させる

VER. CC / CS6 / CS5 / CS4 / CS3

［自由変形］ツールを使うと、形を確認しながら、オブジェクトにさまざまな変形を加えられます。

### STEP 1

オブジェクトを［選択］ツールで選択し、［ツール］パネルで［自由変形］ツールをクリックします。Illustrator CC では、［自由変形］ツールウィジェット ❶ が表示されます。［自由変形］ツールはバウンディングボックスで行える変形のほかに、シアー変形・遠近変形・自由変形が行えます。サイドハンドルにポインタを合わせ、辺と水平方向にドラッグするとシアー変形が行えます。なおテキストは、あらかじめアウトライン化する必要があります。

**MEMO**
CS6以前のバージョンでシアー変形を行うには、サイドハンドルのドラッグを開始してから、⌘キーを押しながらドラッグします。

**MEMO**
［自由変形］ツールウィジェットで［縦横比固定］ボタンをアクティブにすると、シアー変形では辺に対して垂直方向の動きが制限されます。Shiftキーを押し続けている間も同じ効果が得られます。CS6以前のバージョンではこちらの方法を用います。

### STEP 2

［自由変形］ツールウィジェットで［遠近変形］をアクティブにします ❷。コーナーハンドルをドラッグすると、［遠近変形］を行えます。

**MEMO**
CS6以前のバージョンで［遠近変形］を行うには、コーナーハンドルのドラッグを開始してから、Shift+Option+⌘キーを押しながらドラッグします。

### STEP 3

［自由変形］ツールウィジェットで［パスの自由変形］をアクティブにします ❸。コーナーハンドルをドラッグすると、［パスの自由変形］を行えます。

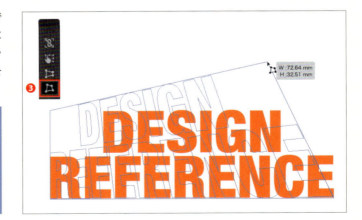

**MEMO**
CS6以前のバージョンで［パスの自由変形］を行うには、コーナーハンドルのドラッグを開始してから、⌘キーを押しながらドラッグします。

065 バウンディングボックスを使って変形させる
169 文字をアウトライン化する

NO.
## 067 オブジェクトのパターンのみ変形させる

VER.
CC / CS6 / CS5 / CS4 / CS3

オブジェクトに適用しているパターンのみを変形させるには、各種変形ツールのダイアログから操作をします。

**STEP 1**
パターンが適用されているオブジェクトを［選択］ツール でクリックして選択します❶。［ツール］パネルで［拡大・縮小］ツール ❷ をダブルクリックして［拡大・縮小］ダイアログを開きます。

**STEP 2**
ダイアログの下部にある［オプション］セクション❸ で［オブジェクトの変形］（または［オブジェクト］）のチェックを外し、［パターンの変形］（または［パターン］）にチェックを入れます。［拡大・縮小］に任意の数値を入力し❹、［OK］をクリックします。

> **MEMO**
> パターンの変形の設定は、［環境設定］の［一般］でも行えます。

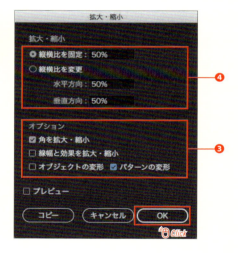

**STEP 3**
オブジェクトの形状はそのままに、パターンの大きさのみ変化しました❺。［拡大・縮小］ツール のほかにも、［回転］ツール 、［リフレクト］ツール 、［シアー］ツール でも、同様の操作でパターンのみを変形させることができます。

098 オリジナルのパターンを登録・運用する

# NO. 068 回転角度を指定して複製する

VER.
CC / CS6 / CS5 / CS4 / CS3

［回転］ツール ■ ではオブジェクトを回転させたり、角度を指定して複製することができます。また回転の基準点の位置を変更することもできます。

## STEP 1

複製するオブジェクトを［選択］ツール ■ で選択し ❶、［ツール］パネルの［回転］ツール ❷ をダブルクリックして［回転］ダイアログを表示させます。

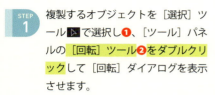
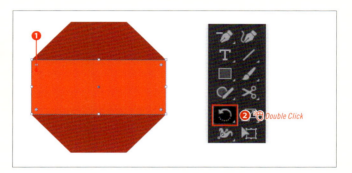

## STEP 2

［回転］ダイアログで任意の角度を入力し ❸、［コピー］ボタンをクリックします。基準点を軸に入力した角度で複製されます ❹。ダイアログを使わずにドラッグ操作で複製するには、ドラッグを始めたあとに Option キーを押し続けます。マウスボタンを放した位置で複製されます。Shift キーを組み合わせることで角度が 45 度単位でスナップします。

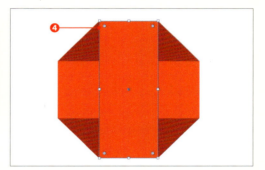

## STEP 3

基準点の位置を変更するには、基準点を移動させたい位置に［回転］ツール ■ のポインタを移動し、Option キーを押しながらクリックします ❺。［回転］ダイアログが表示されるので任意の角度を入力し、［コピー］ボタンをクリックします。複製後［オブジェクト］メニューから［変形］→［変形の繰り返し］を一周するまで繰り返し実行すれば、時計の文字盤のようなオブジェクトがつくれます。

S 変形の繰り返し ▶ ⌘ + D

# NO. 069 シンメトリーな図形を描く

VER.
CC / CS6 / CS5 / CS4 / CS3

鏡面コピーしたオブジェクトのアンカーポイントを連結して、左右対称のオブジェクトをつくります。

**STEP 1**
元となるオブジェクトを用意し［選択］ツール で選択します❶。［ツール］パネルから［リフレクト］ツール を選びます。

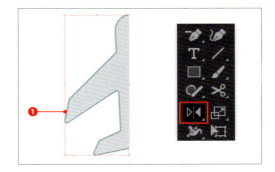

**STEP 2**
オブジェクトを反転させる軸にあるアンカーポイントに［リフレクト］ツールポインタを移動させます❷。Option キーを押しながらクリックすると［リフレクト］ダイアログが表示されるので、リフレクトの軸［垂直］にチェックを入れ［コピー］をクリックします。

> **MEMO**
> ポインタをアンカーポイントに吸着させるため、［表示］メニューの［ポイントにスナップ］にチェックを入れておきましょう。

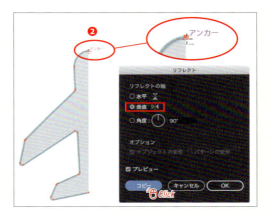

**STEP 3**
左右反転して複製されました❸。ふたつのオブジェクトを結合して完成です。ここではオープンパスのオブジェクトを使用したので、上下2か所のアンカーポイントに［連結］を使用してオブジェクトを結合しました❹。

> **MEMO**
> 結合するには［連結］コマンドや［パスファインダー］パネル、［シェイプ形成］ツール などを使用します。

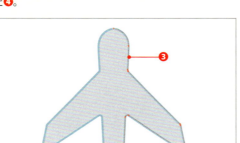

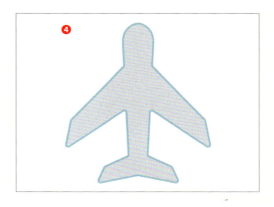

051 オブジェクト同士を合体させる
058 アンカーポイントを連結する

098

# NO. 070 オブジェクトを傾けて変形させる

VER.
CC / CS6 / CS5 / CS4 / CS3

［シアー］ツール  を使ってオブジェクトを傾けます。シアーは遠近感を付けるなどの加工によく使われます。

### STEP 1

変形させるオブジェクトを［選択］ツール で選択します❶。［ツール］パネルの［シアー］ツール をダブルクリックしてダイアログを表示させます❷。

> **MEMO**
> 選択したオブジェクトを［シアー］ツール でドラッグすることでも変形ができます。このとき Shift キーを組み合わせると方向を45度単位でスナップできます。

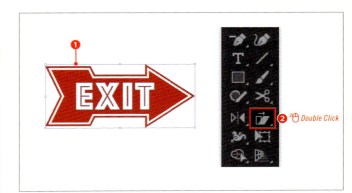

### STEP 2

傾ける程度を［シアーの角度］に入力します❸。［方向］セクションにある3つの項目を使えばシアーする方向を指定できます❹。角度を入力することで任意の方向へのシアーも可能です❺。

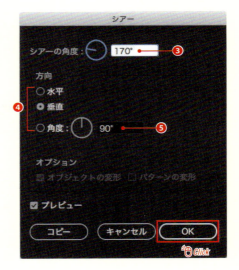

### STEP 3

数値や方向の設定を終えたら［OK］をクリックして適用します。

> **CAUTION**
> 水平方向へのシアーは変形パネルでも行えます。

062 変形パネルを使って拡大・縮小する

第3章 オブジェクトの編集

NO.
# 071 パスを任意の場所で切り分ける

VER.
CC / CS6 / CS5 / CS4 / CS3

［はさみ］ツールを使うと、パスをセグメントやアンカーポイント上で切断できます。

**STEP 1** ［ツール］パネルから ［はさみ］ツールを選択します。切断したいパスのセグメントをクリックすると❶、クリックした箇所に新しいアンカーポイントが表示されます。

> **MEMO**
> パスをクリックする際に、オブジェクトが選択されている必要はありません。

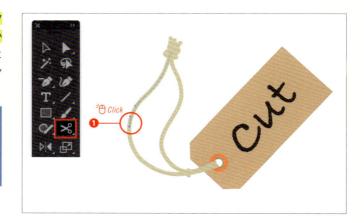

**STEP 2** このパスは切断されていて、ふたつのアンカーポイントが重なっている状態です。［ダイレクト選択］ツールでアンカーポイントを移動させ、切断されているのを確認しましょう❷。

**STEP 3** ［はさみ］ツールはセグメントをクリックする以外にも、アンカーポイントをクリックすることでも切断ができます。

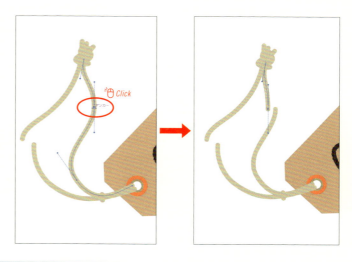

# NO. 072 図形を複数に切り分ける

VER.
CC / CS6 / CS5 / CS4 / CS3

図形を切り分ける［ナイフ］は、フリーハンドで直感的に操作できます。

## STEP 1

［ツール］パネルから［ナイフ］を選びます。切り分けたいオブジェクトの上をフリーハンドでドラッグすると❶、ドラッグの軌跡に合わせてオブジェクトを切り分けられます。［ダイレクト選択］ツール で分断されたオブジェクトを移動させて確認してみましょう。

> **CAUTION**
> 始点と終点が異なるオープンパスを切り分けることはできません。

## STEP 2

切り分けるオブジェクトは選択されている必要はありません。オブジェクトが選択されている状態❷では、選択中のオブジェクトのみ有効になります。

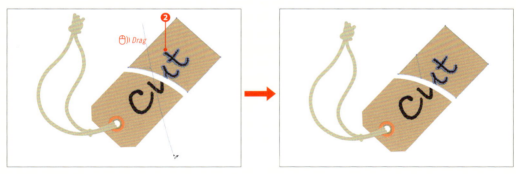

## STEP 3

Option キーを押しながら［ナイフ］でドラッグすると、直線で切り分けられます。さらに Shift キーと組み合わせることで、45度単位でスナップします。

> **CAUTION**
> Option キーはドラッグを始めてから押しても有効になりません。

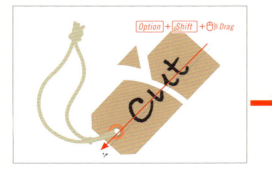

NO.
# 073 用意した図形に沿って ほかの図形を変形させる

VER.
CC / CS6 / CS5 / CS4 / CS3

［エンベロープ］はオブジェクトをパスの形状に沿って変形させる機能です。複雑な形状の変形を行うのに便利です。

**STEP 1** 変形させるオブジェクトを用意します❶。オブジェクトは複数ある場合でも、グループ化されていても、されていなくても構いません。最前面に変形の型となるオブジェクトを用意します❷。型のオブジェクトは変形させるオブジェクトに重ねる必要はありません。これらをすべてまとめて選択します❸。

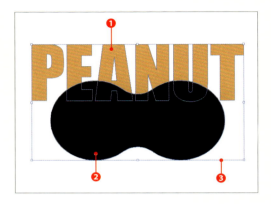

**STEP 2** ［オブジェクト］メニューから［エンベロープ］→［最前面のオブジェクトで作成］を選びます❹。型となるオブジェクトの形状に合わせて、背面のオブジェクトが変形します。変形後の形は、型となるオブジェクトの位置、大きさに準拠します。

最前面のオブジェクトでエンベロープを作成 ▶ ⌘ + Option + C

**STEP 3** ［ツール］パネルから［メッシュ］ツール を選び、エンベロープの任意の場所をクリックすると、メッシュが表示されます❺。クリックするたびにメッシュラインは追加でき、それぞれのメッシュポイントは、アンカーポイントのように編集できます。メッシュポイントのハンドルをドラッグし、方向や長さを変化させると、エンベロープの形状も変化します。

**MEMO**
メッシュラインやポイントを削除するには［メッシュ］ツール を選択中に Option キーを押し続けます。この間マウスポインタに［-］が表示され、任意のメッシュやポイントをクリックすると削除できます。

074 さまざまな変形や歪みを加える

Illustrator Design Reference

# NO. 074 さまざまな変形や歪みを加える

VER.
CC / CS6 / CS5 / CS4 / CS3

［エンベロープ］には、メッシュを作成して一から手を加える［メッシュで作成］と、プリセットを利用して効果を得る［ワープで作成］があります。

**STEP 1** 変形させるオブジェクトを［選択］ツールで選択します❶。［オブジェクト］メニューから［エンベロープ］→［メッシュで作成］を選択します❷。

メッシュで作成 ▶ ⌘ + Option + M

**STEP 2** ［エンベロープメッシュ］ダイアログが表示されたら任意の行数、列数を入力し❸［OK］をクリックします。選択したオブジェクトにメッシュが追加され、メッシュのポイントやライン、ハンドルを［メッシュ］ツールで編集することができます❹。

> **MEMO**
> メッシュポイントの選択は［ダイレクト選択］ツールや［なげなわ］ツールでも行えます。また、ポイント、ライン、ハンドルの編集は［ダイレクト選択］ツールでも行えます。

**STEP 3** さまざまなプリセットを使って変形させるには、変形させるオブジェクトを選択して［オブジェクト］メニューから［エンベロープ］→［ワープで作成］を選びます。［ワープオプション］ダイアログで、スタイルや数値を変更してさまざまな変形が行えます。［プレビュー］にチェックを入れることで❺、変形をリアルタイムで確認できます。

> **MEMO**
> エンベロープの形状をパスに変換するには［オブジェクト］メニューから［エンベロープ］→［拡張］を選びます。

ワープで作成 ▶ ⌘ + Option + Shift + W

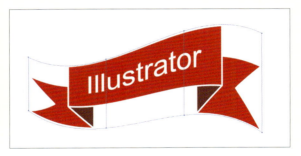

 173 ワープを利用して文字を変形する

NO. **075** オブジェクトの一部に
ランダムな変形を加える

VER.
CC / CS6 / CS5 / CS4 / CS3

[リキッド]ツール群にはさまざまな変形を加えるツールがあります。マウスの動きに合わせてオブジェクトの形状を変形させます。

**STEP 1**

[ツール]パネルの[リキッド]ツール群から、任意のツールを選びます。[ワープ]ツール◧はオブジェクトを粘土のように伸ばします❶。[うねり]ツール◧はオブジェクトを旋回して変形させます❷。[収縮]ツール◧はオブジェクトを収縮させます❸。[膨張]ツール◧はオブジェクトを膨張させます❹。[ひだ]ツール◧は円弧形のひだをオブジェクトのアウトラインに追加します❺。[クラウン]ツール◧は先の尖った円弧形の細部をオブジェクトのアウトラインに追加します❻。[リンクル]ツール◧は先の尖った細部をオブジェクトのアウトラインに追加します❼。

**STEP 2**

[リンクル]ツールで変形させるオブジェクト上にポインタを合わせ、クリックやドラッグの操作でオブジェクトに変形を加えます❽。

**MEMO**
オブジェクトが選択されている場合は、選択されているオブジェクトのみに変形を加えます。

**STEP 3**

各ツールの調整を行うには、[ツール]パネルの各種[リキッド]ツールのアイコンをダブルクリックします。オプションダイアログが表示され、ブラシのサイズや効果のかかり具合などを調整できます。

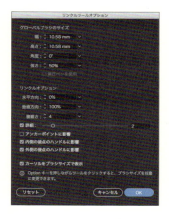

Illustrator Design Reference

NO.
076 塗りブラシツールで
オブジェクトを描く

VER.
CC / CS6 / CS5 / CS4 / CS3

［塗りブラシ］ツール ✏ は、フリーハンドで描いた軌跡をそのまま塗りのパスに変換します。同じ色を使えば何度もパスを描き足せます。

第3章 オブジェクトの編集

STEP 1
［線］のカラーを設定し、［ツール］パネルから［塗りブラシ］ツール ✏ を選びます。フリーハンドでドラッグして描画すると❶、ドラッグした軌跡の形状でパスが作成され、［線］のカラーで塗りが適用されます。

STEP 2
すでにあるオブジェクトにパスを描き足したいときは、同じカラーでオブジェクトの上をドラッグして描き足します❷。既存のオブジェクトに描画したパスが結合されます❸。

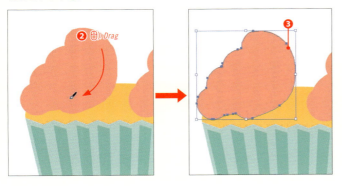

> **MEMO**
> 結合したいオブジェクトには、線が含まれていないことを確認してください。線が含まれていると結合できません。結合後のオブジェクトに線を追加することは可能です。

STEP 3
［塗りブラシ］ツール ✏ をダブルクリックすると、［塗りブラシツールオプション］が表示され、精度や滑らかさ、ブラシのサイズなどを設定できます。［選択範囲のみ結合］❹にチェックを入れると、選択されたオブジェクトのみにパスが結合されます。たとえば右下の図のように、左右の色は同じでも、左のオブジェクトを選択後に描き足した場合、ドラッグの軌跡が右のオブジェクトに重なっても、パスが結合されなくなります。

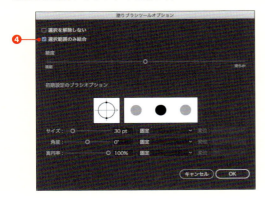
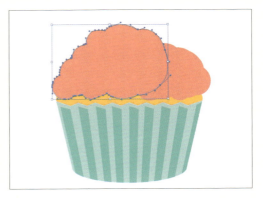

 077 図形の一部をフリーハンドで消す

NO.
# 077 図形の一部をフリーハンドで消す

VER.
CC / CS6 / CS5 / CS4 / CS3

［消しゴム］ツール◆を使うと、直感的な操作でオブジェクトの一部を削除できます。

**STEP 1**
オブジェクトを何も選択していない状態で、［ツール］パネルから［消しゴム］ツール◆を選びます。オブジェクトの上をフリーハンドでドラッグすることで❶、ドラッグした軌跡と同じようにオブジェクトが削られ、パス上にアンカーポイントが追加されます❷。

> **MEMO**
> ［消しゴム］ツール◆の直径や角度などを変更するには、［消しゴム］ツール◆をダブルクリックしてダイアログを表示させ、各種設定を行います。

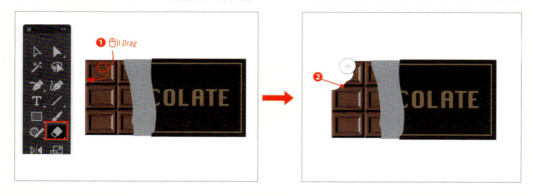

**STEP 2**
［選択］ツール▶でオブジェクトグループのひとつを選択します❸。この状態で［消しゴム］ツール◆を使用すると、選択されているオブジェクトグループのみに効果が現れ、他のオブジェクトには影響がありません。

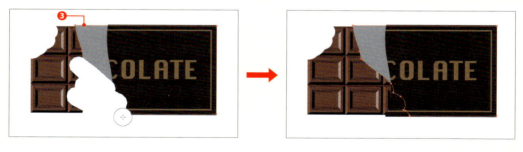

**STEP 3**
Option キーを押しながらドラッグすることで、長方形のガイドが表示され、ガイドの大きさでオブジェクトを削ることができます❹。さらに Shift キーを組み合わせることで正方形のガイドになります。

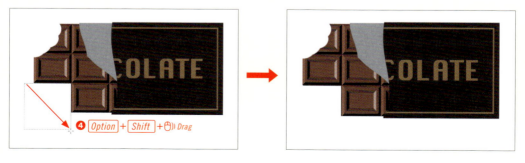

# NO. 078 用意した図形でほかの図形を分割する

VER. CC / CS6 / CS5 / CS4 / CS3

[背面のオブジェクトを分割]を使用すると、型として選択されているオブジェクトの形で、背面のオブジェクトを分割できます。

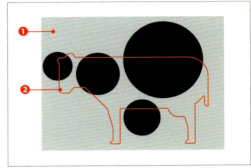

**STEP 1** 分割するオブジェクトやアートワークを用意します❶。この前面に、型となるオブジェクトを配置します❷。

> **CAUTION**
> 型となるオブジェクトは単体のオブジェクトである必要があります。

**STEP 2** 型となるオブジェクトのみを[選択]ツールで選択します❸。[オブジェクト]メニューから[パス]→[背面のオブジェクトを分割]を選びます❹。

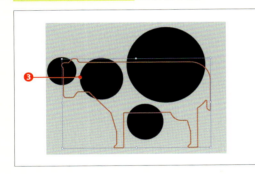
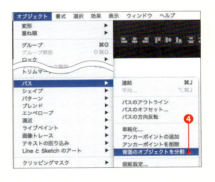

**STEP 3** 選択したオブジェクトで背面のオブジェクトすべてが分割されます。分割されたオブジェクトのカラー設定を変えたり、切り離して編集することで、さまざまなアイデアを形にできます。

> **MEMO**
> ロックされているオブジェクトや隠されたオブジェクトは分割されません。

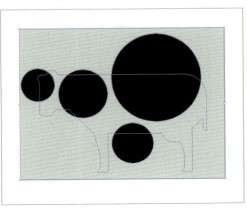

050 オブジェクトを型抜きする

NO.
# 079 遠近グリッドを設定する

VER.
CC / CS6 / CS5 / CS4 / CS3

［遠近グリッド］ツールを使用すると、遠近法に沿った描画をサポートするグリッドを使えます。

## 遠近グリッドの使い方

**STEP 1**
遠近グリッドを表示させるには、［表示］メニューから［遠近グリッド］→［表示］または［グリッドを表示］を選びます。アートボードに遠近グリッドが表示されます❶。また、［ツール］パネルから［遠近グリッド］ツールを選択することでも、遠近グリッドは表示されます。

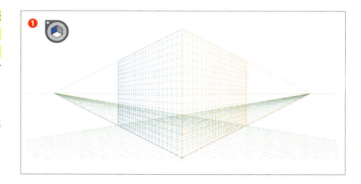

**STEP 2**
［遠近グリッド］ツールを選択すると、グリッドに丸、二重丸、菱形のポイントが表示されます❷。これらポイントをドラッグすると、グリッドの形状を変形できます。

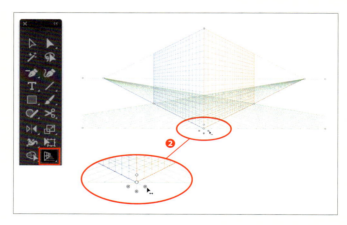

**STEP 3**
［選択面ウィジェット］はグリッド面の選択に使用します。立方体状のアイコンの選択したい面をクリックすることで、対応するグリッドの面を有効にします。立方体アイコンの外側をクリックすると、グリッドに依存しないようになります。また、左上の×印をクリックすると遠近グリッドが隠れます。

S ［選択面ウィジェット］のグリッド面を切り替える▶
1 = 左面グリッド
2 = 水平面グリッド
3 = 右面グリッド
4 = グリッドに依存しない

> **MEMO**
> ［選択面ウィジェット］の表示／非表示、表示位置を設定するには、［遠近グリッド］ツールをダブルクリックし［遠近グリッドオプション］を表示させます。

左面グリッド　水平面グリッド　右面グリッド　グリッドに依存しない

## 遠近グリッドを使った描画

**STEP 1** 左面グリッドが選択された状態で❸、[長方形] ツール ■ を選択します。グリッド上をドラッグして描画すると、左面グリッドに対応したパースで長方形が描画されます❹。[選択面ウィジェット]の水平面グリッドをクリックし❺、同じく長方形を描画してみると、水平面に対応したパースで描画されます❻。

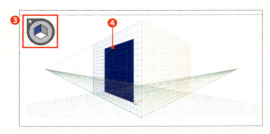
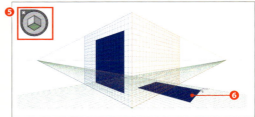

**STEP 2** グリッドのプリセットとして、[一点遠近法][二点遠近法][三点遠近法]の3種類が用意されています。プリセットを切り替えるには、[表示] メニューの [遠近グリッド] からプリセットを選びます。

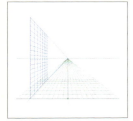

一点遠近法　　二点遠近法　　三点遠近法

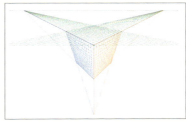

**STEP 3** グリッドの設定を定義するには、[表示] メニューの [遠近グリッド] → [グリッドを定義] を選択します❼。各種属性の設定を終えたら [OK] をクリックします。プリセットとして保存するには、[プリセットを保存] をクリックし❽、プリセット名を付けて [OK] をクリックします。保存したプリセットは [表示] メニューの [遠近グリッド] から選択できます（作例では [二点遠近法] の中に [二点遠近法カスタム1] というプリセットが現れました❾）。

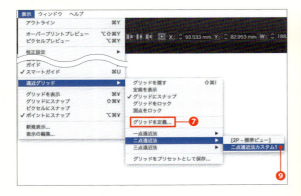

> **MEMO**
> ユーザー定義のプリセットを再編集したり削除するには、[編集] メニューの [遠近グリッドプリセット] を選択します。プリセットを選択し、対応するボタン（[編集]、[削除]）をクリックします。

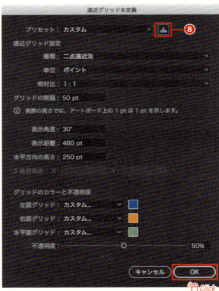

080 アートワークにパースを付ける

## NO. 080 アートワークにパースを付ける

VER.
CC / CS6 / CS5 / CS4 / CS3

アートワークを遠近グリッドに沿って配置するには［遠近図形選択］ツールを使用します。

**STEP 1**
遠近グリッドを表示して、選択面を指定します❶。［ツール］パネルから［遠近図形選択］ツールを選択し、遠近グリッドに配置したいアートワークをドラッグして移動させると、選択面に関連付けられます❷。関連付けされたアートワークは［遠近図形選択］ツールで移動させると、選択面のグリッドに従って変形します。

> **CAUTION**
> ［選択］ツールでアートワークを移動させた場合、形状は変化しません。

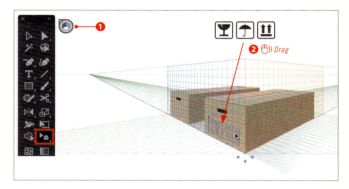

**STEP 2**
［遠近図形選択］ツールでアートワークをドラッグ中に、数字キーを使用したショートカットでグリッド面を切り替えると、ドラッグ中のアートワークは切り替えたグリッド面に関連付けられます❸。

- S ［選択面ウィジェット］の
  グリッド面を切り替える▶
  - 1 = 左面グリッド
  - 2 = 水平面グリッド
  - 3 = 右面グリッド
  - 4 = グリッドに依存しない

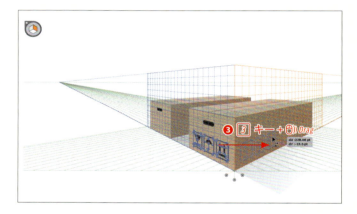

**STEP 3**
5 キーを押しながら［遠近図形選択］ツールでドラッグすると、現在の面に対して、手前や奥に移動できます。これらグリッド面の移動操作を Option キーを押しながら行うと、任意の場所に複製することができます。

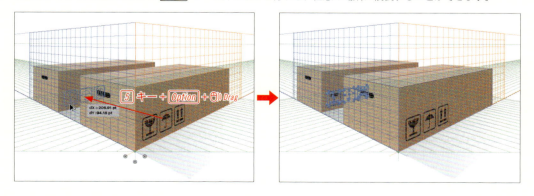

第 **4** 章　塗り・線・カラーの設定

NO.
# 081 塗りと線の色を変える

VER.
CC / CS6 / CS5 / CS4 / CS3

オブジェクトには、パスの内側を塗りつぶす［塗り］と、パスの形状を表示する［線］があります。これらのカラー設定は個別に設定できます。

**STEP 1**
カラーを変更したいオブジェクトを選択します。選択されたオブジェクトのカラー設定は、［ツール］パネル下部❶、［コントロール］パネル左部❷、［カラー］パネル❸に表示されます。

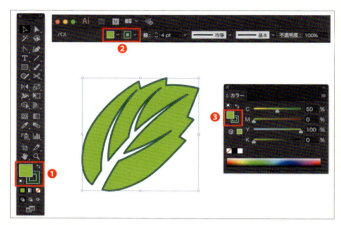

> **MEMO**
> ［カラー］パネルにボックスやスライダーが表示されていないときは、パネルメニューから［オプションを表示］を選択します。

**STEP 2**
塗りつぶされているボックスが［塗り］❹、枠状のボックスが［線］❺を表します。カラーの変更は、［カラー］パネルのスライダーを動かすことでできます❻。また、ボックスをダブルクリックすることで、［カラーピッカー］を表示させてカラー設定を行うことも可能です❼。

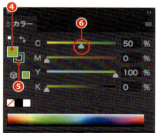

> **MEMO**
> ［塗り］／［線］ボックスをクリックすることで、設定したい対象を切り替えることができます。

> **MEMO**
> カラーピッカーでは、RGB、CMYK、HSB、16進数による色指定も行えます。

> **CAUTION**
> ［コントロール］パネルのボックスをダブルクリックしても、カラーピッカーは開きません。

**STEP 3**
［ツール］パネルの［塗りと線を入れ換え］❽をクリックすることで、選択されているオブジェクトの塗りと線のカラー設定を入れ換えることができます。

> **MEMO**
> 線のカラーが［なし］の状態から、新たにカラーを設定したり、塗りと線を入れ換えた場合、デフォルトの線幅（1pt）が設定されます。

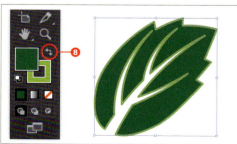

083 カラースウォッチをオブジェクトに適用する

Illustrator Design Reference

# NO. 082 カラーモードを変更する

VER. CC / CS6 / CS5 / CS4 / CS3

CMYKとRGBの2種類のカラーモードから、用途に適した方を選んで作業しましょう。

## CMYKとRGB

**STEP 1**
CMYK は、C（シアン /Cyan）、M（マゼンタ /Magenta）、Y（イエロー /Yellow）の色の3原色を組み合わせ、さまざまな色を表現する方法です。CMYの3色ですべての色を表現できますが、印刷で黒色を美しく表現するために黒インキを用いた、K（キー・プレート /Key plate）が加えられています。印刷に使用するデータはCMYKモードで作成します。

減法混合

**STEP 2**
RGB は、R（赤 /Red）、G（緑 /Green）、B（青 /Blue）の光の3原色を組み合わせ、さまざまな色を表現する方法です。テレビやパソコンのディスプレイは、この方式に基づいています。Webサイトのデザインや、Web用の画像データなどは、RGBモードで作成します。

加法混合

## カラーモードの選択・変更

**STEP 1**
新規に書類を作成する際に、[新規ドキュメント] ダイアログで [カラーモード] を選択します❶。また作業中にカラーモードを変更することもできます。変更するには、[ファイル] メニューの [ドキュメントのカラーモード] ❷から選びます。現在のカラーモードは作業エリアのファイル名の右に表示されます❸。

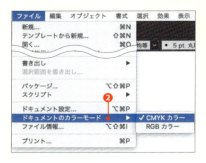

第4章 塗り・線・カラーの設定

# NO. 083 カラースウォッチを オブジェクトに適用する

VER.
CC / CS6 / CS5 / CS4 / CS3

［スウォッチ］パネルに登録されているカラースウォッチは、さまざまな方法でオブジェクトに適用できます。

**STEP 1**
カラーを変更したいオブジェクトを選択し、［スウォッチ］パネルの任意のカラースウォッチをクリックすると❶、選択したオブジェクトにカラースウォッチが適用され、カラーが変更されます❷。

> **MEMO**
> カラーの適用は、［塗り］または［線］ボックスのアクティブな方に対応します。

**STEP 2**
オブジェクト選択中に［スウォッチ］パネルのスウォッチ（四角形の色見本）を、［カラー］パネルや［ツール］パネルの［塗り］または［線］ボックスにドラッグすることでも適用できます❸。またアートボード上のオブジェクトに直接スウォッチをドラッグして適用することもできます❹。この場合、オブジェクトが選択されている必要はありません。

**STEP 3**
CS4以降では［アピアランス］パネル内でもスウォッチの適用ができます。オブジェクト選択中に、［アピアランス］パネルの［塗り］および［線］の右にあるボックスをクリックすると❺、［スウォッチ］パネルがボックスの下に表示されます。任意のスウォッチをクリックして適用します。

# NO. 084 スウォッチパネルにオリジナルカラーを登録する

VER. CC / CS6 / CS5 / CS4 / CS3

何度も使用するカラーはカラースウォッチとして登録しておくと便利です。

## STEP 1

[スウォッチ]パネルの[新規スウォッチ]ボタン❶をクリックするか、[カラー]パネルのメニューから[新規スウォッチを作成]を選ぶとダイアログが表示されます。スライダーや直接入力で数値を調整して❷カラーを決定します。スウォッチには任意の名前を付けることができ❸、名前を入力しない場合はカラーを構成する色の数値が名称として適用されます。[OK]をクリックすると[スウォッチ]パネルに登録されます。

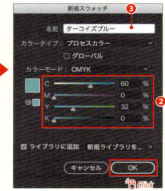

### CAUTION
新規スウォッチを作成するには、[塗り]または[線]のカラーが[なし]以外に設定されている必要があります。

## STEP 2

[カラー]パネルで設定した[塗り]や[線]のカラーボックスをそのまま[スウォッチ]パネルにドラッグして登録することもできます❹。この際、既存のスウォッチに、Option キーを押しながらドラッグすると、既存のスウォッチを上書きできます。

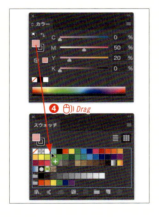

## STEP 3

登録したスウォッチのカラーや名称を変更するには、[スウォッチ]パネルに登録したスウォッチを選択し、[スウォッチオプション]ボタンをクリックします❺。カラーや名称を変更後に[OK]をクリックすることでスウォッチが更新されます。

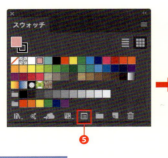
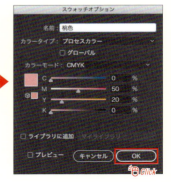

### MEMO
スウォッチをダブルクリックすることでも[スウォッチオプション]ダイアログが開きます。

第4章 塗り・線・カラーの設定

083 カラースウォッチをオブジェクトに適用する

NO.
# 085 グローバルカラーを利用する

VER.
CC / CS6 / CS5 / CS4 / CS3

グローバルカラーを利用すると、色の濃淡の変更や、同じカラーを持つオブジェクトを一括でほかのカラーに変換できます。

**STEP 1**

グローバルカラーを登録するには[カラー]パネルの[新規スウォッチ]ボタンをクリックし❶、ダイアログを開きます。スライダーを動かして任意の色を作成後、[グローバル]にチェックを入れます❷。

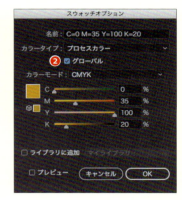

> **MEMO**
> 登録されたグローバルカラーを[スウォッチ]パネルで確認すると、通常のカラースウォッチと異なり、右下に白い三画のマークが表示されます。

**STEP 2**

グローバルカラーが適用されているオブジェクトを選択し、[カラー]パネルを確認すると、スライダーがひとつ表示されます❸。スライダーを動かすことで色合いを保ったまま、濃度のみを変更することができます❹。

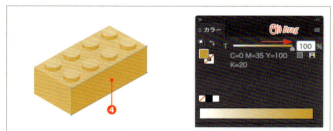

**STEP 3**

オブジェクトが何も選択されていない状態で、[スウォッチ]パネルに登録されているグローバルカラーをダブルクリックし、[スウォッチオプション]ダイアログを表示させます。[プレビュー]にチェックを入れ❺、カラースライダーを動かすと、ドキュメント上にある、このグローバルカラーを使っているすべてのオブジェクトのカラーが変化します。

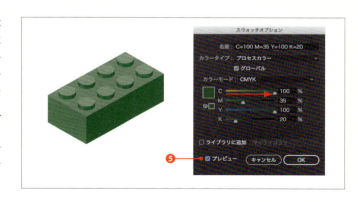

083 カラースウォッチをオブジェクトに適用する
084 スウォッチパネルにオリジナルカラーを登録する

Illustrator Design Reference

## NO. 086 破線（点線）を描く

VER.
CC / CS6 / CS5 / CS4 / CS3

実線を破線に変更するには［線］パネルで破線の設定を行います。

**STEP 1**

［選択］ツール  で、破線にしたいオブジェクトを選択し❶、［線］パネルの［破線］をクリックしてチェックを入れます❷。［線分］に数値が表示され、選択したオブジェクトが破線に変わります❸。

> **MEMO**
> ［線分］とは表示されている線の長さを表します。

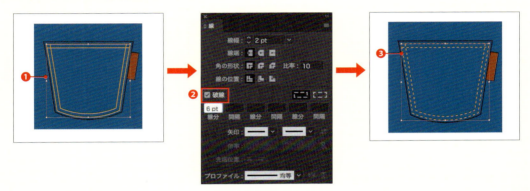

**STEP 2**

線分の数値を変えると破線の形状が変化します。［間隔］に数値が入っていない状態は、［線分］の長さと［間隔］の長さは同じになります。［間隔］に数値を入れると❹、線と線の間隔の長さを指定できます。［線分］と［間隔］は、ひとつのオブジェクトに3つまで設定できます。

**STEP 3**

CS5以降では、［長さを調整しながら、線分をコーナーやパス線端に合わせて整列］オプション❺を有効にすると、線端やコーナー部分の破線が形状に合うように調節されます❻。線分や間隔に正確な数値を求める場合には、［線分と間隔の正確な長さを保持］を有効にします❼。これらは対応するアイコンをクリックすることによって切り替えが可能です。

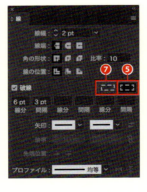 

第4章 塗り・線・カラーの設定

NO.
# 087 線幅や線の形状を設定する

VER.
CC / CS6 / CS5 / CS4 / CS3

[線]パネルでは、線の太さや形状に関するさまざまな設定を行えます。

## 線の設定

**STEP 1**
線幅を変更するには、変更したいオブジェクトを選択した状態で、[線]パネルの[線幅]の数値を変更します❶。オープンパスの場合は、オブジェクトのパスを中心に指定した線幅で描画されます。クローズパスの場合は、[線の位置]を指定することができます❷。

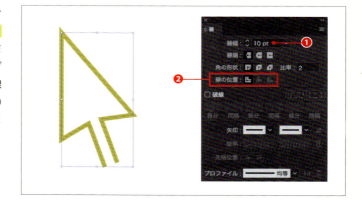

**STEP 2**
[線端]❸はオープンパスの端点❹、[角の形状]❺はコーナーアンカーポイントの形状❻を変えるものです。それぞれ3種類の中から選ぶことができます。作例では、[線端]に[突出線端]を、[角の形状]に[ラウンド結合]を選んでいます。[線幅]と[角の形状]で選べる形状は以下の通りです。

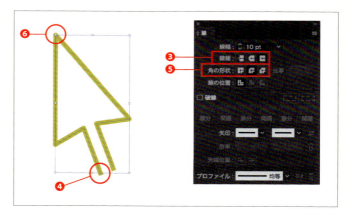

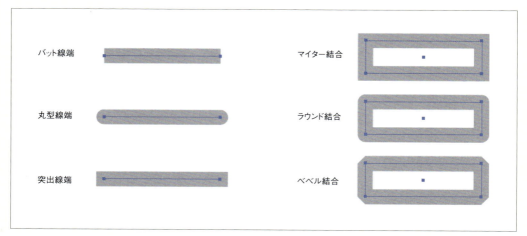

STEP 3　マイター結合❼では角の比率が設定できます❽。鋭角なコーナーポイントの場合、マイター結合を選択してもベベル結合と同じ表示になってしまう場合があります。このような場合は、角の［比率］の数値を大きくすることで解決できます❾。

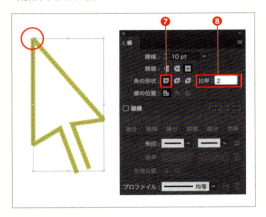
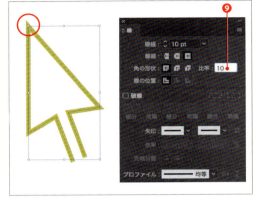

## 矢印の設定

STEP 1　CS5以降のバージョンでは、[線]パネルの[矢印]のドロップダウンリストの中から任意の形状を選ぶことで、線端を矢印に変更できます。始点と終点で個別の種類、倍率を設定できます。

> **MEMO**
> CS4以前のバージョンで矢印の設定を行うには、パスを選択し[効果]メニューから[スタイライズ]→[矢印にする]を選びます。

STEP 2　［矢印の始点と終点の拡大・縮小をリンク］❶が有効の場合は、どちらかの倍率を変更すると、もう一方の倍率が自動で計算され、始点と終点の大きさの比率が保たれます。矢印の形状を入れ替えたい場合は、［矢印の始点と終点を入れ替え］❷をクリックします。［先端位置］❸では、パスに対しての矢印の先端の位置を指定できます。

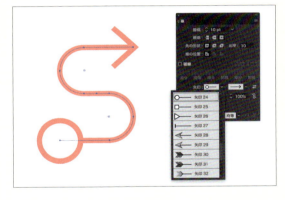

STEP 3　CS5以降のバージョンでは、［プロファイル］のドロップダウンリストから線幅プロファイルを選択すると、選択したパスに太さの変化を付けられます。線に表情を与えたいときに便利です。

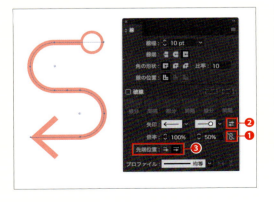
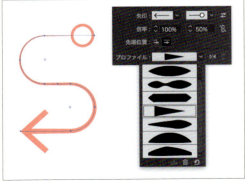

 088 線の位置を変更する
091 強弱のある線を描く

NO.
## 088 線の位置を変更する

VER.
CC / CS6 / CS5 / CS4 / CS3

［線］パネルでは、パスの形状に対する線の位置を変更できます。

**STEP 1**

クローズパスのオブジェクトに線幅を設定すると、パスに対して中央に線が描画されます❶。たとえば 8ptの線幅の場合、パスの内側に 4pt、パスの外側に 4pt の線幅が設定されます。これは、デフォルトでは線の位置が［線］パネル内にある［線の位置］オプションで［線を中央に揃える］設定されているためです❷。

**STEP 2**

［線を内側に揃える］をクリックすると、パスの内側に線が描画されます❸。オブジェクトの外形は保ったままの状態ですが、太い線幅を指定するとオブジェクトの塗りの領域が狭まるため、オブジェクトがやせた印象になります。

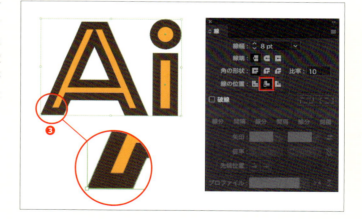

**STEP 3**

［線を外側に揃える］をクリックすると、パスの外側に線が描画されます❹。オブジェクトの塗りの領域は変わらないため、印象を変えずに太い線幅を使用できます。この設定は、ロゴやイラストのフチを強調する場合などに適しています。

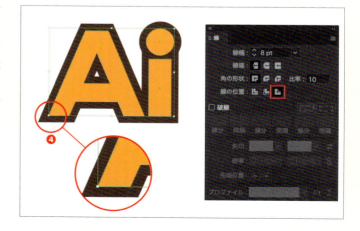

# NO. 089 オブジェクトに複数の線を適用する

VER. CC / CS6 / CS5 / CS4 / CS3

［アピアランス］パネルを使うと、オブジェクトの塗りと線の重なり順を変えたり、複数の線を組み合わせることができます。

**STEP 1**　パスに対して中央に線が描画されているオブジェクトを選択します。［アピアランス］パネルと［線］パネルに、線の太さが表示されます❶。

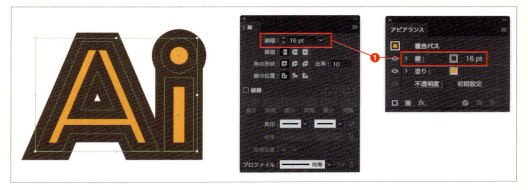

**STEP 2**　［アピアランス］パネルで、［線］を［塗り］の下の位置までドラッグします。この操作により塗りの背面に線が表示されます。

> **MEMO**
> オブジェクトに線を適用すると、デフォルトでは塗りの前面に線が表示されます。

**STEP 3**　線をさらに追加するには、［アピアランス］パネルの下部にある［新規線を追加］ボタン❷をクリック（CS3では、パネルメニューから［新規線を追加］を選択）します。前面にある線の線幅を細くしてカラーを変更すると、二重の縁取りになります。

> **MEMO**
> 新規線は［アピアランス］パネル内で、選択してあるセクションの前面に作成されます。何も選択していない場合は最前面に作成されます。重ね順は必要に応じてドラッグ操作で入れ替えてください。

090 線の形状をアウトラインに変換する

NO.
## 090 線の形状をアウトラインに変換する

VER.
CC / CS6 / CS5 / CS4 / CS3

線の形状をそのままパスに変換するには［パスのアウトライン］を使います。

**STEP 1** 変換するオブジェクトを選択し、［オブジェクト］メニューから［パス］→［パスのアウトライン］を選択します❶。

**STEP 2** 線の太さや線端、結合部分の形状がそのままパスに変換されます。

**STEP 3** ［アピアランス］パネルを使用し2種類以上の線属性を持たせたオブジェクト❷に、［パスのアウトライン］を行うと、ひとつの線のみアウトライン化され、ほかの線はアウトライン化されないままグループ化されます❸。これを回避するには［オブジェクト］メニューの［アピアランスを分割］を行った後に［パスのアウトライン］を行います❹。

❷
❸
❹

Illustrator Design Reference

## NO. 091 強弱のある線を描く

VER.
CC / CS6 / CS5 / CS4 / CS3

CS5以降では、[線幅]ツール  を使うと、線幅に強弱を付けることができます。

**STEP 1**
[線幅] ツール  で線幅を変更したいオブジェクトの線の上に**ポインタを合わせます**❶。菱形の線幅ポイントが表示されるので、クリックして線幅ポイントを設定し、そのまま**ドラッグ**を開始し、好みの太さになったらドラッグをやめます。線幅ポイントは移動や追加ができます。幅の再調整もできます。

> **MEMO**
> 片幅のみの線幅調整を行うには、[Option] キーを押しながらドラッグします。

**STEP 2**
[線幅] ツール  で線の上をダブルクリックすると、[線幅ポイントを編集] ダイアログが表示され、数値で線幅を指定できます。既存の線幅ポイントをダブルクリックして再編集することもできます。

> **MEMO**
> [隣接する線幅ポイントを調整] オプションを有効にすると、隣接する線幅ポイントも合わせて変更されます。[Shift] キーを押しながらダブルクリックして [線幅ポイントを編集] ダイアログを表示させると、このオプションが自動的に有効になります。

**STEP 3**
線幅を変更したオブジェクトを選択し、[線] パネルの [プロファイル] のドロップダウンリストにある [プロファイルに追加] ボタン❷をクリックすると、選択中のオブジェクトの可変線幅をプロファイルとして登録できます。

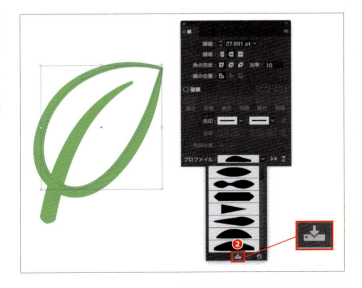

第4章 塗り・線・カラーの設定

087 線幅や線の形状を設定する

123

# NO. 092 グラデーションを適用・登録する

VER.
CC / CS6 / CS5 / CS4 / CS3

［グラデーション］を使用すると、質感のあるグラフィックが作成できます。

### STEP 1

オブジェクトを選択し、[グラデーション]パネルのオプションから[塗り]❶をクリックして有効にします。[グラデーション]もしくは、[グラデーションスライダー]をクリックして適用します❷。[グラデーション]を直接アートワークにドラッグすることでも適用できます❸。

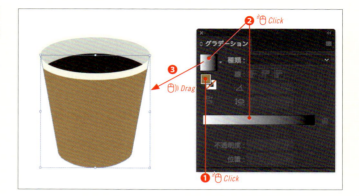

### STEP 2

グラデーションのカラーを設定するには、[グラデーション]パネルのグラデーションスライダーの下に表示されている、[カラー分岐点]をダブルクリックします❹。[カラーオプション]ダイアログが表示されるので、スライダーを動かして任意のカラーに調整します❺。CS3 では、[カラー]パネルや[スウォッチ]パネルでカラーを調整します。残りの[カラー分岐点]❻も同様の操作でカラーを調整します。

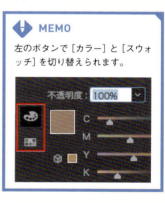

**MEMO**
左のボタンで[カラー]と[スウォッチ]を切り替えられます。

### STEP 3

[カラー分岐点]を動かすと、グラデーションの始点と終点の位置を設定できます。また、グラデーションスライダーの上に表示されている菱形のマークの[中間点]をドラッグすると❼、グラデーションの中間位置を設定できます。スライダーは、[位置]セクションの数値を変更することでも設定できます。

STEP 4　［カラー分岐点］は追加や削除ができます。グラデーションスライダーの下をクリックすると新たな［カラー分岐点］が追加されます❽。［カラー分岐点］を削除するには［カラー分岐点］を選択し、右にある［分岐点を削除］ボタン❾をクリックします。また、分岐点を下方向にドラッグすることでも削除できます。

STEP 5　グラデーションには［線形］と［円形］の2種類があり、［グラデーション］パネルの［種類］から選択できます❿。グラデーションの角度を変更するには、パネル内の［角度］に任意の数値を入力します⓫。［円形］を選択時のみ［縦横比］がアクティブになり、数値を変更することで円形の縦横比を変更します⓬。［反転グラデーション］をクリックすると、グラデーションを反転させることができます⓭。

STEP 6　オブジェクトを選択し［グラデーション］ツール ■ を選ぶと、オブジェクト上に［グラデーションガイド］が表示されます⓮。直感的な操作でグラデーションを編集できます。

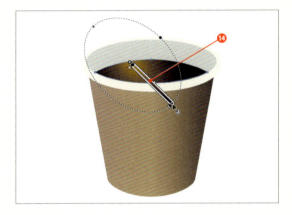

STEP 7　［グラデーションガイド］からでも［カラー分岐点］の移動や追加、［中間点］の移動ができます。追加や削除方法は、［グラデーション］パネルでの操作方法と同じです。［カラー分岐点］をダブルクリックすると⓯、その場に［カラーオプション］ダイアログが表示され、カラーの調整も行えます。

093　線にグラデーションを設定する
094　グラデーションの不透明度を変更する

NO.
## 093 線にグラデーションを設定する

VER.
CC / CS6 / CS5 / CS4 / CS3

CS6以降では、オブジェクトの［線］に対して、3種類の方法で［グラデーション］を適用できます。

**STEP 1**
オブジェクトを選択し、［グラデーション］パネルの［線］をクリックして有効にします❶。［グラデーション］もしくは、［グラデーションスライダー］をクリックして適用します❷。［グラデーション］を直接アートワークにドラッグすることでも適用できます❸。

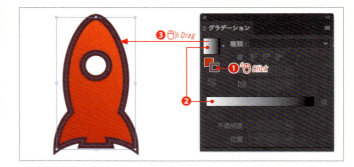

**STEP 2**
線に対してグラデーションのカラーや種類、不透明度や［カラー分岐点］の追加など、［塗り］のグラデーションと同様の設定ができます。

 **MEMO**
線が［なし］のオブジェクトに線のグラデーションを適用すると、線幅は［1pt］になります。

**STEP 3**
線のグラデーションには、デフォルトの［線にグラデーションを適用］❹のほかに、［パスに沿ってグラデーションを適用］❺、［パスに交差してグラデーションを適用］❻が用意されています。

 **MEMO**
［線にグラデーションを適用］のみ、角度を指定できます。

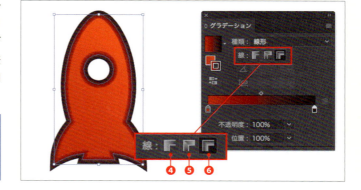

［種類：線形］
［線にグラデーションを適用］

［種類：線形］
［パスに沿ってグラデーションを適用］

［種類：線形］
［パスに交差してグラデーションを適用］

［種類：円形］
［線にグラデーションを適用］

［種類：円形］
［パスに沿ってグラデーションを適用］

［種類：円形］
［パスに交差してグラデーションを適用］

# NO. 094 グラデーションの不透明度を変更する

VER.
CC / CS6 / CS5 / CS4 / CS3

[グラデーション] パネルでは、グラデーションに使用しているカラーの不透明度を、個別に変更できます。

### STEP 1

不透明度を変更したいグラデーションが適用されているオブジェクトを選択します。[グラデーション] パネルの[グラデーションスライダー]にある、[カラー分岐点] ❶をクリックして選択します。

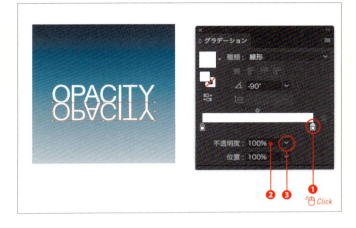

### STEP 2

[不透明度] の数値を直接数値を入力するか❷、ドロップダウンリスト❸から選択して不透明度を設定します。アートボードで見映えを確認しながら調整しましょう。

> **MEMO**
> 不透明度は100%で全く透けていない状態、0%で透明(見えない状態)になります。

### STEP 3

グラデーションスライダー内にあるすべての[カラー分岐点] に対して、個別に不透明度を設定できます。始点と終点が同色のグラデーションを作成し、終点❹(位置:100%)の不透明度を「0%」❺、始点❻(位置:0%)の不透明度を半透明(不透明度:30%)❼にすることで、図のように、背景に溶け込むグラデーションの効果ができます。

第4章 塗り・線・カラーの設定

092 グラデーションを適用・登録する

127

# NO. 095 立体的で複雑なグラデーションをつくる

VER.
CC / CS6 / CS5 / CS4 / CS3

［メッシュ］ツール 図 を使うと、オブジェクトにメッシュラインを追加でき、複雑なグラデーションにできます。

## STEP 1

オブジェクトにメッシュラインを追加するには、［ツール］パネルから ［メッシュ］ツール 図 を選んでオブジェクトをクリックするか❶、［オブジェクト］メニューから［グラデーションメッシュを作成］を選びます。

### MEMO

［オブジェクト］メニューから［グラデーションメッシュを作成］でメッシュラインを追加する場合、ダイアログが表示され、メッシュの種類や行数、列数を指定できます。

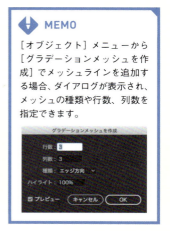

## STEP 2

［ダイレクト選択］ツール ▶ で、個々のメッシュポイントを選択できます。メッシュポイントが選択された状態で、［カラー］パネルでカラーを変更すると❷、ポイントを頂点にカラーが変更され、隣接するメッシュポイントのカラーにフェードするグラデーションになります。

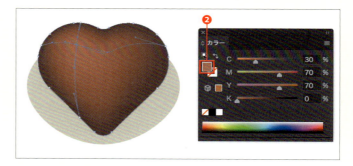

## STEP 3

［メッシュ］ツール 図 でオブジェクト内をクリックするたびに、メッシュポイントおよびメッシュラインが追加されます。メッシュポイントは個別にカラー設定ができるため、複雑なグラデーションを表現できます。一度メッシュが作成されたオブジェクトは、［ダイレクト選択］ツール ▶ や［メッシュ］ツール 図 で、メッシュポイントを編集できます。カラー変更やポイントの移動のほかにも、ポイントから伸びるハンドルの向きや長さを調整することで、より精密なグラデーションになります❸。

### MEMO

メッシュポイントやラインを削除するには、［メッシュ］ツール 図 で Option キーを押しながらポイントやラインをクリックします。

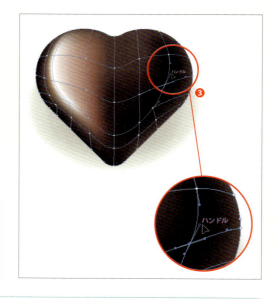

Illustrator Design Reference

# NO. 096 カスタムブラシを登録する

VER.
CC / CS6 / CS5 / CS4 / CS3

［ブラシ］パネルでは、独自の設定でブラシを作成して登録できます。

### STEP 1

カリグラフィブラシは、ペン先が斜めにカットされたような線を描画できます。絵筆ブラシは本物のブラシストロークのようなタッチで描画できます❷。これらのブラシをオリジナルで作成するには、[ブラシ]パネルの［新規ブラシ］をクリックし❸、作成したいブラシの種類を選択して[OK]をクリックします。[ブラシオプション]ダイアログで各種設定を行い、[OK]をクリックすることで登録できます。

> **MEMO**
> 登録したブラシの内容を変更するには、[ブラシ]パネルのブラシをダブルクリックします。[ブラシオプション]で変更を行い、[OK]をクリックします。

### STEP 2

［カリグラフィブラシオプション］ではブラシの形状を直感的な操作で定義できます。楕円形で表示されているのがブラシの形状です。ドラッグして回転させると角度が変更され、黒い点をドラッグするとブラシの真円率が変わります。数値入力で設定することもできます。

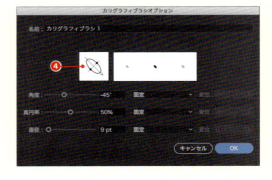

### STEP 3

［絵筆ブラシオプション］では毛の形状や長さ、密度などの項目を、プレビューしながら設定できます。［形状］ドロップダウンリストから好みの形状を選択し、各項目の数値を設定します。

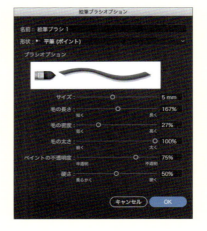

> **MEMO**
> ［絵筆ブラシ］を選択した[ブラシ]ツール での描画時に、数字キーを押すと不透明度を変更できます。たとえば 1 キーを押すと10%、 9 キーを押すと90%に設定されます。なお、 0 キーは100%となります。連続で2回押すと、2桁の不透明度を指定できます。たとえば 4 → 5 と押すと45%に設定されます。

037 フリーハンドで直感的に線を描く

129

## NO. 097 オリジナルアートワークを使ってカスタムブラシを作成する

VER. CC / CS6 / CS5 / CS4 / CS3

[ブラシ] パネルでは、アートワークを使用してブラシを作成できます。ブラシには、散布ブラシ、アートブラシ、パターンブラシがあります。

### STEP 1

アートワークを使用したブラシには [散布ブラシ]、[アートブラシ]、[パターンブラシ] があります。これらのブラシを作成するには、アートワークを選択し❶、[ブラシ] パネルから [新規ブラシ] ❷をクリックするか、[ブラシ] パネルにアートワークをドラッグします❸。作成したいブラシの種類を選択し [OK] をクリックすると、各種ブラシの設定ダイアログが表示されます。

> **MEMO**
> CC より写真などのラスター画像（ビットマップ画像）が使用できます。使用できるのは埋め込まれている画像のみです。画像を埋め込んで配置するには、[ファイル] メニューの [配置] を選び、画像を選択し [リンク] のチェックを外して [配置] をクリックします。

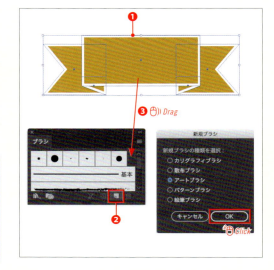

### STEP 2

[散布ブラシ] は、適用するパスの形状をガイドに、登録したアートワークが複数個、散布されて描画するブラシです。[散布ブラシオプション] ダイアログでは、[サイズ] や [間隔]、[散布]、[回転] などのオプションで細かな設定が行えます。[OK] をクリックしてブラシを登録します。

### STEP 3

[アートブラシ] は、登録したアートワークが適用するパスの形状に沿って変形し描画されるブラシです。[アートブラシオプション] ダイアログでは、[方向] や [彩色] などの設定が行えます。CS5 以降では [ガイド間で伸縮] オプション❹を有効にすることで、アートブラシの線端に伸縮性のない部分を定義できます。ダイアログ内のプレビューでガイド❺をドラッグして調整します。2 本のガイド内にある部分のみ伸縮するようになります。[OK] をクリックしてブラシを登録します。

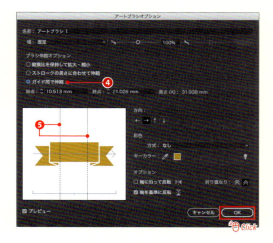

**STEP 4**

［パターンブラシ］は、定義された数種類のパターンを、パスの形状によって自動に置き換えて描画するブラシです。［外角タイル］、［サイドタイル］、［内角タイル］、［最初のタイル］、［最後のタイル］の5つのタイルで定義されています。［パターンブラシオプション］ダイアログでは、タイルに使用するアートワークを個別に設定できます。アートワークを選択した状態で［新規ブラシを作成］をクリック、もしくはドラッグして［パターンブラシ］を作成した場合、アートワークは［サイドタイル］に定義されます。

**STEP 5**

タイルに使用するアートワークは、あらかじめ［スウォッチ］パネルにパターンスウォッチとして登録しておくことで❻、各タイルのドロップダウンリスト内から選ぶことができます❼。CCでは［サイドタイル］の形状を元に角のタイルを自動生成する機能が追加され、［自動中央揃え］、［自動折り返し］、［自動スライス］、［自動重なり］から選べます❽。タイルごとにアートワークを設定し、［OK］をクリックしてブラシを登録します。

> **MEMO**
> CS6以前では登録したパターンスウォッチはリスト表示されます。

**STEP 6**

作成したブラシを使用するには、［ブラシ］パネルでブラシを選択後に［ブラシ］ツールでドラッグするか、既存のパスを選択し、［ブラシ］パネルのブラシをクリックして適用します。カスタムブラシを使用すると、少ないパスで凝ったアートワークを表現できます。❾は［散布ブラシ］を、❿は［アートブラシ］を、⓫は［パターンブラシ］をそれぞれ使用した例です。

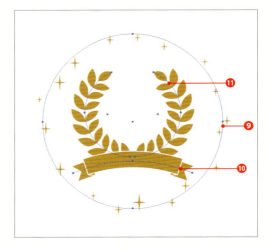

037 フリーハンドで直感的に線を描く
096 カスタムブラシを登録する

NO.
# 098 オリジナルのパターンを登録・適用する

VER.
CC / CS6 / CS5 / CS4 / CS3

［スウォッチ］パネルには、アートワークをパターンとして登録できます。

**STEP 1**
各種ツールを使用し、パターンに使用するアートワークを作成します。作成したアートワークを［スウォッチ］パネルにドラッグするとパターンとして登録できます❶。CS6 以降では、アートワークを選択して［オブジェクト］メニューから［パターン］→［作成］を選ぶことでも登録できます。この場合編集モードに切り替わります（STEP5 参照）。

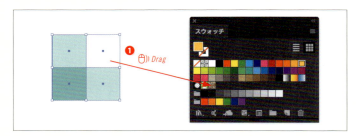

**MEMO**
既存のパターンスウォッチに、[Option] キーを押しながらほかのアートワークをドラッグすると、上書きできます。

**STEP 2**
登録したパターンをオブジェクトに適用するには、オブジェクトを選択して［スウォッチ］パネルに登録したパターンスウォッチをクリックします❷。パターンスウォッチを直接アートワークにドラッグすることでも適用できます❸。

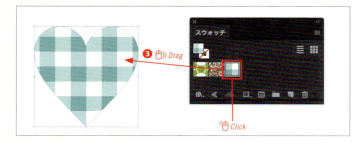

**MEMO**
パターンは［塗り］、［線］のどちらにも適用できます。

**STEP 3**
透明な余白があるパターンをつくりたい場合やアートワークの一部を切り取ってパターンにする場合は、パターンバウンディングボックス（塗りと線が［なし］の正方形および長方形）を作成し❹、アートワークの最背面に配置した後、これらをまとめて［スウォッチ］パネルに登録します。図は、同じパターンにサイズの異なるパターンバウンディングボックスを設定したものです。パターンバウンディングボックスからはみ出した部分は、タイリングの際に表示されなくなります。

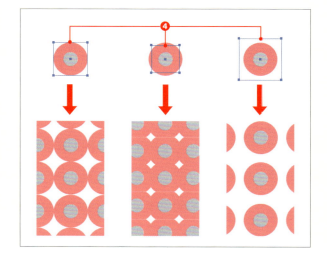

### STEP 4

CS6以降では、[スウォッチ]パネルのパターンスウォッチをダブルクリックするか、パターンスウォッチを選択して[パターンを編集]❺をクリックすると、[パターンオプション]ダイアログが表示され、編集モードに切り替わります。

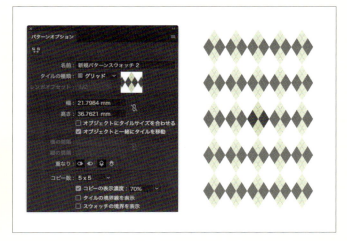

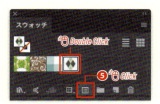

### STEP 5

編集モードでは、アートワークに各種ツールで変更を加えることができます。タイリングされたパターンのコピーも連動して変更されるので、タイル同士のつながりを確認しながら作業できます。[タイルの種類]ドロップダウンリスト❻では[グリッド]のほかに[レンガ]と[六角形]が縦、横2種類ずつ用意されています。

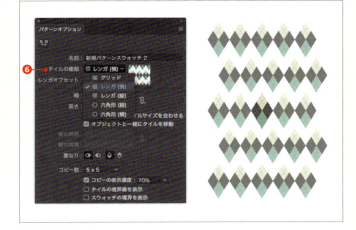

### STEP 6

[パターンタイルツール]❼をクリックして有効にすると、タイルの形状をドラッグ操作で変更できます。タイルからはみ出した部分は反対側の辺から重なって表示されます。重なりの順序は[重なり]の各種ボタンで変更できます❽。編集モードを完了するには、ドキュメントウィンドウ上部の[複製を保存]、[完了]、[キャンセル]から任意のものを選びます。

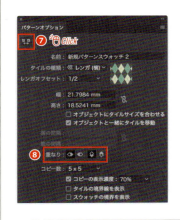

> **MEMO**
> [選択]ツールでアートボードの空白部分および、カンバスをダブルクリックすることでも[完了]となります。

> **MEMO**
> [スウォッチ]パネルの[スウォッチライブラリメニュー]ボタンからは、多数のパターンが収録されたライブラリを開くことができます。

 084 スウォッチパネルにオリジナルカラーを登録する

## NO. 099 ペイント属性をほかのオブジェクトに反映する

VER.
CC / CS6 / CS5 / CS4 / CS3

塗りや線の色、パターンをほかのオブジェクトからコピーするには［スポイト］ツールを使います。

**STEP 1**
塗りや線の色を変更したいオブジェクトを［選択］ツールで選択します❶。

**STEP 2**
［ツール］パネルから［スポイト］ツールを選択します。抽出したいペイント属性を持つオブジェクトをクリックすると❷、選択したオブジェクトに適用されます❸。

> **MEMO**
> ［スポイト］ツールをダブルクリックすると［スポイトツールオプション］ダイアログが開き、抽出と適用の設定をそれぞれ詳細に設定できます。

**STEP 3**
あらかじめペイント属性を抽出しておき、オブジェクトをクリックして適用させる方法もあります。抽出したいペイント属性を持つオブジェクトを、［スポイト］ツールでクリックします❹。抽出したペイント属性は、［ツール］パネルおよび［カラー］パネルに表示されます❺。Option キーを押しながら適用したいオブジェクトをクリックすると、抽出したペイント属性が適用されます❻。

> **MEMO**
> 抽出はオブジェクトが選択されていない状態で行ってください。

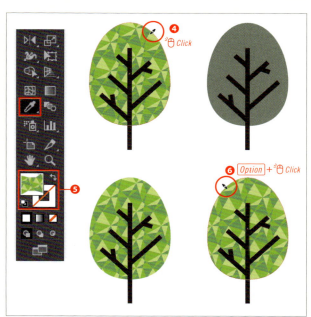

# NO. 100 オブジェクトの不透明度を変更する

VER.
CC / CS6 / CS5 / CS4 / CS3

不透明度は［透明］パネルで0〜100%の範囲で設定できます。数値が低いほどオブジェクトは透明に近づき、背面のオブジェクトが透けて見えます。

**STEP 1**
［選択］ツール  で不透明度を変更したいオブジェクトを選択します❶。

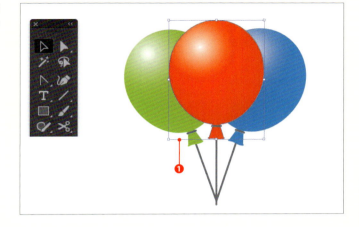

**STEP 2**
［透明］パネルの［不透明度］を変更します。直接数値を入力するか❷、スライダーを動かすことで、不透明度の数値を指定できます❸（バージョンによってはドロップダウンリストが表示されます）。不透明度が100%でオブジェクトが透けることなく表示され、0%で完全に透明になりオブジェクトが見えなくなります。

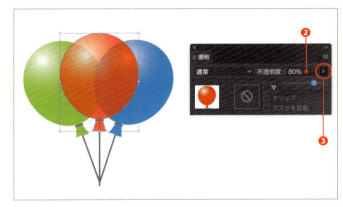

**STEP 3**
CS4以降では、［アピアランス］パネルでも不透明度を変更できます。オブジェクトを選択した状態で、［アピアランス］パネルの［不透明度］をクリックすると❹、［透明］パネルが現れます❺。［アピアランス］パネルの［塗り］および［線］の三角のマークをクリックして展開することで、それぞれ異なる不透明度の設定も可能です❻。

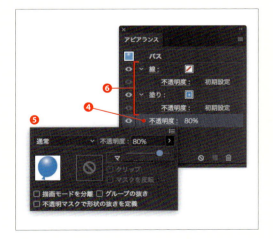

>  **MEMO**
> 不透明度を持つオブジェクトを含むアートワークを選択した状態で、［オブジェクト］→［透明部分を分割・統合］を実行すると、見映えを保持して、不透明度100%のオブジェクトに分割・結合されます。

102 アートワークをマスクにしてオブジェクトの不透明度を変更する
259 透明効果を適用したオブジェクトを印刷する

第4章 塗り・線・カラーの設定

NO.
# 101 オブジェクトの描画モードを変更する

VER.
CC / CS6 / CS5 / CS4 / CS3

重なり合ったオブジェクトに各種描画モードを適用すると、多彩な表現が可能になります。描画モードは［透明］パネルで変更します。

**STEP 1**　描画モードとは、重なり合うオブジェクトのカラーをブレンドする方法で、複数用意されています。オブジェクトを選択して［透明］パネルの［描画モード］❶から選ぶことで変更できます。図ではハートのオブジェクトに左からそれぞれ、［乗算］❷、［スクリーン］❸、［ハードライト］❹を適用しています。背景のストライプは［通常］です。

**STEP 2**　［描画モードを分離］オプションを使うことで、背面にあるオブジェクトに描画モードを適用させないようにできます。［通常］以外の描画モードを適用している複数のオブジェクトを選択し、グループ化します。このグループオブジェクトが選択された状態で［透明］パネルの［描画モードを分離］にチェックを入れます❺。グループ内のオブジェクト同士は描画モードが反映しますが❻、背面にあるオブジェクトには反映されなくなります❼。

**STEP 3**　［グループの抜き］のチェックをオンにすることで❽、グループ内のオブジェクト同士が互いの描画モードに影響を与えず、背面にあるオブジェクトに描画モードを適用できます❾。

>  **MEMO**
> ［グループの抜き］オプションはクリックするたびに、オン（チェックマーク）、中間（ダッシュ）、オフ（チェックマークなし）の3つの状態が切り替わります。

Illustrator Design Reference

## NO. 102 アートワークをマスクにしてオブジェクトの不透明度を変更する

VER.
CC / CS6 / CS5 / CS4 / CS3

用意したアートワークをマスクに変換して、オブジェクトに不透明度を与えるには［不透明マスク］を使います。

**STEP 1**

オブジェクト ❶ とマスクにするアートワーク ❷（ビットマップ画像も可）を用意します。マスクにするアートワークが前面に来るように配置し、これらをまとめて選択します ❸。==［透明］パネルの［マスク作成］ボタン ❹ をクリック==すると、最前面のオブジェクトまたはグループがマスクに変換されます。

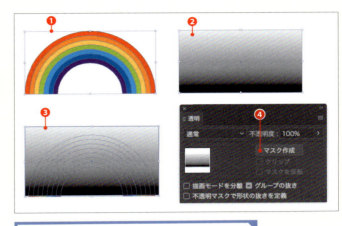

> **MEMO**
> マスクにするアートワークは色の濃度（明度）で背面の画像の不透明度を変えます。グレースケールで画像を作成するとわかりやすいでしょう。

> **MEMO**
> CS5以前では、［透明］パネルのパネルメニューから［不透明マスクを作成］を選びます。

**STEP 2**

不透明マスクを作成すると、［透明］パネルにそれぞれのオブジェクトのサムネイルが作成されます。左が背面の画像 ❺、右が不透明マスクの画像です ❻。不透明マスクのサムネイルをクリックすると強調表示され、不透明マスクの編集モードに切り替わります。アートボードでの移動や編集が可能になり、新たにオブジェクトを追加するとマスクの一部となります。

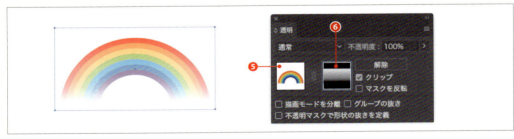

**STEP 3**

［透明］パネルの左のサムネイルをクリックすると ❺、不透明マスク編集モードが終了します。不透明度を設定したオブジェクトの背面に新たなオブジェクトを配置すると、不透明度がどのように適用されているかが確認できます。

第4章 塗り・線・カラーの設定

100 オブジェクトの不透明度を変更する

137

## NO. 103 さまざまな配色パターンを試す

VER.
CC / CS6 / CS5 / CS4 / CS3

［カラーガイド］パネルでは、選択したカラーに調和する配色を、作成、選択、適用できます。

**STEP 1**
［カラーガイド］パネルには、［塗り］に使ったカラーがベースカラーとして設定され❶、この色に調和する［ハーモニールール］と呼ばれるカラーグループと❷、そのバリエーションが表示されます❸。ハーモニールールメニューからは、さまざまな色の組み合わせを一覧から選択できます❹。［カラーグループをスウォッチパネルに保存］❺をクリックすると、選択中のカラーグループを［スウォッチ］パネルに登録できます❻。

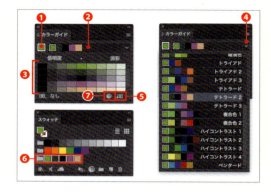

**STEP 2**
［カラーを編集］❼をクリックすると、ダイアログが表示されます。［編集］タブをクリック❽したあとのカラーホイール❾では、カラーの相関関係を確認しながらカラーハーモニーの編集をドラッグ操作で行えます。ベースカラーのカラーマーカーをドラッグすることで❿、ほかのカラーが連動して動きます。カラーの追加や削除、明度や彩度の調整も行えます。

> **MEMO**
> ［スウォッチ］パネルにも、カラーグループを選択時に［カラーグループを編集］ボタンが表示されます。

**STEP 3**
オブジェクト選択中は、［カラーを編集］ボタンは［カラーを編集または適用］となり⓫、クリックすると［オブジェクトを再配色］ダイアログでカラーを変更できます⓬。［指定］タブ⓭では、カラーグループのカラーが、元のカラーにどのように置き換わっているかを確認しながら変更できます。［編集］タブ⓮では、カラーホイールなどを使って、オブジェクトに適用するカラーグループを編集します。

> **MEMO**
> ［オブジェクトを再配色］にチェックを入れることでプレビューしながら配色が行えます。

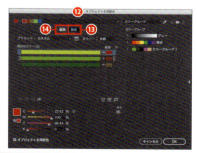

231 オブジェクトを再配色でイラストのカラーテイストを変える

第 5 章 画像の配置と編集

## NO. 104 画像を配置する

VER.
CC / CS6 / CS5 / CS4 / CS3

CC 以降では、画像を配置する際、クリックすると画像サイズで配置され、ドラッグするとドラッグした長方形のサイズで画像が配置されます。

**STEP 1**

［ファイル］メニューから［配置］❶を選択して、ダイアログを表示します。配置する画像を選択して❷、［配置］ボタンをクリック❸します。

**STEP 2**

ポインタが［グラフィック配置］アイコンに変わり❹、クリックすると画像サイズで配置されます。コントロールパネルには、配置方法の種類、ファイル名、カラーモード、PPI（解像度）の情報が表示されます❺。

> **MEMO**
> CS6以下は、［配置］ダイアログで画像を選択して［配置］ボタンをクリックすると、そのまま画像サイズで配置されます。

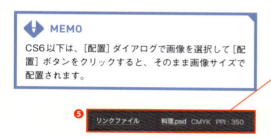

**STEP 3**

［グラフィック配置］アイコンの状態でドラッグすると❻、ドラッグした長方形のサイズで画像が配置されます。

Illustrator Design Reference

## NO. 105 複数の画像を配置する

VER.
CC / CS6 / CS5 / CS4 / CS3

CC 以降では、複数の画像を一度に読み込み配置することができます。また、配置する順番も変更できます。

**STEP 1**
［ファイル］メニューから［配置］❶を選択して、ダイアログを表示します。配置する画像を Shift キーを押しながらクリックして複数選択し❷、［配置］ボタンをクリック❸します。

**STEP 2**
ポインタが［グラフィック配置］アイコン❹に変わります。矢印キーを押すと、読み込んだアセットのリスト順に、❺のBの番号とDのアセットのサムネールプレビューが切り替わります。

A：［グラフィック配置］ポインタ
B：読み込んだ画像のリストにおける現在のアセットの順番
C：読み込んだアセットの数
D：現在のアセットのサムネールプレビュー

**STEP 3**
ドラッグまたは、クリックすると画像が配置され、次に配置されるアセットの数字とアセットのサムネールプレビューが変更します。

>  **MEMO**
> 配置する目的で読み込んだアセットを削除する場合は、矢印キーで該当するアセットに移動し、Esc キーを押します。

第5章 画像の配置と編集

 104 画像を配置する

141

## NO. 106 画像をトレース用の下絵として配置する

VER.
CC / CS6 / CS5 / CS4 / CS3

画像をトレース用の下絵として使用するには、画像を選択するダイアログの[テンプレート]にチェックを入れます。

**STEP 1**
[ファイル]メニューから[配置]❶を選択してダイアログを表示し、下絵とする画像を選択します❷。[オプション]ボタン❸をクリックして展開し、[リンク]にチェックが入っていることを確認し[テンプレート]にチェックを入れて❹、[配置]ボタンをクリック❺します。

**MEMO**
ダイアログはバージョンによって、[オプション]ボタンはありません。[リンク]と[テンプレート]にチェックを入れて[配置]ボタンをクリックしてください。

**STEP 2**
テンプレート画像が配置されます。テンプレートは、トレース作業がしやすいように、濃度50%でロックされた状態で配置されます。また、画面に表示されても印刷はされません。

**STEP 3**
表示濃度を変更するには、[レイヤー]パネルのテンプレートレイヤーのサムネール❻をダブルクリックするか、パネルメニューの[「レイヤー名」のオプション]❼を選択します。[レイヤーオプション]ダイアログが表示されるので[画像の表示濃度]❽の数値を変更して[OK]をクリックします。

# NO. 107 画像のレイヤーを保持したまま配置する

**VER.**
CC / CS6 / CS5 / CS4 / CS3

画像のレイヤーを保持したまま配置するには、画像を選択するダイアログの［リンク］のチェックを外します。

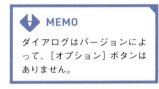

**STEP 1**

［ファイル］メニューから［配置］❶を選択し、ダイアログを表示します。レイヤーを保持した画像を選択して（作例は PSD 形式のフォーマット）❷、［オプション］ボタンをクリックして展開し❸、［リンク］のチェックを外して、［読み込みオプションを表示］にチェックを入れ❹、［配置］ボタンをクリック❺します。

> **MEMO**
> ダイアログはバージョンによって、［オプション］ボタンはありません。

**STEP 2**

［Photoshop 読み込みオプション］ダイアログが表示されるので、［レイヤーをオブジェクトに変換］にチェックを入れ❻、［OK］をクリックします。

> **MEMO**
> CS6 以前では、［Photoshop 読み込みオプション］ダイアログで［レイヤーをオブジェクトに変換］にチェックを入れ、［OK］をクリックすると、レイヤーを保持したまま画像が配置されます。

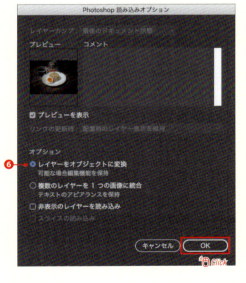

**STEP 3**

CC 以降では、ポインターが［グラフィック配置］アイコンに変わるので❼、クリックまたは、ドラッグするとレイヤーを保持したまま画像を配置できます。［レイヤー］パネルの［レイヤー 1］の左の［展開］ボタン❽をクリックしてサブレイヤーを開くと、レイヤーの構造が確認できます❾。

 104 画像を配置する
106 画像をトレース用の下絵として配置する

NO.
# 108 画像をドラッグ＆ドロップで配置する

VER.
CC / CS6 / CS5 / CS4 / CS3

Illustratorのアートワークに、Photoshopの画像をドラッグ＆ドロップで埋め込み画像として配置できます。

**STEP 1**　Illustrator ❶ と Photoshop ❷ のウィンドウを画面上に並べて開きます。

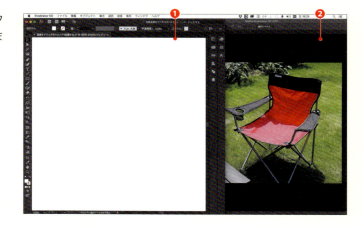

**STEP 2**　Photoshopのウィンドウから Illustratorのウィンドウへ、[移動]ツール　で画像をドラッグし❸、アートボード上でマウスを放します。

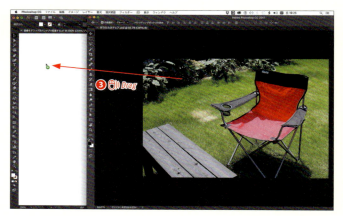

**STEP 3**　Illustratorのアートボード上に、埋め込み画像❹を配置できます。Photoshopで特定のレイヤーを選択している場合は、そのレイヤーだけが配置されます。また、レイヤーに透明部分がある場合は、その部分は白になって配置されます。

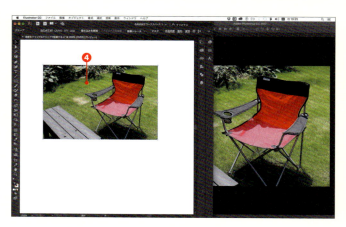

104 画像を配置する
107 画像のレイヤーを保持したまま配置する

## NO. 109 レイヤーを保持したままPhotoshopファイルに書き出す

VER. CC / CS6 / CS5 / CS4 / CS3

レイヤーのあるアートワークを、［Photoshop 書き出しオプション］ダイアログで、レイヤーを保持した Photoshop ファイルに書き出すことができます。

**STEP 1**　レイヤーのあるアートワークを作成して❶、［ファイル］メニューの［書き出し］→［書き出し形式］❷を選択します。［書き出し］ダイアログが表示されるので、書き出す場所とファイル名を指定して❸、［ファイル形式：Photoshop（psd）］❹を選択し、［書き出し］ボタンをクリックします。

### MEMO
［書き出し］ダイアログの［名前］の右にあるボタンをクリックすると、ダイアログを展開（または、格納）できます。

**STEP 2**　続いて、［Photoshop 書き出しオプション］ダイアログが表示されるので、［カラーモード］と［解像度］を任意で設定します❺。そして、［オプション］の［レイヤーを保持］［テキストの編集機能を保持］（アートワークにテキストが含まれていない場合は、チェックを入れません）［編集機能を最大限に保持］にチェックを入れます❻。［アンチエイリアス］❼は、テキストが含まれている場合は［文字に最適（ヒント）］、含まれていない場合は［アートに最適（スーパーサンプリング）］を選択し、［OK］をクリックします。

### MEMO
［編集機能を最大限に保持］にチェックを入れると、サブレイヤーを Photoshop レイヤーとして保存します。［アンチエイリアス］とは、画像の輪郭を滑らかに見せる機能です。

**STEP 3**　指定した場所に、書き出しファイルが保存されます。Photoshop でファイルを開いて［レイヤー］パネルで確認すると、レイヤーが保持されていることがわかります。

NO.
# 110 配置した画像の状態を一覧にする

VER.
CC / CS6 / CS5 / CS4 / CS3

［リンク］パネルにはアートワークに配置した画像が一覧で表示され、画像の状態をひと目で確認できます。

**STEP 1** 配置した画像を確認するには、[ウィンドウ] メニューから [リンク] ❶を選択して、［リンク］パネルを表示します。

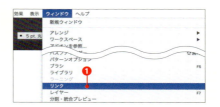

**STEP 2** 画像名の右に、画像の状態を表すアイコンが表示されます。❷のアイコンはリンク元の画像が見つからない場合に、❸のアイコンは配置されたリンク画像が変更された場合に、❹のアイコンは画像が埋め込みで配置されている場合に表示されます。❺のようにアイコンが表示されていない場合は、配置されている画像はリンク画像になります。

> **MEMO**
> ❷のリンク元の画像が見つからない場合のアイコン（旧デザインは ✕）は、CC2017から形状が変わりました。

**STEP 3** ［リンク］パネルの画像をダブルクリックするか、［リンク情報を表示］ボタン❻をクリックすると、ファイル形式、カラースペース、PPI（解像度）など画像情報が詳細に表示されます。

> **MEMO**
> CS6以前では、［リンク］パネルの画像をダブルクリックするか、パネルメニューの［リンク情報］で［リンク情報］ダイアログを表示すると、ファイルのサイズや種類などの情報が確認できます。

114 リンク画像の元画像に編集を加える
115 リンク画像を更新する

# NO. 111 配置した画像を別の画像に置き換える

VER.
CC / CS6 / CS5 / CS4 / CS3

［リンク］パネルの［リンクを再設定］ボタンで、配置した画像を別の画像に置き換えることができます。

**STEP 1**

［リンク］パネルで画像を選択し❶、［リンクを再設定］ボタン❷をクリック、あるいはパネルメニューから［リンクを再設定］を選択します。

**STEP 2**

続いて、ダイアログが表示されるので置き換える画像を選択し❸、［オプション］ボタンをクリックして展開し、［リンク］にチェックが入っていることを確認し❹［配置］ボタンをクリック❺します。

> **MEMO**
>
> ［選択］ツールで画像を選択し、［ファイル］メニューから［配置］を選択してダイアログを表示します。そして、置き換える画像を選択し［オプション］ボタンをクリックして展開して、［置換］にチェックを入れ、［配置］ボタンをクリックしても画像を置き換えることができます。
>
>

> **MEMO**
>
> ダイアログは、バージョンによって［オプション］ボタンはありません。

**STEP 3**

画像が置き換えられました❻。

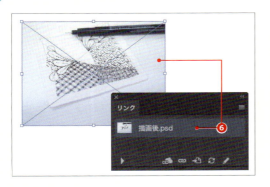

> **MEMO**
>
> リンク画像を選択すると、［コントロール］パネルにファイル名が表示されます。クリックしてメニューから［リンクを再設定］を選ぶことでも置き換えができます。
>
>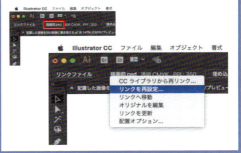

110 配置した画像の状態を一覧にする
115 リンク画像を更新する

NO.
# 112 リンク画像を埋め込み画像に変更する

VER.
CC / CS6 / CS5 / CS4 / CS3

［リンク］パネルのパネルメニューの［画像を埋め込み］で、リンク画像を埋め込み画像に置き換えることができます。

**STEP 1** ［リンク］パネルでリンクで配置されている画像を選択します。

**STEP 2** パネルメニューの［画像を埋め込み］❷を選択すると、リンクで配置されている画像を埋め込み画像に変更できます❸

### MEMO
リンク画像を選択し、［コントロール］パネルに表示される［埋め込み］ボタンをクリックしても、埋め込み画像に変更することができます。

### MEMO
画像を配置する方法は2種類あります。［ファイル］メニューから［配置］を選択して、ダイアログを表示し、配置する画像を選択し［リンク］にチェックを入れると「リンク」画像が配置され、［リンク］のチェックを外すと「埋め込み」画像が配置されます。

リンクは、Illustratorのアートワークにプレビュー表示用の画像（72ppi）を取り込んで、あとは画像データが保存されている場所を記憶します。そのため、元画像に修正を加えると、リンク画像にも修正内容を反映させることができます。

埋め込みは、データそのものをIllustratorのドキュメントに埋め込むため、その分、ドキュメントの容量が大きくなります。また、元画像に修正を加えても、埋め込み画像には反映されません。印刷を前提とする場合は、画像のフォーマットはPhotoshop、EPS、TIFF、PDFに設定し、後の修正が容易なように画像はリンクで配置しましょう。

110 配置した画像の状態を一覧にする
111 配置した画像を別の画像に置き換える

# NO. 113 埋め込みを解除して PSD や TIFF ファイルとして保存する

VER.
CC / CS6 / CS5 / CS4 / CS3

CC 以降では、埋め込んでしまった画像を Photoshop で加工、補正できるように、新しいファイル（PSD または TIFF）として保存し、リンクに置き換えることができます。

**STEP 1**
埋め込み画像を選択し、コントロールパネルの［埋め込みを解除］ボタン❶をクリック、あるいは［リンク］パネルのパネルメニューから［埋め込みを解除］を選択します。

**STEP 2**
［埋め込みを解除］ダイアログが表示されます。［名前］右側のボタン❷をクリックすると、［埋め込みを解除］ダイアログが表示が大きく展開します（初めから大きく展開されている場合もあります）。新しいファイルの保存先❸と［ファイル形式］❹を選択して、［保存］ボタンをクリックします。

**STEP 3**
埋め込みが解除され、リンクに置き換わります❺。指定した保存先には、指定したファイル形式（作例では TIFF）の画像が保存されます❻。

 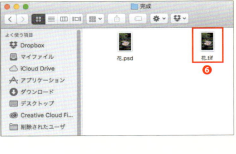

111 配置した画像を別の画像に置き換える
112 リンク画像を埋め込み画像に変更する

NO.
# 114 リンク画像の元画像に編集を加える

VER.
CC / CS6 / CS5 / CS4 / CS3

［リンク］パネルの［オリジナルを編集］ボタンをクリックすると、アプリケーションソフトが起動し、すぐに編集を加えることができます。

**STEP 1**
［リンク］パネルでリンク画像を選択し、［オリジナルを編集］ボタン❶をクリックするか、パネルメニューの［オリジナルを編集］を選択すると、元画像のアプリケーションソフトが自動的に起動します。

**STEP 2**
アプリケーションソフトが起動したら、編集を加えます。右図は、Photoshop が起動し、リンクファイルが開いたところです。そして、編集を加えた画像を上書き保存します。

**STEP 3**
Illustrator の画面に切り替えるとアラートが表示されます。［はい］をクリックすると、配置したリンク画像が編集を加えた画像に入れ換わります❷。

> **MEMO**
> ［選択］ツールでリンク画像を選択すると、コントロールパネルにファイル名が表示されます。クリックして、メニューから［オリジナルを編集］を選ぶことでも元画像を開けます。
>
>

110 配置した画像の状態を一覧にする
115 リンク画像を更新する

# NO. 115 リンク画像を更新する

VER.
CC / CS6 / CS5 / CS4 / CS3

［リンク］パネルに、リンク先の元画像が変更されたことを示すアイコンが表示された場合は、［リンクを更新］ボタンをクリックします。

**STEP 1**

［リンク］パネルに、リンク先の元画像が変更されたことを示すアイコン❶が表示された場合は、［リンク］パネルでその画像を選択して、[リンクを更新］ボタン❷をクリック、あるいはパネルメニューの［リンクを更新］を選択します。

**STEP 2**

リンク画像が更新され❸、［リンク］パネルのアイコンも消えます❹。

**STEP 3**

［リンク］パネルに、リンク先の元画像が見つからないことを示すアイコン❺が表示された場合は、［リンクを再設定］ボタン❻をクリック、あるいは、パネルメニューの［リンクを再設定］を選択します。ダイアログが表示されるので、目的の画像を選択して［オプション］ボタンをクリックして展開し、［リンク］❼にチェックが入っていることを確認して、［配置］ボタンをクリックしリンクを再設定します。

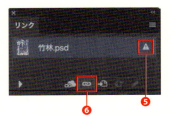

> **MEMO**
> ダイアログの［オプション］ボタンはバージョンによってない場合があります。

> **MEMO**
> リンク画像を［選択］ツール  で選択すると、コントロールパネルにファイル名が表示されます。クリックして、メニューから［リンクを更新］や［リンクを再設定］を選ぶことでも、リンク画像を更新できます。

 110 配置した画像の状態を一覧にする
114 リンク画像の元画像に編集を加える

## NO. 116 リンク画像のリンクを外れないようにする

VER. CC / CS6 / CS5 / CS4 / CS3

リンクが外れないようにするには、リンクした画像をIllustratorのドキュメントと同じフォルダーの中に保存します。

**STEP 1**
画像とのリンクが外れているファイルを開こうとするとアラートが表示されるので、[置換]ボタンをクリックします。

> **CAUTION**
> リンク画像の保存場所を変更したり、リンク後にファイル名を変更した場合には、リンクが外れてしまうので注意してください。

**STEP 2**
ダイアログが表示されるので、元の画像を選択し[置換]ボタンをクリックして画像とのリンクを再設定します。

**STEP 3**
リンクが外れていると画面に画像の表示ができず、出力することもできません。画像とのリンクが外れないようにするには、右図のように Illustrator のドキュメントとリンクした画像を同じフォルダーの同じ階層に保存してファイルを管理を行いましょう。

> **MEMO**
> 保存時にリンク画像を含めて保存することができます。ファイル形式を Illustrator 形式で保存すると、[Illustrator オプション]ダイアログが表示されます。[オプション]の[配置した画像を含む]にチェックを入れると、アートワークにリンクされている画像ファイルを埋め込むことができます。画像を配置した Illustrator ファイルを InDesign に貼り込む場合に便利な方法です。

## NO. 117 配置した画像の不要な部分を切り取る

VER.
CC / CS6 / CS5 / CS4 / CS3

画像の不要な部分を切り取るには、画像の前面に切り抜き用のオブジェクトを作成し、[クリッピングマスク]を適用します。

↓

**STEP 1** 画像の前面に、切り抜きたい形のオブジェクトを作成し❶、[選択]ツール で画像とオブジェクトを選択します。[オブジェクト]メニューから[クリッピングマスク]→[作成]❷を選択します。

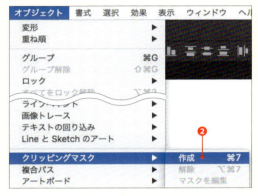

 クリッピングマスク ▶ ⌘ + 7

**STEP 2** 画像が、前面に配置したオブジェクトの形で切り取られます。

> 💡 **MEMO**
> 画像の表示部分を変更するには、[ダイレクト選択]ツール で画像部分をドラッグします。[ダイレクト選択]ツール を使えば、クリッピングマスクをしたままオブジェクトの形を変更できます。

**STEP 3** 切り取られた部分は隠れているだけなので、画像とオブジェクトを[選択]ツール で選択し、[オブジェクト]メニューから[クリッピングマスク]→[解除]❸を選択することで、元の画像に戻すことができます。

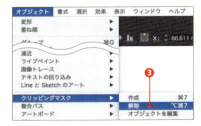

> 💡 **MEMO**
> クリッピングマスクを設定すると、前面のオブジェクトの塗りと線の設定がなくなります。クリッピングマスクを解除しても、元の塗りと線の設定には戻りません。

 クリッピングマスク解除 ▶ ⌘ + Option + 7

 118 文字やオブジェクトの中に写真を配置する

NO.
# 118 文字やオブジェクトの中に写真を配置する

VER.
CC / CS6 / CS5 / CS4 / CS3

［内側描画］モードを使うと、オブジェクトの形に応じて自動的にクリッピングマスクを作成できます。

### STEP 1

［選択］ツール  で文字列を選択し、［内側描画］モード❶をクリックすると、文字の周りに破線のコーナーが表示されます❷。

### STEP 2

［ファイル］メニューから［配置］を選択し、ダイアログから画像を選択して［配置］ボタンをクリックします。ポインタが［グラフィック配置］アイコン❸に変わり、クリックまたは、ドラッグした箇所にクリッピングマスクが作成され、文字の中に画像が配置されます。

> **MEMO**
> CS6以前では、［配置］ダイアログで画像を選択して［配置］ボタンをクリックすると、そのままクリッピングマスクが作成され、文字の中に画像が配置されます。

### STEP 3

文字の大きさや位置を変更する場合は、［コントロール］パネルにある［クリッピングパスを編集］ボタン❹をクリックすると、文字が選択されます❺。画像の大きさや位置を変更する場合は、［コントロール］パネルにある［オブジェクトを編集］ボタン❻をクリックすると、画像が選択されます❼。

> **MEMO**
> ［内側描画］モードを解除するには、［標準描画］モードをクリックします。クリッピングマスクを解除するには、オブジェクトを選択し、［オブジェクト］メニューから［クリッピングマスク］→［解除］を選択します。
>
>

# NO. 119 画像の色をオブジェクトに適用する

VER.
CC / CS6 / CS5 / CS4 / CS3

［スポイト］ツール  で画像やオブジェクトをクリックすると、選択したオブジェクトの塗りにクリックした部分の色を適用できます。

### STEP 1
［選択］ツールで画像の色を適用したいオブジェクトを選択し❶、［スポイト］ツールを選択します。

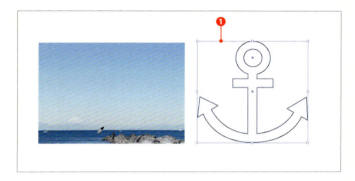

### STEP 2
画像をクリックすると❷、クリックした部分の色が抽出されてオブジェクトに適用されます❸。

### STEP 3
［スポイト］ツール  は色だけでなく、さまざまな設定を抽出・適用できます。［スポイト］ツールをダブルクリックして［スポイトツールオプション］ダイアログを表示すれば、抽出・適用する属性を細かく設定できます。

> **MEMO**
> 画像の色をオブジェクトに適用すると、統一感のある配色になります。

099 ペイント属性をほかのオブジェクトに反映する

## NO. 120 オブジェクトをビットマップ画像に変換する

VER.
CC / CS6 / CS5 / CS4 / CS3

オブジェクトを[ラスタライズ]すると、ビットマップ画像に変換できます。

### [オブジェクト]メニューから[ラスタライズ]を適用する

**STEP 1**  ビットマップ画像に変換したいオブジェクトを[選択]ツール▶で選択し❶、[オブジェクト]メニューから[ラスタライズ]❷を選択します。

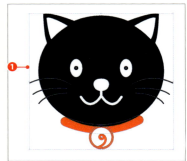

**STEP 2**  [ラスタライズ]ダイアログが表示されるので、[解像度]や[背景]などの設定を行います。

[解像度]❸の設定は、モニタ表示用（Web用）の場合は[スクリーン（72ppi）]、インクジェットなどのプリンタ出力の場合は[標準（150ppi）]、印刷物用の場合は[高解像度（300ppi）]を選択するか、[その他]に数値を入力します。

[アンチエイリアス]❹とは、ビットマップ画像の輪郭のジャギーを目立たなくするために、ピクセルのエッジ部分を中間色で補正して滑らかに見せる処理です。❺は[なし]を選択した場合、❻は[アートに最適（スーパーサンプリング）]を選択した場合の作例です。

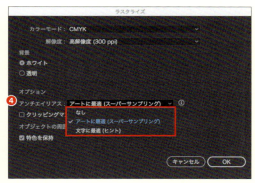

> **MEMO**
> カラー印刷物の解像度は、350ppiが標準とされています。ppiとはビットマップ画像の細かさを表す単位で（pixels per inchの略）、1インチあたりのピクセル数を示します。

**STEP 3** [ラスタライズ]ダイアログの[OK]をクリックすると、イラストがラスタライズされてビットマップ画像に変換されます。ビットマップ画像に変換された画像は、元のオブジェクトに戻すことはできません。

## [効果]メニューから[ラスタライズ]を適用する

**STEP 1** [効果]メニューから[ラスタライズ]❶を選択しても、オブジェクトをビットマップ画像に変換することができます。[効果]メニューの[ラスタライズ]は、オブジェクトのパスを保持したまま外観だけビットマップ画像に見せることができるので、元のベクター画像(パスの状態)を選択して修正などの編集が可能です❷。

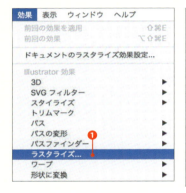

わかりやすいように、[表示]メニューから[アウトライン]を選択してアウトライン表示にしています。

**STEP 2** ラスタライズした画像を元のオブジェクトに戻すには、[ウィンドウ]メニューから[アピアランス]を選択すると表示される[アピアランス]パネルで、[ラスタライズ]の項目を選択してゴミ箱のアイコン❸をクリックし削除します。ラスタライズの設定を変更する場合は、[アピアランス]パネルで[ラスタライズ]の項目をクリックして[ラスタライズ]ダイアログを再び表示し❹、設定を変更します。

## NO. 121 配置する画像の解像度を調整する

VER.
CC / CS6 / CS5 / CS4 / CS3

配置する画像は、Photoshopの［画像解像度］ダイアログで目的に応じた解像度を設定します。

**STEP 1**
Illustratorで配置する画像サイズ（幅と高さ）を確認してから、Photoshopで画像を開き、［イメージ］メニューから［画像解像度］を選択し、［画像解像度］ダイアログを表示します。

> **MEMO**
> Photoshop CC以降では、［画像解像度］ダイアログの大きさが拡大できるようになり、プレビューウィンドウが追加されました。

**STEP 2**
［再サンプル］のチェックを外し❷、Illustratorで配置する画像サイズの単位を選択して［幅］と［高さ］❸のどちらか一方に数値を入力します（どちらか一方に数値を入力すると、もう片方も自動的に入力されます）。

**STEP 3**
［再サンプル］のチェックを入れて❹、［解像度］❺に適切な数値を入力します。変更後は、ピクセル数が変更され［画像サイズ（容量）］も変わります❻。使用したい画像サイズに対して解像度が足りない場合は、使用サイズを再検討するか、画像の入力（撮影やスキャニングなど）からやり直します。

> **MEMO**
> 解像度は、カラー印刷用300～350ppi、モニタ表示用72ppi、アタリ用（レイアウト用の解像度の低い画像）72～200ppiを目安にします。

NO.
# 122 低解像度の画像を印刷用として使用する

VER.
CC / CS6 / CS5 / CS4 / CS3

Photoshop CC 以降では、[画像解像度] ダイアログの [ディテールを保持（拡大）] を使用すれば、低解像度の画像を拡大しても美しく印刷できます。

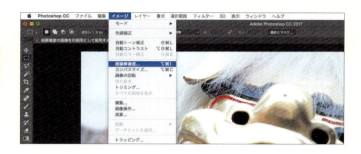

**STEP 1**
Illustrator で配置する画像サイズ（幅と高さ）を確認してから、<mark>Photoshop で画像を開き、[イメージ] メニューから [画像解像度] を選択</mark>し、[画像解像度] ダイアログを表示します。

**STEP 2**
[画像解像度] ダイアログのコーナーをドラッグしてダイアログのサイズを変更すると❶、プレビューウィンドウのサイズを変更できます。また、プレビュー表示内をドラッグすると表示移動でき❷、プレビュー表示内の下側にマウスポインタを移動すると、拡大・縮小を調整できます❸。

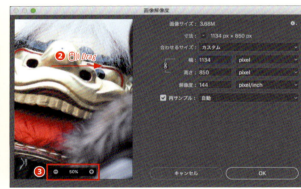

**STEP 3**
[再サンプル] のチェックを入れて、[ディテールを保持（拡大）] ❹を選択します。単位を選択して[幅]と[高さ] ❺のどちらか一方に拡大した数値を入力します（どちらか一方に数値を入力すると、もう片方も自動的に入力されます）。プレビューで確認しながら [ノイズを軽減] のスライダーを動かし❻、画像を拡大したときに発生するノイズを軽減させます。この設定を行えば、低解像度の画像を Illustrator に配置して印刷しても、ノイズが発生することなくシャープに美しく印刷できます。

121 配置する画像の解像度を調整する

# NO. 123 Photoshopで作成したパスをIllustratorで使用する

VER.
CC / CS6 / CS5 / CS4 / CS3

Photoshopで作成したパスに［Illustratorへのパス書き出し］を行うとIllustratorで使用することができます。

**STEP 1**

Photoshopでパスを作成して、［ファイル］メニューから［書き出し］→［Illustratorへのパス書き出し］を選択します❶。

**STEP 2**

［ファイルにパスを出力］ダイアログが表示されるので、［作業用パス］❷を選択して［OK］をクリックします。続いて、［パスの保存先ファイル名を選択］ダイアログが表示されるので、［場所］❸を指定して［保存］ボタンをクリックします。

**STEP 3**

保存した場所に、Illustratorのアイコンが表示されます❹。ダブルクリックするとバージョンによって［アートボードに変換］ダイアログが表示されるので、目的の項目にチェックを入れて［OK］をクリックします。Illustratorで開くと、Photoshopのドキュメントサイズで表示されます❺。［表示］メニューから［アウトライン］を選択すると、書き出したパスを確認できます❻。

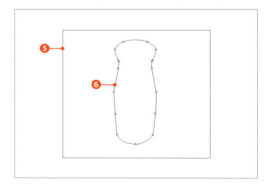

Illustrator Design Reference

## NO. 124 Creative Cloud デスクトップを活用する

VER.
CC / CS6 / CS5 / CS4 / CS3

Creative Cloud デスクトップアプリケーションをインストールすれば、ソフトウェアのインストールやアップデート、アセットの管理などが素早く行えます。

### Creative Cloud デスクトップアプリケーションをインストールする

Creative Cloud デスクトップアプリケーションは Adobe Systems 社のサイトからインストールできます❶。インストールすると、Macの場合はアプリケーションフォルダーのユーティリティフォルダー内に保存されます❷。アプリケーションを立ち上げると、タスクバーにアイコンが表示され、アイコンをクリックするとメニューが表示されます❸。

**MEMO**
Creative Cloud アプリケーションは、起動時やログイン時に自動的に立ち上がるようにセットしておくと便利です。

### Illustrator などのソフトウェアをアップデート/インストールする

Creative Cloud デスクトップアプリケーションでは、Illustrator などのソフトウェアのアップデートが行われると、その情報が表示されます。［アップデート］のボタンを押すだけでアップデートが実行されます❹。
また、以前のバージョンのソフトウェアをインストールすることもできます❺。

### アセット、Typekit、Adobe Stock の管理とアクセス

Creative Cloud デスクトップアプリケーションから、Creative Cloud に保存されたファイルやアセットを管理したり共有することができます❻。
また Adobe Typekit フォントの管理や、Adobe Stock の検索とダウンロードも行えます❼。

第 5 章　画像の配置と編集

127 Adobe Stock の画像を利用する

161

NO.
# 125 ライブラリパネルに画像を登録する

VER.
CC / CS6 / CS5 / CS4 / CS3

Creative Cloud ライブラリを利用するには、[ライブラリ] パネルに画像などのデザイン素材を登録します。

**STEP 1**
Creative Cloud ライブラリ（以下、CC ライブラリ）に画像を追加するには、[ウィンドウ] メニューから [ライブラリ] を選択して [ライブラリ] パネルを表示します。

> **MEMO**
> CC 2014.1 から搭載された CC ライブラリとは、画像、カラー、文字スタイル、アイコン、パーツなどのデザイン素材（アセット）をクラウドで管理する Adobe Creative Cloud が提供するサービスです。同一の Adobe ID を使用していれば、異なる OS や他の AdobeCC 製品からでもユーザー同士で共有して利用できます。

**STEP 2**
ライブラリメニューは [新規ライブラリ] を作成するか、既定の [マイライブラリ] や [Stock テンプレート]（CC 2017 で搭載）を選択して素材を追加します。ここでは、[新規ライブラリ] を作成します。❶のボタンをクリックして [新規ライブラリ] を選択し、ライブラリ名を入力して❷ [作成] ボタン❸をクリックします（ここでは「work A」と入力）。

> **MEMO**
> [ライブラリ] パネルのパネルメニューの中の [新規ライブラリ] を選択しても、ライブラリ名を入力できます。

**STEP 3**
[ライブラリ] パネルに追加したい素材（ここでは画像）を [選択] ツール  で選択し❹、[コンテンツを追加] アイコン❺をクリックして [グラフィック] ❻のみにチェックを入れ [追加] ボタン❼をクリックします。

> **MEMO**
> CC 2017 以下は、[グラフィックを追加] ボタンをクリックすると画像が登録されます。
> 
>

**STEP 4** 画像が登録されました。

>  **MEMO**
> 画像を［ライブラリ］パネル内にドラッグ＆ドロップしても登録できます。

---

 **MEMO**

［ライブラリ］パネルの画像を削除するには、画像を選択してからゴミ箱のアイコン❽をクリックします。
作成したライブラリを削除するには、パネルメニューの中の［「（ライブラリ名）」を削除］❾を選択します。

---

 **MEMO**

［ライブラリ］パネルは、他のAdobe CCユーザーと共有できます。
［ライブラリ］パネルのパネルメニューの中の［共同利用］❿を選択すると、ブラウザに［共有者を招待］ダイアログ⓫が表示されます。招待したい相手のメールアドレスと、必要に応じてメッセージを入力し［招待］ボタンをクリックすると、相手先に招待メールが送信されます。相手が招待に応じれば、共有が完了します。

---

126 ライブラリパネルの画像に編集を加える
127 Adobe Stockの画像を利用する

NO. **126** ライブラリパネルの画像に編集を加える

VER. CC / CS6 / CS5 / CS4 / CS3

［ライブラリ］パネルの画像はドラッグ＆ドロップでリンクで配置され、［ライブラリ］パネルの画像に編集を加えると、リンク画像にも編集内容が反映されます。

**STEP 1**

［ライブラリ］パネルに登録した画像をパネルの外にドラッグ＆ドロップ❶すると、リンクで配置されます❷。［ウィンドウ］メニューから［リンク］を選択して［リンク］パネルを表示すると、雲の形のクラウドアイコン❸が表示されます（［ライブラリ］パネルに画像を登録するには、「125 ［ライブラリ］パネルに画像を登録する」をご覧ください）。

**STEP 2**

［ライブラリ］パネルの画像❹をダブルクリックすると、編集用の画面が表示されます❺。ここではイラストを追加し、保存して閉じます。

**MEMO**
［リンク］パネルで画像を選択し、［オリジナルを編集］ボタンをクリックしても編集用の画面が表示されます。

**STEP 3**

元の画面に戻り、配置したリンク画像が編集を加えた画像に入れ替わります。［ライブラリ］パネルの画像も更新されます。

**MEMO**
CC 2014.1は、［ライブラリ］パネルの画像（アセット）をドラッグ＆ドロップで配置はできますが、［ライブラリ］パネルの編集内容は更新できません。

**MEMO**
編集内容を反映させたくない場合は、［ライブラリ］パネルの外にドラッグ＆ドロップして配置する際に、[Option]キーを押して配置します。その場合は、［リンク］パネルにクラウドアイコンは表示されません。

114 リンク画像の元画像に編集を加える
125 ライブラリパネルに画像を登録する

# NO. 127 Adobe Stock の画像を利用する

VER. CC / CS6 / CS5 / CS4 / CS3

［ライブラリ］パネルから Adobe Stock にアクセスし、画像を検索して使用できます。

### STEP 1

［ライブラリ］パネルの検索フィールドのドロップダウンリストで［Adobe Stock］❶が選択されていることを確認し、検索フィールドに検索語を入力します❷。ここではハロウィンと入力しています。［写真］にチェックを入れると写真の検索結果が表示されます（CC 2017 以前では、❸をクリックして展開し［写真］にチェックを入れてください）。プレビュー画像には、「Adobe Stock」の透かしとファイル番号が入っています。

### MEMO

Adobe Stock は、2015年6月から開始されたロイヤリティフリーの写真、イラスト、グラフィック、動画、テンプレートを Web サイト上で購入できる有料サービスで、Creative Cloud ライブラリと連携して使用することができます。透かしの入ったプレビュー画像を試用した後、画像のライセンスを購入すれば、アプリケーション内で正規版の画像（透かしなし）に自動で置き換えられます。料金プランなどは、https://stock.adobe.com/jp/plans で確認してください。

### STEP 2

［ライブラリ］パネルで画像の登録先となるライブラリを選択し❹（ここでは［マイライブラリ］）、目的の画像にカーソルを置くと画像情報とふたつのナビゲーションアイコンが表示されます。右の［プレビューを（選択したライブラリ名）に保存］アイコン❺をクリックすると、ライブラリに登録されます❻。

### STEP 3

［ライブラリ］パネルの外にドラッグ＆ドロップすると画面に配置されるので、カンプ画像（サンプル画像）として使用できます。

### MEMO

配置した画像を購入するには、［リンク］パネルでサムネールや画像名をダブルクリックするか、パネルメニューの中の［画像をライセンス認証］❼を選択すると、［Adobe Stock］ダイアログ❽が表示されます。［OK］をクリックすると、ブラウザに購入プランが表示されます。

125 ライブラリパネルに画像を登録する
126 ライブラリパネルの画像に編集を加える

## NO. 128 Adobe Stockの素材を直接検索する

VER. CC / CS6 / CS5 / CS4 / CS3

アプリケーションバーの検索ボックスから、Adobe Stockの素材を直接検索できます。

**STEP 1**

Adobe Stockの素材を直接検索するには、アプリケーションバーの検索ボックスを使用します（CC 2017から搭載）。検索項目を入力し、[Return]キーを押します（ここでは「クリスマス」と入力）。

**MEMO**

Adobe Stockの素材は、[ファイル]メニューから[Adobe Stockを検索]を選択するか、アプリケーションバーの[Adobe Stockを検索]をクリックしても検索できます。

**STEP 2**

ブラウザにAdobe StockのWebサイトが表示され、検索項目の素材が表示されます。

**STEP 3**

［フィルター］ボタン❶をクリックすると、［価格］［サブカテゴリー］［人物］［方向］［カラー］❷などの検索内容を絞り込むことができ、［更新］ボタン❸をクリックすると該当した素材が表示されます。

# 第6章 フィルター効果

# NO. 129 カラー調整で イラストの色合いを変える

VER. CC / CS6 / CS5 / CS4 / CS3

［カラー調整］フィルターはオブジェクトの塗りと線の色を調整するフィルターです。複数のオブジェクトを同時に調整できます。

**STEP 1** オブジェクトを選択し、[編集] メニューから [カラーを編集] → [カラーバランス調整] を選択します❶。

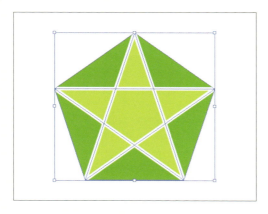
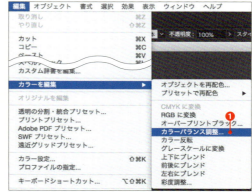

**STEP 2** ［カラー調整］ダイアログが表示されるので、スライダーを移動させてカラーを調整します。プレビューにチェックを入れると❷、確認しながら調整できます。［調整設定］で［塗り］と［線］を選択できますが、通常は両方にチェックが入っています。

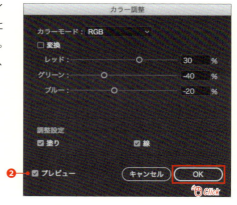

**STEP 3** ［OK］をクリックすると色合いが調整されます。

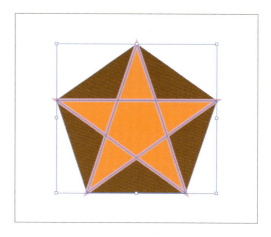

231 オブジェクトを再配色でイラストのカラーテイストを変える

Illustrator Design Reference

## NO. 130 写真をモザイクにする

VER.
CC / CS6 / CS5 / CS4 / CS3

［モザイクオブジェクトの作成］は、タイルを敷き詰めたようなモザイク状に画像を加工するフィルターです。モザイクの分割数などの設定が可能です。

**STEP 1** アートボード上に配置した画像を選択し、［オブジェクト］メニューから［モザイクオブジェクトを作成］を選択します。CS3では［フィルタ］メニューから［クリエイト］→［モザイク］を選択します。

> **CAUTION**
> 配置した画像がリンクの場合、［リンク］パネルから［画像の埋め込み］を選択して埋め込む必要があります。「112 リンク画像を埋め込み画像に変更する」を参照してください。

**STEP 2** ［モザイクオブジェクトを作成］ダイアログが表示されたら、モザイクのサイズや、タイルの間隔❸、タイル数❹の数値を入力します。また、［オプション］の［比率を固定］で幅、高さのどちらを固定するのかを選択できます❺。そのほか、モザイクのカラーモード（［効果］）などのオプションが選択できます。

> **MEMO**
> ［ラスタライズデータを削除する］をオンにすると、元の写真画像が削除されます。

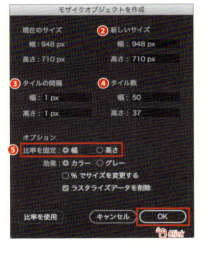

**STEP 3** 設定を決めたら［OK］をクリックしてフィルターを実行します。

> **MEMO**
> ［OK］、［キャンセル］ボタンの横にある［比率を使用］ボタンをクリックすると自動的にタイルが正方形になります。

第6章 フィルター効果

 112 リンク画像を埋め込み画像に変更する

169

NO.
# 131 フォントの太さをカスタマイズしてロゴを作成する

VER.
CC / CS6 / CS5 / CS4 / CS3

［パスのオフセット］を使用するとフォントの太さをコントロールすることができます。

**STEP 1** ［文字］ツール  でロゴにする文字を入力したら、［選択］ツールで選択し、［効果］メニューから［パス］→［パスのオフセット］❶を選択します。

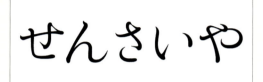

**STEP 2** ［パスのオフセット］ダイアログが表示されたら、オフセットの数値❷を入力し、角の形状❸を選択します。

> **MEMO**
> オフセットの値はフォントサイズによって調整が必要です。正の値で太く、負の値で細く繊細な印象になります。

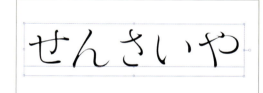

**STEP 3** CC 以降では、［文字タッチ］ツールを使って文字を回転、移動させて調整します。CS3～CS6では、［ベースラインシフトを設定］、［文字回転］を使用して文字の位置や角度を調整します。最後に色やオブジェクトを加えたらロゴの完成です。

159 文字タッチツールで文字を変形する
162 文字パネルで文字スタイルを編集する

Illustrator Design Reference

## NO. 132 オブジェクトのアウトラインをジグザグにする

VER.
CC / CS6 / CS5 / CS4 / CS3

［パスの変形］→［ジグザグ］を使うと、選択したオブジェクトのパスのアウトラインをジグザグや波形に変形できます。

**STEP 1**　変形を行うオブジェクトを用意します。［選択］ツール で選択し、<mark>［効果］メニューから［パスの変形］→［ジグザグ］を選択</mark>します❶。

**STEP 2**　［ジグザグ］ダイアログが表示されるので、［大きさ］❷と［折り返し］❸に任意の数値を入力するか、スライダーを使って調整します。［ポイント］❹で、［滑らかに］を選択して［OK］をクリックします。［プレビュー］にチェックを入れると❺、フィルターのかかり具合を確認しながら作業を進められます。

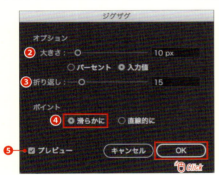
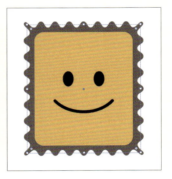

**STEP 3**　［ジグザグ］ダイアログの［ポイント］で、［直線的に］❻を選択すると直線的なジグザグにも変形できます。［ポイント］を変えるだけで元が同じオブジェクトでも全く違う印象をあたえることができます。

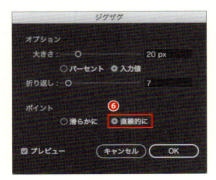
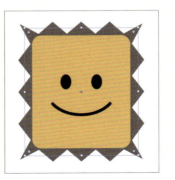

第6章　フィルター効果

## NO. 133 オブジェクトをラフに歪ませる

VER.
CC / CS6 / CS5 / CS4 / CS3

［パスの変形］→［ランダム・ひねり］を使うと、選択したオブジェクトのパスのポイントを移動させて、オブジェクトにアナログ感を出すことができます。

**STEP 1**

変形させたいオブジェクトを用意します。［選択］ツール で選択し、<mark>［効果］メニューから編集［パスの変形］→［ランダム・ひねり］を選択</mark>します❶。

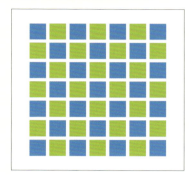

**STEP 2**

［ランダム・ひねり］ダイアログが表示されるので、［水平］❷と［垂直］❸の数値を入力するか、スライダーを使って調整します。［プレビュー］にチェックを入れると❹、効果のかかり具合を確認しながら作業を進めることができます。［ランダム・ひねり］ダイアログで［アンカーポイント］のチェックをオフにする❺とアンカーポイントの位置はパスが移動しません。また、［「In」コントロールポイント］、［「Out」コントロールポイント］のチェックを外すとそれぞれの方向点が移動しません。

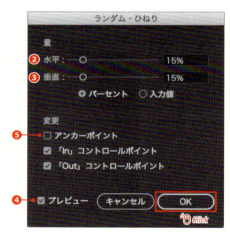

**STEP 3**

設定を決定したら［OK］をクリックします。

 **MEMO**

［ランダム・ひねり］効果の移動量は実行のたびにランダムの要素が加わり結果が変わるので、気に入るまで何度か［ランダム・ひねり］の取り消しと適用を繰り返すのもよい方法です。

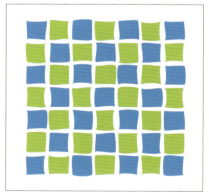

Illustrator Design Reference

## NO. 134 パスを変形して奥行き感を出す

VER.
CC / CS6 / CS5 / CS4 / CS3

オブジェクトの選択範囲の4つのコーナーポイントを移動させて、オブジェクトを歪ませたり、遠近感を加えたりできます。

**STEP 1**　変形を行うオブジェクトを用意し、［選択］ツール  で選択します。［効果］メニューから［パスの変形］→［パスの自由変形］を選びます❶。

**STEP 2**　［パスの自由変形］ダイアログが表示されるので、4つのコーナーポイントをドラッグして移動させます。

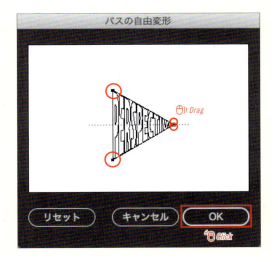

**STEP 3**　目的の形状になったら［OK］をクリックします。

> **MEMO**
> ［パスの自由変形］ダイアログで、ハンドルで変形させた形を元に戻したい場合は［リセット］ボタンを押します。

第6章 フィルター効果

173

NO.
# 135 図形の角を丸くする

VER.
CC / CS6 / CS5 / CS4 / CS3

［効果］メニューの［スタイライズ］→［角を丸くする］でオブジェクトの角を丸くできます。オブジェクトを変形させても、角丸の半径は保持されます。

**STEP 1** 変形を行うオブジェクトを［選択］ツール で選択します。

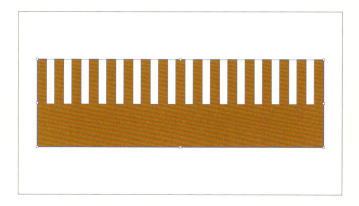

**STEP 2** ［効果］メニューから［スタイライズ］→［角を丸くする］を選択します❶。表示されたダイアログボックスの半径の数値を入力します❷。［プレビュー］にチェックを入れると効果のかかり具合を確認できます。

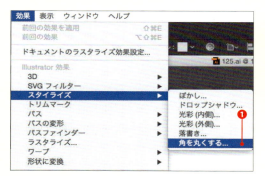
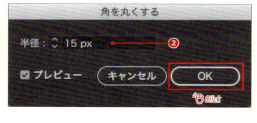

**STEP 3** 効果のかかり具合が決定したら［OK］をクリックします。オブジェクトの角がすべて丸くなっているのが確認できます。

Illustrator Design Reference

## NO. 136 効果をグラフィックスタイルに登録して利用する

VER.
CC / CS6 / CS5 / CS4 / CS3

グラフィックスタイルとは、塗りや線、さまざまな効果のセットです。頻繁に使う効果をグラフィックスタイルに登録しておけば、作業効率を上げられます。

**STEP 1** ここでは塗りと効果をグラフィックスタイルとして登録します。適用したいオブジェクトを［選択］ツール で選択し、［効果］メニューから［パスの変形］→［ジグザグ］を選択します❶。表示される［ジグザグ］ダイアログの設定❷のまま［OK］をクリックし、オブジェクトに適用しました。もうひとつのオブジェクトには［効果］→［パスの変形］→［パンク・膨張］を適用しました❸。

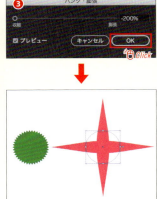

**STEP 2** ［ウィンドウ］メニューから［グラフィックスタイル］を選択し、［グラフィックスタイル］パネルを表示します。効果を加えたオブジェクトを、このパネル内にドラッグすると塗りや効果がグラフィックスタイルとして登録されます❹。

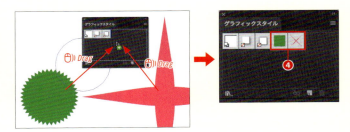

**STEP 3** 別のオブジェクトを用意して選択したら、［グラフィックスタイル］パネルに登録したグラフィックスタイルをクリックすると、色も含めて適用されます❺。また、Option キー＋クリックすると、複数のスタイルを重ねて適用できます❻。

> **MEMO**
> 同じグラフィックスタイルを適用しても、適用する順番が変わると全く違う効果が得られるので、いろいろと試してみてください。

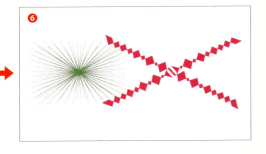

第 6 章　フィルター効果

137 アピアランスパネルで効果を変更する　　175

# NO. 137 アピアランスパネルで効果を変更する

VER.
CC / CS6 / CS5 / CS4 / CS3

［アピアランス］パネルを使えば、一度設定した効果の設定を変更できます。前にかけた効果を変更して、異なる効果にします。

**STEP 1** 効果（ここでは［パンク・膨張］）をつけたオブジェクトを選択し❶、［ウィンドウ］メニューから［アピアランス］を選択して［アピアランス］パネルを表示します。パネル内の［パンク・膨張］という文字の部分❷をクリックすると［パンク・膨張］ダイアログが表示されます。

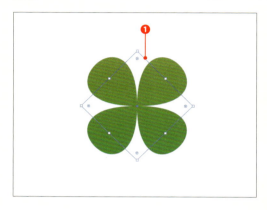
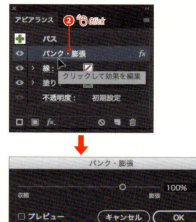

**STEP 2** ［パンク・膨張］ダイアログ内の［収縮］［膨張］の値を変更❸してみましょう。

**STEP 3** 決定したら［OK］をクリックします。アピアランス効果が変更され、全く違うグラフィックになったのが確認できます❹。

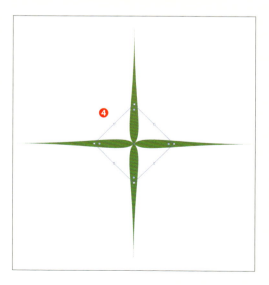

136 効果をグラフィックスタイルに登録して利用する
150 効果を複製して複雑なオブジェクトに加工する

# NO. 138 ワープ効果でオブジェクトを旗のように変形する

VER.
CC / CS6 / CS5 / CS4 / CS3

［ワープ］はオブジェクトの見かけの形を、円弧や波などの形状に変形する効果です。

**STEP 1**　［選択］ツールで効果を加えたいオブジェクトを選択し、[効果] メニューから [ワープ] → [旗] を選択します❶。［ワープオプション］ダイアログが表示されます。

> **MEMO**
> 作例ではあらかじめオブジェクトをグループ化してあります。グループ化せず複数のオブジェクトに対して効果を加えると適用結果が変わってきます。

**STEP 2**　軸の方向として［水平方向］を選択し❷、曲がり具合を指定するカーブの量を設定します❸。ここでは 30% にしています。［プレビュー］にチェックを入れる❹と、結果を確認しながら作業できます。

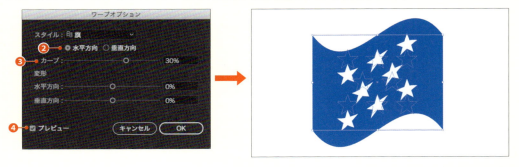

**STEP 3**　［変形］でオブジェクトの変形方向と度合いを指定します。ここでは［水平方向］を 20%、［垂直方向］を 10% にしました❺。最後に［OK］をクリックして効果を決定します。

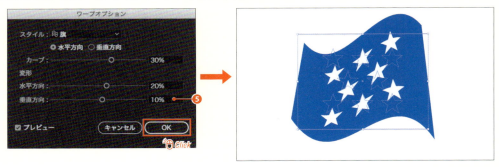

039　オブジェクトをグループ化する
074　さまざまな変形や歪みを加える

NO. **139** オブジェクトの変形を
一括指定する

VER.
CC / CS6 / CS5 / CS4 / CS3

［変形］を使うと、拡大・縮小や移動、回転など、さまざまな変形を一度に適用できます。

**STEP 1**

［選択］ツール でスタイルを適用するオブジェクトを選択し、<mark>［効果］メニューから［パスの変形］→［変形］</mark>を選択します❶。

**STEP 2**

表示される［変形効果］ダイアログを使えば、さまざまな変形効果を一度に適用できます。ここでは、［移動］の［水平方向］❷［垂直方向］❸をともに100px、［回転］の［角度］❹を30°、［コピー］❺を11にします。［プレビュー］にチェックを入れて❻、確認しながら進めました。［OK］をクリックして実行します。

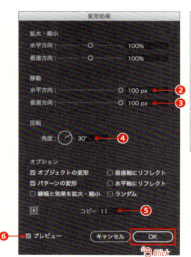

**STEP 3**

さらに数値を変え、元のパスの色も変更しました❼。［変形効果］の設定は、［アピアランス］パネルから変更できます。

> **MEMO**
> ［変形効果］でコピーしたオブジェクトは、元のオブジェクトが残っているので、元のアピアランスを変更するとコピーされたオブジェクトにも適用されます。

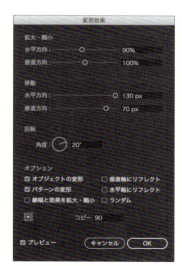
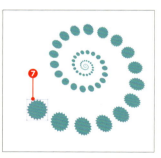

137 アピアランスパネルで効果を変更する

# NO. 140 オブジェクトにぼかしを加える

VER.
CC / CS6 / CS5 / CS4 / CS3

［ぼかし］はオブジェクトの輪郭をぼかす効果です。アウトラインの内側にぼかしがかかります。

### STEP 1
［選択］ツール 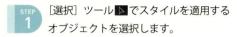 でスタイルを適用するオブジェクトを選択します。

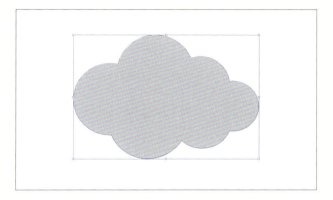

### STEP 2
［効果］メニューから［スタイライズ］→［ぼかし］を選択します❶。［ぼかし］ダイアログが表示されるので、［半径］の数値を入力します❷。［プレビュー］にチェックを入れれば、画像を確認しながら作業が行えます。

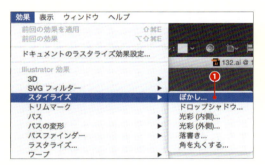

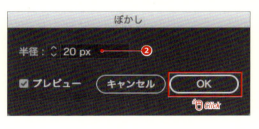

### STEP 3
［OK］をクリックして決定すると、図のようにオブジェクトにぼかしが適用されます。

第6章 フィルター効果

141 ぼかし効果を加えて動きのある画像にする

NO.
# 141

VER.
CC / CS6 / CS5 / CS4 / CS3

## ぼかし効果を加えて動きのある画像にする

［ぼかし（放射状）］はオブジェクトに回転させたり、ズームアップをしたようなぼかし効果を加えます。画像に動きをつけたいときに役立ちます。

**STEP 1** ぼかしを加えたい画像を用意し、［選択］ツール で選択します。［効果］メニューから［ぼかし］→［ぼかし（放射状）］を選びます❶。

**STEP 2** ［ぼかし（放射状）］ダイアログが表示されるのでぼかしの度合いを調節する［量］を設定し❷、ぼかしの種類を［ズーム］に選択します❸。また、［ぼかしの中心］❹をドラッグ（CS3ではクリック）することで効果の中心点を変えられます。

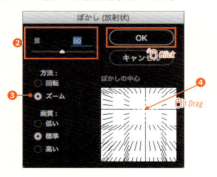

**STEP 3** ［OK］をクリックして実行します。画像に動きが出て、スピード感のあるイメージに変わりました。

>  **MEMO**
>
> ［ぼかし（ガウス）］では、画像全体をぼかすことができます。［ぼかし（詳細）］は、輪郭を残してぼかす効果です。
>
> 　　
> ぼかし（ガウス）　　ぼかし（詳細）

140 オブジェクトにぼかしを加える

Illustrator Design Reference

## NO. 142 写真やオブジェクトに絵画のような効果を与える

[効果ギャラリー]はサンプルを見ながら、いろいろな効果をプレビューできる機能です。サンプルの拡大縮小で、結果の細かな検証ができます。

VER. CC / CS6 / CS5 / CS4 / CS3

**STEP 1** [選択]ツールで効果ギャラリーを実行する写真を選択し、[効果]メニューから[効果ギャラリー]を選びます❶。

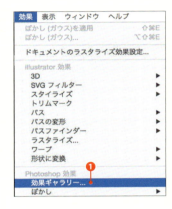

**STEP 2** [効果ギャラリー]のダイアログが表示されます。左下の「-」「+」のボタン❷、もしくはその右のパーセンテージのドロップダウンリスト❸で表示倍率を設定できます。この倍率変化で、サンプルの効果を詳細までプレビューできます。

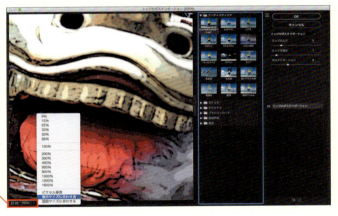

**STEP 3** ダイアログ中央のメニューより[アーティスティック]や[スケッチ]、[テクスチャ]、[ブラシストローク]、[表現手法]、[変形]の効果が選べます❹。ダイアログ右側で各効果の詳細設定を行えます❺。

 145 写真にアーティスティック効果を加える

第6章 フィルター効果

## NO. 143 写真やオブジェクトにテクスチャを加える

VER.
CC / CS6 / CS5 / CS4 / CS3

［テクスチャ］はビットマップ画像やオブジェクトにさまざまなテクスチャを加えるフィルター効果です。

### STEP 1

［選択］ツール  でスケッチ効果を加えるオブジェクトを選択します。[効果] メニューから［テクスチャ］→［テクスチャライザー］を選択します❶。

### STEP 2

［テクスチャライザー］ダイアログが表示されるので、［テクスチャ］から［テクスチャライザー］を選択し❷、［拡大・縮小］❸、［レリーフ］❹、［照射方向］❺を任意で設定します。

> **MEMO**
> レリーフの数値は大きくなるほど凹凸のコントラストが強まります。

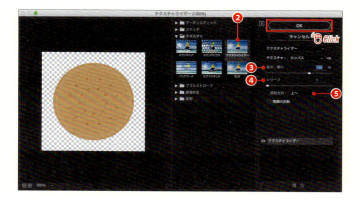

### STEP 3

［OK］をクリックして実行します。オブジェクトにテクスチャが加えられたのが確認できます。

> **MEMO**
> Photoshop 効果はオブジェクトがビットマップ化されるため、フチにジャギーが目立つことがあります。気になる場合は、[効果] メニューから［ドキュメントのラスタライズ効果設定］を開いて［オプション］のアンチエイリアスにチェックを入れるとフチが滑らかになります。
>
>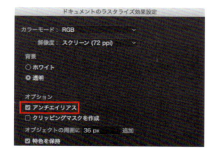

# NO. 144 スケッチのような ラフな表現に加工する

VER. CC / CS6 / CS5 / CS4 / CS3

［スケッチ］はビットマップ画像やオブジェクトをペンや筆で描いたように変えるフィルター効果です。

**STEP 1** ［選択］ツール  でスケッチ効果を加える写真を選択します。ここでは ［効果］メニューから［スケッチ］→［グラフィックペン］を選んでみましょう❶。

元画像

グラフィックペン

**STEP 2** ［グラフィックペン］のほかにもさまざまな効果を選ぶことができます。プレビュー画面を見ながら各種効果を試してみてください。効果が決まったら、［OK］をクリックして実行します。

ウォーターペーパー

ぎざぎざのエッジ

クレヨンのコンテ画

クロム

コピー

スタンプ

チョーク・木炭画

ちりめんじわ

ノート用紙

ハーフトーンパターン

プラスター

浅浮彫り
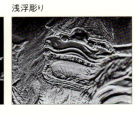

木炭画

第6章 フィルター効果

## NO. 145 写真にアーティスティック効果を加える

VER. CC / CS6 / CS5 / CS4 / CS3

［アーティスティック］効果はビットマップ画像やベクター画像を絵画のように変えるフィルター効果です。

**STEP 1**
［選択］ツール でアーティスティック効果を加える写真を選択します。ここでは［効果］メニューから［アーティスティック］→［エッジのポスタリゼーション］を選んでみましょう❶。効果が決まったら、[OK]をクリックして実行します。

元画像　　エッジのポスタリゼーション

**STEP 2**
［エッジのポスタリゼーション］のほかにもさまざまな効果を選ぶことができます。プレビュー画面を見ながら各種効果を試してみましょう。

カットアウト　　こする　　スポンジ　　ドライブラシ

ネオン光彩　　パレットナイフ　　フレスコ　　ラップ

色鉛筆　　水彩画　　粗いパステル画　　粗描き

塗料　　粒状フィルム

142 写真やオブジェクトに絵画のような効果を与える

# NO. 146 印刷物や銅版画のような表現に加工する

**VER.**
CC / CS6 / CS5 / CS4 / CS3

［ピクセレート］はビットマップ画像のカラー値の近いピクセルを凝集し、境界を強調するフィルター効果です。

**STEP 1**
［選択］ツール でピクセレート効果を加える写真を選択し、[効果]メニューから［ピクセレート］→［カラーハーフトーン］を選びます❶。

**STEP 2**
［カラーハーフトーン］ダイアログが表示されるので、最大半径に値を入力します❷。［ハーフトーンスクリーンの角度］は、ドットの並びの角度を指定します。

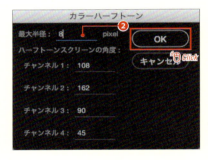

**STEP 3**
［OK］をクリックすると、［カラーハーフトーン］の効果が適用されます❸。そのほかにも銅版画のような効果が得られる［メゾティント］❹や、水晶のイメージのような効果が得られる［水晶］❺、点描した絵画のような効果が得られる［点描］❻が用意されています。

❸ カラーハーフトーン

❹ メゾティント

❺ 水晶

❻ 点描

第6章 フィルター効果

## NO. 147 筆を使ったような表現に加工する

VER.
CC / CS6 / CS5 / CS4 / CS3

［ブラシストローク］効果を使えば、筆を使ったようなさまざまな効果が得られます。極端な数値で画像をグラフィカルな表現に変えることも可能です。

**STEP 1**
［選択］ツール で［ブラシストローク］効果を加えるオブジェクトを選択し、[効果]メニューから[ブラシストローク]→[ストローク(スプレー)]を選びます❶。

**STEP 2**
［ストローク（スプレー）］ダイアログの［ストロークの長さ］や［スプレー半径］など各種数値を任意で設定します❷。

> **MEMO**
> ダイアログの［ブラシストローク］フォルダーからは、他のブラシストローク効果も選択できます。

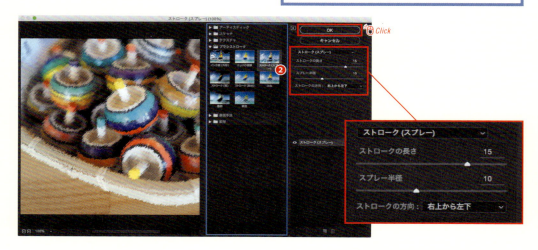

**STEP 3**
[OK]をクリックして実行します。オブジェクトが筆のストロークで描いたように変わったのが確認できます。

# NO. 148 アナログな表現に加工する

VER.
CC / CS6 / CS5 / CS4 / CS3

［変形］効果を使うと、光を拡散させたり、ガラス越しのような歪みのある効果を与えることができます。ぼかしやノイズが加わるためアナログ風の表現になります。

**STEP 1**
［選択］ツール で［変形］効果を加えるオブジェクトを選択し、[効果] メニューから [変形] → [光彩拡散] を選びます❶。

**STEP 2**
［光彩拡散］ダイアログの［きめの度合い］や［光彩度］、［透明度］など各種数値を任意で設定します❷。

**STEP 3**
［OK］をクリックして実行します。オブジェクトがアナログな表現に変わったのが確認できます。

> **MEMO**
> ［変形］には他にも、［ガラス］［海の波紋］効果を選択できます。
>
>
> ［ガラス］　［海の波紋］

## NO. 149 イラストを落書きのように加工する

VER.
CC / CS6 / CS5 / CS4 / CS3

［落書き］はイラストや文字などのオブジェクトに、手描きやスケッチ風の質感を加えることができるユニークな効果です。

**STEP 1**　［選択］ツール で効果を加えたいオブジェクトを選択し、［効果］メニューから［スタイライズ］→［落書き］を選択します❶。

**STEP 2**　［落書きオプション］ダイアログが表示されるので、［スタイル］から好みのスタイルを選択します❷。さらに自分好みのタッチにカスタマイズするには、オプションの各項目を設定します❸。

> **MEMO**
> ［落書き］にはあらかじめ多くのスタイルが用意されています。これらのスタイルで自分のイメージに近いものを選び、自分で少しずつ数値を変化させてカスタマイズしていくのがよいでしょう。

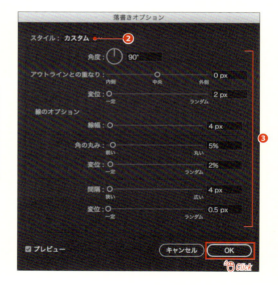

**STEP 3**　［プレビュー］にチェックを入れて効果のかかり具合を確認しながら好みのタッチを見つけて、［OK］をクリックして実行します。

Illustrator Design Reference

## NO. 150 効果を複製して複雑なオブジェクトに加工する

VER.
CC / CS6 / CS5 / CS4 / CS3

［アピアランス］パネルから、効果を複製・編集することで、とても複雑なオブジェクトを作成できます。

**STEP 1**
［選択］ツール で効果を加えるオブジェクトを選択し、［ウィンドウ］メニューから［アピアランス］を選択し、［アピアランス］パネルを表示します。

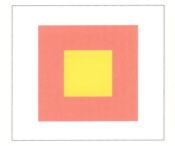

**STEP 2**
CS4 以降では、［アピアランス］パネルの［新規効果を追加］ボタン❶から、直接オブジェクトに［効果］を適用できます。ここでは［ジグザグ］を適用しました。CS3 では、［効果］メニューから効果を適用します。

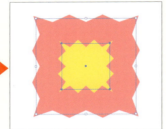

**STEP 3**
［アピアランス］パネルで［ジグザグ］を選択し❷、パネルメニューから［項目を複製］を選択すると❸、選択した効果が複製されます❹。複製した［ジグザグ］の文字部分をクリックすると［ジグザグ］ダイアログが表示されるので設定を変更してみましょう。

**STEP 4**
［OK］をクリックして実行します。効果や数値をいろいろと変えて試すと思いがけず面白い形に出会えます。

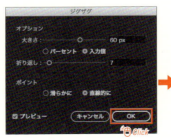
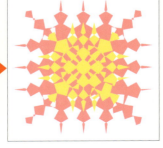

第 6 章 フィルター効果

137 アピアランスパネルで効果を変更する

## NO. 151 効果を編集可能なパスに変換する

VER. CC / CS6 / CS5 / CS4 / CS3

効果を適用したオブジェクトに［アピアランスを分割］を実行すると、効果の見た目がパスに分割され、アンカーポイントにアクセスできます。

**STEP 1**
効果を適用するオブジェクトを［選択］ツール▶で選択し、［効果］メニューから［パスの変形］→［変形効果］を選択します。［変形効果］ダイアログで、任意の効果を加えます。

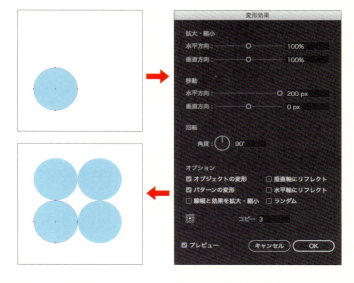

**STEP 2**
［アピアランス］パネルで［変形］が適用されているのが確認できます❶。［オブジェクト］メニューから［アピアランスを分割］を選択します❷。効果がパスのオブジェクトに分割されたので、［アピアランス］パネルの［変形］の表示がなくなりました❸。

**STEP 3**
アピアランスを分割したオブジェクトは、アンカーポイントに自由にアクセスして編集できます。

第 **7** 章　文字の操作

NO.
# 152 ポイント文字を作成する

VER.
CC / CS6 / CS5 / CS4 / CS3

［文字］ツール🅣で画面上でクリックして入力した文字を「ポイント文字」といいます。

**STEP 1**

［ツール］パネルで［文字］ツール🅣を押したままにすると隠れているツールが表示されます❶。横組みで文字を入力する場合は［文字］ツール🅣を選びます。縦組みで文字を入力する場合は［文字（縦）］ツール🅣を選びます。

> **MEMO**
> CC 2017 では、文字入力の際にサンプルテキストが割り付けられます。

**STEP 2**

［文字］ツール🅣を選び、文字入力を始めたい場所でクリックします❷。クリックした場所でカーソルが点滅し、その場所から文字を入力できます❸。入力操作を終えるには、一時的に⌘キーを押して［選択］ツール▶（CC 2017 では［ダイレクト選択］ツール▷）に切り替え、余白をクリックします❹。あるいは別のツールに持ち換えても入力操作を終えることができます。

［文字］ツールを選び、画面上で文字を入力したい場所でクリック（CC 2017 ではサンプルテキストが割り付けられる）

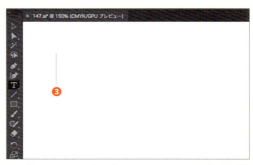

クリックした場所でカーソルが点滅するので、その状態でキーボードから文字を入力する

文字入力を終えたところ。改行が必要な場合は Return キーあるいは Enter キーを押す

一時的に⌘キーを押すと［選択］ツール（CC 2017 では［ダイレクト選択］ツール）に切り替わり、カーソルが矢印の形になるので、その状態で余白でクリックして入力を終える

 154 ポイント文字とエリア内文字を切り替える

Illustrator Design Reference

# NO. 153 エリア内文字を作成する

VER.
CC/CS6/CS5/CS4/CS3

[文字]ツール T で画面上をドラッグし、四角形のエリアを指定して入力した文字を「エリア内文字」といいます。

第7章 文字の操作

**STEP 1**
長い文章を入力するには、[文字]ツール T で四角形のフレームを描き、フレームの中に文字が流し込まれるようにします。ここでは [文字]ツール T で画面上でドラッグ して下左図のような四角形を描きます❶。フレームの中でカーソルが点滅するので、その状態でフレームの中に文字を入力します❷。

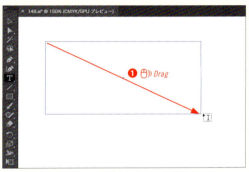
[文字]ツールでドラッグして四角形のフレームを描く（CC 2017 ではサンプルテキストが割り付けられる）

カーソルが点滅するので、フレームの中に文字を入力する

**STEP 2**
フレームのサイズを変更するには、[表示]メニューから[バウンディングボックスを表示]を選択し❸、テキストオブジェクトを選択したときに周囲にボックスとハンドルが表示されるようにします❹。[選択]ツール ▶ で四隅のハンドルを掴んでドラッグするとフレームのサイズを変更できます❺。ドラッグ操作ではフレームの形だけが変わり、中の文字は変形しません。

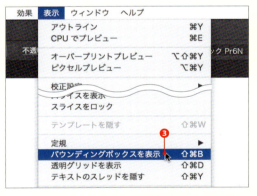

エリア内文字のバウンディングボックスを表示させる

四隅のハンドルを掴んでドラッグして、フレームサイズを変更できる

154 ポイント文字とエリア内文字を切り替える
158 エリア内文字オプションを適用する

文字と文字

NO. **154** ポイント文字と
エリア内文字を切り替える

VER.
CC / CS6 / CS5 / CS4 / CS3

CC 以降では、ポイント文字とエリア内文字の切り替えが行えるようになりました。

## ポイント文字とエリア内文字の見分け方

［表示］メニューから［バウンディングボックスを表示］を選び、［選択］ツール でテキストオブジェクトを選びます。ポイント文字の場合は右側に白抜きのハンドル❶が表示されます。エリア内文字の場合は右側に塗りつぶされたハンドル❷が表示されます。また、エリア内文字ではテキスト連結のための入力スレッドポイント❸、出力スレッドポイント❹も表示されます。

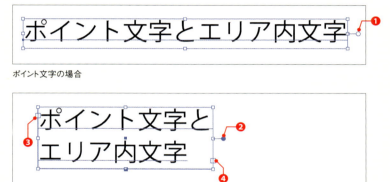

ポイント文字の場合

エリア内文字の場合

## ポイント文字をエリア内文字に切り替える

［選択］ツール でポイント文字を選択し、右側に表示される白抜きのハンドルをダブルクリックします❺。この操作でポイント文字がエリア内文字に切り替わり、白抜きのハンドルが塗りつぶされたものに変わります❻。バウンディングボックス右下のハンドルをドラッグすると、テキストエリアが変更され、エリア内文字に変わったことが確認できます❼。

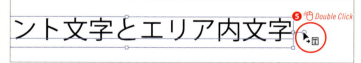

白抜きのハンドルをダブルクリックする

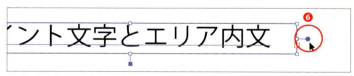

ハンドルが塗りつぶされたものに変わる

バウンディングボックス右下のハンドルをドラッグすると、テキストエリアを変更できる

## エリア内文字をポイント文字に切り替える

［選択］ツール でエリア内文字を選択し、右側に表示される塗りつぶしのハンドルをダブルクリックします❽。この操作でエリア内文字がポイント文字に切り替わり、塗りつぶされたハンドルが白抜きのものに変わります❾。バウンディングボックス右下のハンドルをドラッグすると、文字が拡大縮小されて変形し、ポイント文字に変わったことが確認できます❿。

塗りつぶされたハンドルをダブルクリックする

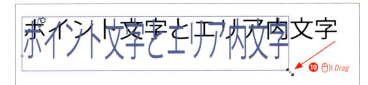
ハンドルが白抜きのものに変わる

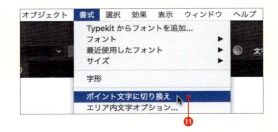
バウンディングボックス右下のハンドルをドラッグすると、テキストが拡大縮小される

## コマンドでポイント文字とエリア内文字を切り替える

ポイント文字とエリア内文字の切り替えは、［選択］ツール でテキストを選択し、［書式］メニューから［エリア内文字に切り換え］あるいは［ポイント文字に切り換え］を選んで⓫実行することもできます。

###  MEMO

エリア内文字では、行末でテキストが収まらない場合は自動的に改行され、次の行にテキストが続くようになります。エリア内文字で自動的に改行されているテキストを選択し、ポイント文字に切り替えた場合は、行末に改行コードが自動的に付加されます。右図は、［書式］メニューから［制御文字を表示］を選び、エリア内文字をポイント文字に切り替えたところを示しています。1行目の行末に改行コードが現れているのが確認できます。改行されたポイント文字をエリア内文字に切り替えた場合、ポイント文字で手動で行った改行は、エリア内文字に切り替えてもそのまま残ります。行末で自動的に改行させたい場合は、手動で改行コードを消去する必要があります。

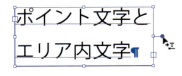

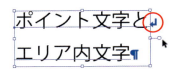

エリア内文字をポイント文字に切り替えると、改行位置に自動的に改行コードが加えられる。［書式］メニューから［制御文字を表示］を選ぶと改行コードが確認できる

152 ポイント文字を作成する
153 エリア内文字を作成する

# NO. 155 パス上に文字を配置する

VER.
CC / CS6 / CS5 / CS4 / CS3

［パス上文字］ツール  を使うと、パスに沿って文字を配置することができます。

## ［パス上文字］ツールでパスに沿って文字を入力する

まず、［ペン］ツールなどを使ってパスを描きます❶。横組みで文字を入力する場合は［パス上文字］ツールを選択します❷。縦組みで文字を入力する場合は［パス上文字（縦）］ツールを選びます。カーソルをパス上の文字を入力したい場所に重ねクリックします❸。クリックした位置でカーソルが点滅し、文字を入力できます❹。

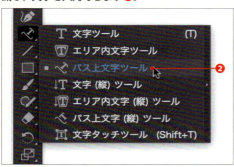

## パス上の文字を編集する

パス上に配置した文字を編集します。パス上の文字を［選択］ツールで選択すると、文字列の先頭、中間点、末尾にブラケットが表示されます❺。ブラケットを掴んでドラッグすると、文字位置を変更できます❻。中間点のブラケットを掴むと、文字列をパスの反対側に移動させることもできます❼。［文字］ツールでテキストを選択して、フォントや文字サイズを変更することも可能です。作例ではトラッキングでプラスの値を設定し、字間を広げました❽。

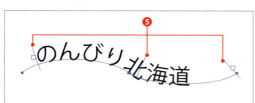

# NO. 156 パス上文字オプションを適用する

VER. CC / CS6 / CS5 / CS4 / CS3

パス上文字オプションを使うと、パス上文字の効果やパス上の位置を変更できます。

## パス上文字の効果を変更する

パス上文字を作成し、[パス上文字]ツール のアイコンをダブルクリック、あるいは[書式]メニューから[パス上文字オプション]→[パス上文字オプション]を選択すると、[パス上文字オプション]ダイアログが表示されます❶。[効果]のドロップダウンリストでは、[虹][歪み][3Dリボン][階段状][引力]の5種類の効果を設定できます。作例で示したように、[引力]ではパスの形状によっては文字が激しく変形し、文字が判別できなくなることがありますので、注意してください。

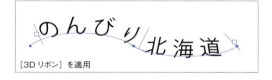
[3Dリボン]を適用

[虹]を適用

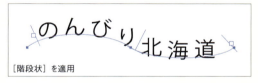
[階段状]を適用

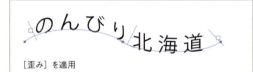
[歪み]を適用

[引力]を適用

## パス上文字の位置を変更する

[パス上文字オプション]ダイアログの[パス上の位置]のドロップダウンリストでは、パス上文字の位置を設定できます。デフォルトでは[欧文ベースライン]が設定されていますが、[アセンダ][ディセンダ][中央]の設定に変更することができます。

[ディセンダ]を適用

[アセンダ]を適用

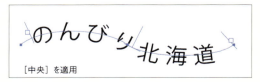
[中央]を適用

155 パス上に文字を配置する

# NO. 157 オブジェクト内に文字を配置する

VER.
CC / CS6 / CS5 / CS4 / CS3

［エリア内文字］ツール を使うと、オブジェクトの形の中にテキストを流し込むことができます。

## クローズパスの図形をエリア内文字にする

まず、描画ツールを使ってクローズパス（閉じたパス）の図形を描きます。このオブジェクトに横組みで文字を流し込む場合は[エリア内文字]ツール を選択します❶。縦組みで文字を流し込む場合は[エリア内文字（縦）]ツール を選択します。パス上の任意の位置でクリックすると❷、カーソルが点滅し、文字を入力することができます❸。

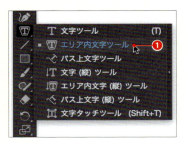
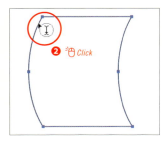

## あふれたテキストを同じ形のエリア内文字で連結する

文字があふれてしまった場合は、同じ形のオブジェクトで連結させることができます。［選択］ツール で出力スレッドポイントをクリックし❹、別の場所でクリックすれば❺、同じ形のエリア内文字が作成され、テキストが連結します❻。

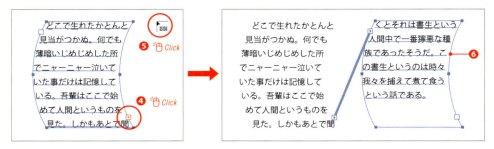

## オープンパスの図形をエリア内文字にする

［エリア内文字］ツール では、オープンパス（閉じていないパス）の図形❼でも、エリア内文字を作成できます❽。

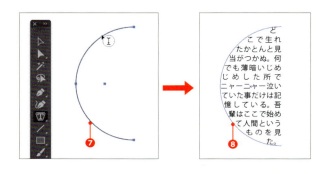

Illustrator Design Reference

## NO. 158 エリア内文字オプションを適用する

VER. CC / CS6 / CS5 / CS4 / CS3

エリア内文字オプションを利用すると、テキストエリアのオフセットや段組みの設定が行えます。

第7章　文字の操作

**STEP 1**
エリア内文字を選択し❶、［書式］メニューから［エリア内文字オプション］を選択すると❷、［エリア内文字オプション］ダイアログが表示されます。このダイアログでエリア内文字の属性を設定します。

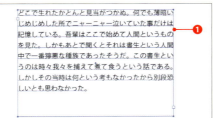

**STEP 2**
［エリア内文字オプション］ダイアログの［幅］［高さ］の入力ボックスでエリア内文字のサイズを数値指定できます❸。また、［オフセット］の［外枠からの間隔］では、テキストと境界線との間の余白（マージン）を設定することもできます❹。

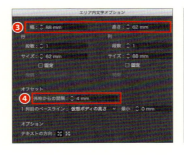
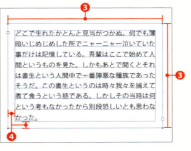

**STEP 3**
［行］と［列］のフィールドでは、段数を指定できます❺。段と段の間は［間隔］で指定できます。右の作例では、［列］の「段数」を「2」に設定し、［間隔］に「10mm」を設定して、2段組みにしました。

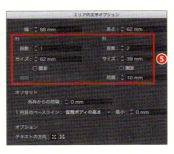

**STEP 4**
CC 2014 以降では、［自動サイズ調整］をチェックすると、エリア内文字のボックスサイズを内容に合わせてフィットします❻。バウンディングボックスを表示した場合は「■」のボタンをダブルクリックすると❼、［自動サイズ調整］がオンになります❽。

153 エリア内文字を作成する

# のんびり NO.159 文字タッチツールで文字を変形する

VER. CC / CS6 / CS5 / CS4 / CS3

CC以降に導入された［文字タッチ］ツールを使うと、入力した文字の拡大・縮小や回転、移動などの変形をドラッグ操作で行えます。

## ［文字タッチ］ツールで文字を選択する

まず、［文字］ツールでテキストを入力します❶。［ツール］パネルで[文字タッチ］ツールを選択します❷。入力済みのテキストの変形したい文字をクリックすると、文字の周りに変形用のハンドルが表示されます❸。このハンドルをドラッグしてさまざまな変形が行えます。

## 変形用のハンドルをドラッグして文字を変形する

**STEP 1** 左上の変形用のハンドルをドラッグすると、垂直方向に拡大・縮小できます。

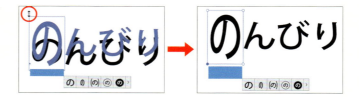

**STEP 2** 右下の変形用のハンドルをドラッグすると、水平方向に拡大・縮小できます。

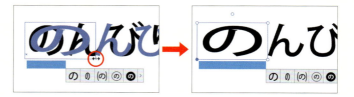

**STEP 3** 右上の変形用のハンドルをドラッグすると、縦横比を保ったまま拡大・縮小できます。

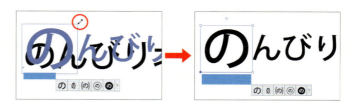

**STEP 4** ハンドルの長方形の内部、あるいは左下のハンドルをドラッグすると、文字の位置を移動できます。

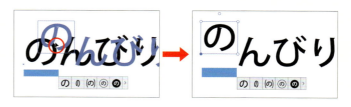

| STEP 5 | 最上部のハンドルをドラッグすると、文字を回転させることができます。 | 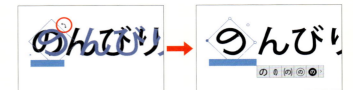 |

## ［文字タッチ］ツールで加工した文字を編集する

| STEP 1 | 右図は［文字タッチ］ツール🅃を使って、テキストを変形させた作例です。変形した文字はテキストとしての属性を持っているので、［文字］ツール🅃で個々の文字を選択して入力し直すことが可能です。 | 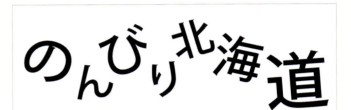 |

> **MEMO**
> 作例のように1字1字に変形を加えた場合は、テキストを1字ずつ選択して文字入力を行う必要があります。

| STEP 2 | ［文字タッチ］ツール🅃で変形した個々の文字の属性を［文字］パネルで確認してみましょう。文字の水平・垂直比率やカーニング、ベースラインシフト、回転角度が変わっています。なお［文字タッチ］ツール🅃は文字パネル上部の［文字タッチツール］のボタン❹をクリックしても、選択できます。|

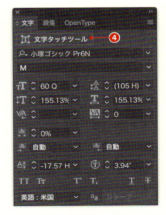

変形加工後、「道」のテキストだけを選択し、［文字］パネルで変形の数値を確認できる

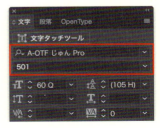

［選択］ツールですべてのテキストを選択し、フォントを変更したところ

 162 文字パネルで文字スタイルを編集する

NO. **160** 効率的にテキストを選択する

VER.
CC / CS6 / CS5 / CS4 / CS3

［文字］ツール T や［選択］ツール でテキストを効率的に選択する方法を解説します。

## ［文字］ツールで文字列を選択する

テキスト中の一部の文字列を選択する場合は、［文字］ツール T で選択したい文字をドラッグ操作などで選択し、図のように反転表示させます❶。選んだ文字列に対してカラーや文字スタイルの指定が行えます。

> **MEMO**
> ［選択］ツール を選んでいるときに、テキストの上でダブルクリックすると、［文字］ツール T に切り替わり、すぐに文字列を選択できるようになります。

## ［選択］ツールで文字オブジェクトを選択する

［選択］ツール では、テキストオブジェクト全体を選択します。文字の属性のほか、透明度の変更❷やドロップシャドウなどの効果❸を使用したいときに有効です。

## マウスクリックで文字列を選択する

段落中のテキストを選択する場合は、［文字］ツール T で文字列を選択する際に、ダブルクリック、トリプルクリックで文字列を効率的に選択できます。すべてのテキストを選択するには、［選択］メニューから［すべてを選択］を利用できます。

S すべてを選択 ▶ ⌘+A

［文字］ツールでテキストをダブルクリックすると、英語の場合はワンワード、日本語の場合は漢字・ひらがな・カタカナのひとかたまりが選択される

［文字］ツールでテキストをトリプルクリックすると、段落全体が選択される

［文字］の上にカーソルを置き［選択］メニューから［すべてを選択］を選ぶとすべてのテキストが選択される

Illustrator Design Reference

## NO. 161 フォント検索機能を利用する

VER.
CC / CS6 / CS5 / CS4 / CS3

フォントの入力ボックスにフォント名を入力して、該当するフォントを検索することができます。

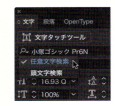

第7章 文字の操作

### CS6 以前のバージョンでのフォント検索操作

フォントの入力ボックスにフォント名を入力して目的のフォントを指定できます。CS6 以前のバージョンでは、フォントの正式名称を冒頭から数文字入力すると、該当するフォントが入力ボックスに現れます。複数該当する場合は最初のものだけが表示されるので、目的のフォントが現れない場合は、さらにフォントの名称を詳しく入力する必要があります。

フォントの入力ボックスに「ヒラギノ」と入力した

フォントの入力ボックスに、ヒラギノで始まるフォントが表示される。複数のフォントが該当する場合は、最初のフォントが表示されるので、さらに詳しくフォント名を入力して絞り込む

### CC 以降のバージョンでのフォント検索操作

CC 以降のバージョンでは、フォント検索機能が強化され、フォントの入力ボックスで、目的のフォント名の一部だけを入力して検索できるようになりました。たとえば、「丸ゴ」と入力すると、フォントの名称に「丸ゴ」を含むものがドロップダウンリストで複数表示されます。複数の検索文字をスペースで区切り、検索条件を設定して検索することもできます。入力ボックスの右側にある「×」❶をクリックすると、検索条件をクリアできます。また、虫メガネアイコン❷をクリックすると、検索方法として［任意文字検索］と［頭文字検索］（CS6 以前の方法）が選べます❸。

フォントの入力ボックスに「丸ゴ」と入力すると「丸ゴ」を含むフォントがドロップダウンリストで表示される。目的のものを探して指定する

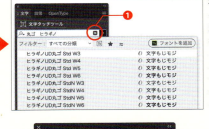

検索条件をさらに追加するため、「丸ゴ」の後に空白文字（スペース）を挿入し、さらに「ヒラギノ」と入力した。ドロップダウンリストでは「丸ゴ」と「ヒラギノ」の両方の文字がフォント名に含まれるものが表示される

## NO. 162 文字パネルで文字スタイルを編集する

VER.
CC / CS6 / CS5 / CS4 / CS3

［文字］パネルでは、フォント、文字サイズ、行送りなど、さまざまなスタイルや組み方を設定できます。

### ［文字］パネルの概要

［文字］パネルでは、文字を選択し、さまざまな文字の書式を設定できます。下図ではCC 2017の［文字］パネルに表示される設定項目を一覧で示しました。

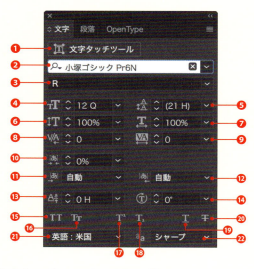

❶ 文字タッチツールを選択
❷ フォントを設定
❸ フォントスタイルを設定
❹ フォントサイズを設定
❺ 行送りを設定
❻ 垂直比率
❼ 水平比率
❽ 文字間のカーニングを設定
❾ 選択した文字のトラッキングを設定
❿ 文字ツメ
⓫ アキを挿入（左／上）
⓬ アキを挿入（右／下）
⓭ ベースラインシフトを設定
⓮ 文字回転
⓯ オールキャップス
⓰ スモールキャップス
⓱ 上付き文字
⓲ 下付き文字
⓳ 下線
⓴ 打ち消し線
㉑ 言語
㉒ アンチエイリアスの種類を設定

### ［文字タッチ］ツールへの切り替え、フォント・フォントスタイルの設定

❶はCC以降に搭載された［文字タッチ］ツール に切り替えるボタンです。❷はフォントを設定します。❸はフォントスタイルを設定します。CC以降では、フォントのファミリー名の前に矢印のマークが表示され、矢印をクリックして展開するとスタイル名が表示されます。

### フォントサイズ・行送り・垂直比率・水平比率の設定

❹はフォントサイズを設定します。❺は行送りを設定します。❻❼は、文字を垂直・水平方向に変形します。

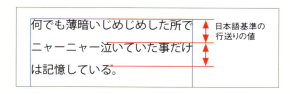

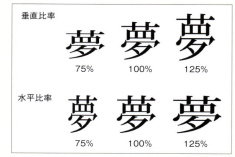

204

## 文字間の空きや詰めを設定する

❽〜⓬は文字間を開けたり、詰めたりする操作を行います。❽は［カーニング］で文字間にカーソルを置いて設定します。❾は［トラッキング］で文字列を選択して設定します。❿は［文字ツメ］でプロポーショナルな詰めを設定します。⓫⓬は［アキを挿入］で選択した文字の前後に一定量の空きスペースを挿入します。

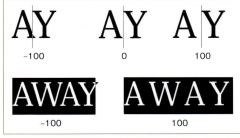

［カーニング］（上段）と［トラッキング］（下段）の設定例。マイナスの値で文字間が狭まり、プラスの値で文字間が広がる

| 0% | タイプ・セッティング |
|---|---|
| 20% | タイプ・セッティング |
| 40% | タイプ・セッティング |
| 60% | タイプ・セッティング |
| 80% | タイプ・セッティング |
| 100% | タイプ・セッティング |

［文字ツメ］の設定例。0〜100％の間で数値指定する。文字幅に応じてプロポーショナルな文字詰めが行える

| 自動 | 空け組み |
|---|---|
| 八分 | 空 け 組 み |
| 四分 | 空　け　組　み |
| 二分 | 空　　け　　組　　み |
| 二分四分 | 空　　　け　　　組　　　み |
| 全角 | 空　　　　け　　　　組　　　　み |

［アキを挿入］の設定例。アキ量は「八分」「四分」「二分」「二分四分」「全角」から指定する

## ベースラインシフト・文字回転を設定する

⓭は［ベースラインシフト］を設定します。文字の位置を、横組みの場合は上下方向に、縦組みの場合は左右方向に移動します。⓮は、文字を回転させます。0〜360°の範囲で角度を指定します。

いろはにほへと　　いろはにほへと

左は［ベースラインシフト］の設定例。横組みではプラスの値で上方向、マイナスの値で下方向にシフトする。右は［文字回転］の設定例

## そのほかの文字スタイルの設定

⓯はオールキャップス、⓰はスモールキャップスにします。⓱は上付き文字、⓲は下付き文字、⓳は下線、⓴は打ち消し線を加えます。ボタンをオン／オフするだけで設定したり解除できます。

| オールキャップス | ALL CAPS | 上付き文字 | $2^8$ |
|---|---|---|---|
| スモールキャップス | SMALL CAPS | 下付き文字 | $H_2$ |
| 下線 | 下線 | | |
| 打ち消し線 | 打ち消し線 | | |

## 言語・アンチエイリアスの種類の設定

㉑は、指定したテキストに対してスペルチェックやハイフネーションを行うときに辞書として使用する言語を選択します。㉒は、アンチエイリアスの種類を設定します。設定により、文字の画面表示の滑らかさが変わります。

［なし］　［シャープ］　［鮮明］　［強く］

［アンチエイリアス］の設定を変えて画面表示の違いを比較したもの

---

159 文字タッチツールで文字を変形する
182 文字スタイルを作成して活用する

## NO. 163 段落パネルで段落スタイルを編集する

VER. CC / CS6 / CS5 / CS4 / CS3

［段落］パネルでは、段落の行揃え／両端揃えやインデントなど、さまざまなスタイルや組み方を設定できます。

### ［段落］パネルの概要

［段落］パネルでは、段落を選択し、さまざまな段落の書式を設定できます。下図では CC 2017 の［段落］パネルに表示される設定項目を一覧で示しました。

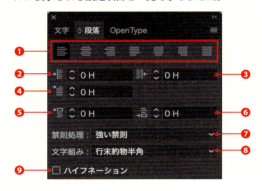

❶ 行揃え／両端揃え
❷ 左インデント
❸ 右インデント
❹ 1 行目左インデント
❺ 段落前のアキ
❻ 段落後のアキ
❼ 禁則処理セットを選択
❽ 文字組み設定を選択
❾ 自動ハイフネーション

### 行揃え／両端揃えの設定

❶の「行揃え／両端揃え」は、テキストを行の左／中央／右に揃えたり、段落の両端を揃える均等配置にします。各設定は右図のボタンで行います。

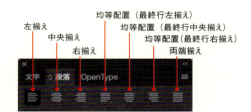

左揃え　中央揃え　右揃え　均等配置（最終行左揃え）　均等配置（最終行中央揃え）　均等配置（最終行右揃え）　両端揃え

### インデントの設定

❷〜❹は、段落に対してインデントを設定します。インデントはテキストオブジェクトと境界線の間に設定される空きスペースで、「字下げ」に相当する機能です。

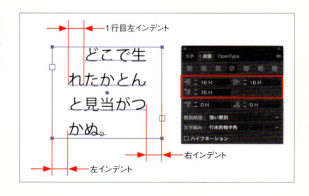

## 段落前／後のアキの設定

❺❻は、段落前／後のアキを設定します。特定の段落を選択して、段落の前❿と後⓫のアキを設定できます。テキストを段落ごとにグループ分けしたいときに使用するとよいでしょう。

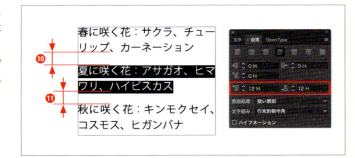

## 禁則処理・文字組みの設定

❼の［禁則処理］は、禁則処理セットを設定します。「強い禁則」と「弱い禁則」が選択できますが、「強い禁則」では拗促音や音引きも禁則の対象になります。❽の［文字組み］は、日本語を組むときのルールを選択します。定義済みの設定から選んだり、［文字組みアキ量設定］を選んでカスタマイズすることもできます。

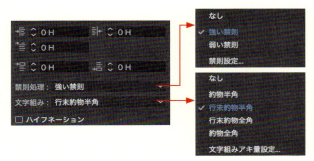

## ハイフネーションの設定

❾は、ハイフネーションのオン／オフを設定します。ハイフネーションをオンにすると、英単語が行末に来たときに、単語が分割され、次の行に送られます。［段落］パネルのパネルメニューから［ハイフネーション設定］を選び、現れるダイアログでハイフネーションの設定をカスタマイズすることもできます。

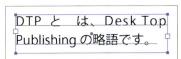

ハイフネーション：オフ

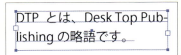

ハイフネーション：オン

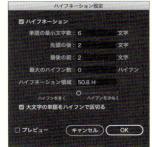

 180 段落スタイルを作成して活用する
181 段落スタイルを編集する

⌘+T
⌘+Option+T
Option+↓
Option+→

NO.
# 164 キーボードショートカットで効率的に文字組みする

VER.
CC / CS6 / CS5 / CS4 / CS3

パネルの表示や文字サイズの変更、行送り・カーニングなどの微調整はキーボードショートカットを利用できます。

**STEP 1**　ショートカットで［文字］パネル、［段落］パネル、タブを表示させることができます。

 文字パネルを表示する ▶ ⌘+T
段落パネルを表示する ▶ ⌘+Option+T
タブを表示する ▶ ⌘+Shift+T

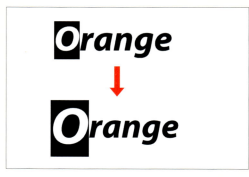

**STEP 2**　ショートカットで文字サイズを大きくしたり、小さくしたりできます。

 文字サイズを大きくする ▶ ⌘+Shift+>
文字サイズを小さくする ▶ ⌘+Shift+<

> **MEMO**
> 1回の操作で2pt単位で増減できます。

**STEP 3**　ショートカットで行間を広げたり（行送り値を増加）、狭めたり（行送り値を減少）できます。

 行間を広げる ▶ Option+↓（縦組みでは ←）
行間を狭める ▶ Option+↑（縦組みでは →）

> **MEMO**
> 1回の操作で2pt単位で増減できます。

**STEP 4**　カーニングやトラッキングの設定では、ショートカットで字間を広げたり、狭めたりできます。

 字間を広げる ▶ Option+→（縦組みでは ↓）
字間を狭める ▶ Option+←（縦組みでは ↑）

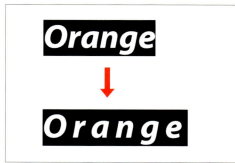

> **MEMO**
> 1回の操作で20単位で増減できます。

Illustrator Design Reference

# NO. 165 テキストを検索・置換する

VER.
CC / CS6 / CS5 / CS4 / CS3

テキストの修正・変更があった場合は［検索と置換］を使って、一括修正できます。

第7章 文字の操作

**STEP 1** 検索・置換の作業では、画面上で文字が読める程度に画面表示の倍率を設定します。最初に、[編集] メニューから [検索と置換] を選択し❶、［検索と置換］ダイアログを表示します。

**STEP 2** ［検索文字列］に検索したい文字、［置換文字列］に置換したい文字をそれぞれ入力します。［検索］または［次を検索］ボタンをクリックすると❷、該当するテキストが強調表示されて画面に現れます。

**STEP 3** ［置換］または［置換して検索］ボタンをクリックすると❸、置換が実行されます。STEP2、3の作業を繰り返すと、修正箇所を確認しながら検索・置換の作業が行えます。

**STEP 4** テキストをすべて検索・置換するには［すべてを置換］ボタンをクリックします❹。

**STEP 5** ［すべてを置換］作業が終了するとメッセージが表示され、変更した数を知らせてくれます。

## NO. 166 字形パネルを活用する

VER.
CC / CS6 / CS5 / CS4 / CS3

OpenType フォントに含まれる異体字や約物、特殊な記号などは［字形］パネルを使って効率的に入力できます。

### ［字形］パネルで異体字を入力する

漢字変換で目的の漢字が現れない場合は、字形パネルを使って、目的の漢字を探すとよいでしょう。まず、人名でよく見られる異体字（標準の字体と同じ意味・発音を持つが表記に差異がある文字のこと）を入力する方法を解説します。

**STEP 1** ［書式］メニューから［字形］を選択し❶、［字形］パネルを表示します。

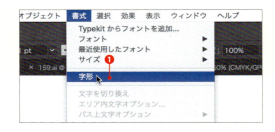

**STEP 2** 人名で「斎藤」と入力し、「斎」の文字を選択します❷。字形パネルでは「斎」の文字が選択されて表示されます。文字の右下に「▶」のマークがある場合は、異体字が含まれています。「斎」の文字をクリックすると異体字の候補が表示されます❸。

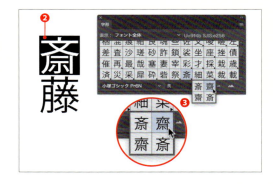

**STEP 3** 目的の異体字の上でクリックし、入力を完了します。図では「邊」「齋」「吉」を入力した例を示しました。

210

## さまざまな文字種を検索して入力する

[字形] パネルの [表示] ドロップダウンリストには、さまざまな文字種を分類したリスト名が表示されます❹。このリストから入力したい項目を選ぶと、その文字種が [字形] パネルに表示されます。
以下では、[表示] ドロップダウンリストの項目を切り替えて、[字形] パネルに特殊な文字を表示した例を示します。

[分数]

[欧文イタリック]

[等幅半角字形]

[等幅四分字形]

[任意の合字]

[修飾字形]

> 🔷 **MEMO**
>
> CC 2017では、異体字を含む文字を選択してポインタを合わせると、異体字がコンテキスト表示されるようになりました。表示される異体字は5字までですが、右側の矢印をクリックすると字形パネルが現れ、他の異体字も表示されるようになっています。
>
>
>
> 「渡辺」の「辺」を選択し、ポインタを合わせると、異体字が5つまで表示される。右側の矢印「〉」をクリックすると字形パネルが表示され、異体字を選択できる

NO.
# 167 タブパネルを活用して表をつくる

VER.
CC / CS6 / CS5 / CS4 / CS3

［タブ］パネルを利用すれば、文字を揃える位置を正確に設定することができ、表組みなどをつくるときに便利です。

**STEP 1**
表組みに必要なテキストを入力します。ここでは［文字］ツール **T** で画面上でクリックして入力する「ポイント文字」の手法で、右図のようなテキストを準備しました。このとき、揃えたい文字の前に [Tab] キーをタイプして挿入しておきます。

**STEP 2**
入力したタブは、画面上では空白で表示されますが、［書式］メニューから［制御文字を表示］を選択すると❶、タブを入力した場所に矢印のマーク❷が表示されます。揃えたい文字の前に、正しくタブが入力されているか確認します。

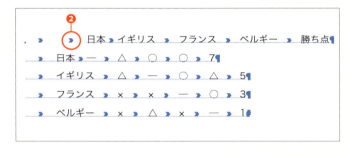

**STEP 3**
テキスト全体を選択し、［ウィンドウ］メニューから［書式］→［タブ］を選択します。テキストの上部に［タブ］パネルが現れます。［タブ］パネルの機能を右下図に示します。

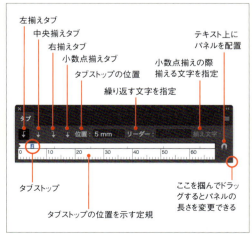

**STEP 4** 1列目の国名は左揃えタブで揃えます。定規の上の空白部分をクリックして、[左揃えタブ] のボタン❸を押します。タブストップの位置は、ドラッグ操作で移動できます。あるいは、[位置] の入力ボックスに直接数値を入力して指定することもできます。

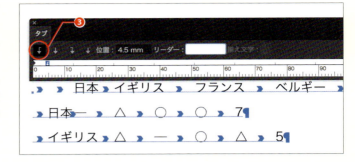

**STEP 5** 2〜6列目は中央揃えタブで揃えます。定規の上の空白部分でクリックして、[中央揃えタブ] のボタン❹を押します。それぞれのタブストップの位置を調整します。

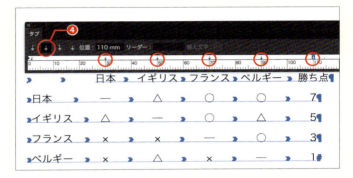

**STEP 6** 表組みを見やすくするために、背景に四角形を配置し、色分けしました❺。さらに、行と列を区分けするために罫線を配置し、線のカラーを白に設定しました❻。これで完成です。

---

### MEMO

目次や索引などでよく利用されるリーダー罫も [タブ] パネルで作成できます。タブストップを選択し、[リーダー] の入力ボックスにピリオド（.）や中黒（・）、2点リーダー（‥）、3点リーダー（…）などのドットを示す文字を入力します。すると、タブのスペースにそれらの文字が連続して表示されるようになります。

目次や索引用のテキストを上図のように入力する。ページ番号の前にタブが挿入されている

[タブ] パネルを表示し、ページ番号を右揃えタブで揃え、[リーダー] の入力ボックスにピリオドを入力する

152 ポイント文字を作成する
168 表組みの枠をつくる

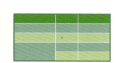

## NO. 168 表組みの枠をつくる

VER.
CC / CS6 / CS5 / CS4 / CS3

長方形を作成し、[段落設定]ダイアログで縦横の段数を設定すれば、マス目に[塗り]の設定ができる表組みが作成できます。

### STEP 1

[長方形]ツール■で画面をクリックしてダイアログを表示します❶。表組みのサイズを[幅]と[高さ]に入力し、[OK]をクリックして長方形を作成します。ここでは、表組みの外枠を太くするために、[編集]メニューから[コピー]❷を選択して長方形をコピーしておきます。

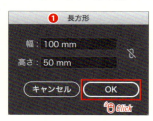

### STEP 2

長方形が選択された状態で、[オブジェクト]メニューから[パス]→[段組設定]を選択して[段落設定]ダイアログを表示します❸。[行]と[列]の[段数]❹に数値を入力し、[行]と[列]の[間隔]を[0]❺にします。[プレビュー]にチェックを入れて結果を確認しましょう。[OK]をクリックすると、表組みが作成されます❻。

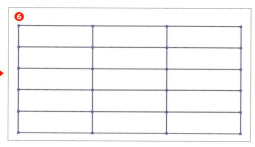

### STEP 3

マス目を結合する場合は、[選択]ツール▶で複数マス目を選択します❼。マス目を複数選択するには、[Shift]キーを押しながら選択します。[オブジェクト]メニューから[パス]→[段組設定]を選択して、[段落設定]ダイアログを表示します。縦に連結する場合は[行]の[段数]に[1]❽、横に連結する場合は[列]の[段数]に[1]を入力して、[OK]をクリックします。

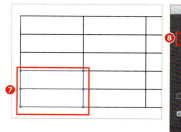

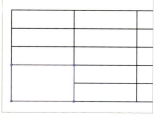

**STEP 4** マス目のサイズを変更する場合は、[ダイレクト選択]ツール で変更したい箇所のアンカーポイントを囲んで選択し ❾❿、アンカーポイントを掴んで Shift キーを押しながら水平または、垂直にドラッグして変更します ⓫。

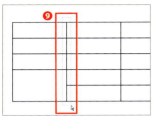 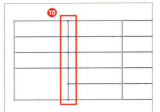 

**STEP 5** [選択]ツール でマス目を選択し、[塗り]や[線]を設定します ⓬。すべてのオブジェクトを選択し、STEP1でコピーしておいた長方形を、[編集]メニューから[背面へペースト]を選択して配置します。[線幅]を太く設定すると、表組みの外枠が太くなります ⓭。

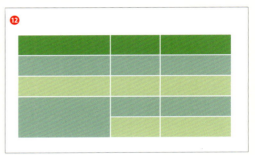

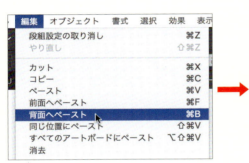

>  **MEMO**
> マス目ひとつひとつの[塗り]は設定できませんが、[長方形グリッド]ツール でも表組みの枠を作成できます。[長方形グリッド]ツール で画面をクリックして[長方形グリッドツールオプション]ダイアログを表示し、表組みのサイズと分割数を設定します。
>
>

167 タブパネルを活用して表をつくる

# TYPO タイポ

NO. **169** 文字をアウトライン化する

VER. CC / CS6 / CS5 / CS4 / CS3

テキストを選択し、[アウトラインを作成]を実行すると、文字をグラフィックオブジェクトに変換できます。

## 文字をアウトライン化する

[文字]ツール T で入力した文字をアウトライン化して、グラフィックオブジェクトに変換することができます。文字を[選択]ツール ▶ で選択し❶、[書式]メニューから[アウトラインを作成]を選びます❷。文字の輪郭部分にパスやアンカーポイントが表示され、グラフィックオブジェクトに変換されたことがわかります❸。アウトライン化したあとは、その文字を入力し直すことはできないので、注意してください。

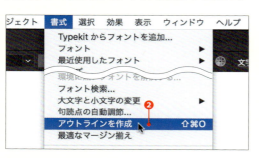

## アウトライン化した文字を加工する

文字をグラフィックオブジェクトに変換すると、塗りにグラデーションを適用できるようになります❹。また、文字の輪郭部分に現れるパスやアンカーポイントを[ダイレクト選択]ツール ▶ で選択し、移動や変形などの編集が行えるようになります❺。

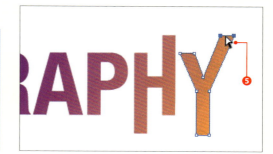

> **MEMO**
> 文字をアウトライン化すると、文字の属性は失われてしまいますが、フォントがなくてもその文字の形を表示することができます。印刷入稿の際に、出力を行う会社でフォントを持っていない場合は、文字のアウトライン化を行ってファイルを渡すと、制作したときと同じ見え方で出力が可能になります。

# NO. 170 アウトライン化した文字の中に画像を配置する

VER. CC / CS6 / CS5 / CS4 / CS3

アウトライン化した文字の形の中に画像を配置します。［複合パス］と［クリッピングマスク］の機能を使用します。

## STEP 1

アウトライン化した文字のオブジェクトを選択し❶、［オブジェクト］メニューから［複合パス］→［作成］を実行します❷。複合パスにすると、文字の塗りや線の属性が失われます。

> **MEMO**
> アウトライン化した文字が複数の場合は［複合パス］にする工程が必要ですが、文字が1文字の場合は、この工程は不要です。

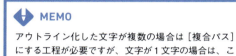

## STEP 2

画像のオブジェクトを、アウトライン化した文字の背面に配置します。写真のどの部分を表示させるか位置を検討します。文字と画像の両方のオブジェクトを選択し❸、［オブジェクト］メニューから［クリッピングマスク］→［作成］を実行します❹。

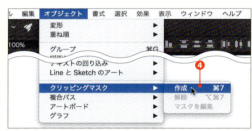

クリッピングマスクを作成 ▶ ⌘ + 7

## STEP 3

［クリッピングマスク］を実行すると、画像が文字の形で切り抜かれたような見映えになります。画像のみを選択して写真の見え方を修正したい場合は、［オブジェクト］メニューから［クリッピングマスク］→［オブジェクトを編集］を選びます❺。あるいは、［ダイレクト選択］ツールで画像だけをクリックして選択し、画像を移動することもできます。

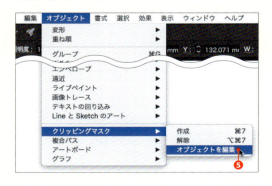

118 文字やオブジェクトの中に写真を配置する
169 文字をアウトライン化する

## NO. 171 白フチ文字をつくる

VER.
CC / CS6 / CS5 / CS4 / CS3

白フチ文字は、色がある背景に文字を載せる場合に、文字を読みやすくする効果があります。

**STEP 1**
作例では、桜の花の上にピンクの文字を配置したため、文字の可読性が悪くなっています。白フチ文字にして可読性を高めてみましょう。まず、文字を選択し、［アピアランス］パネルメニューから［新規線を追加］を選びます❶。CS4以降では、パネル下の［新規線を追加］ボタンをクリックする操作でも行えます❷。

**STEP 2**
［アピアランス］パネルの最上部に新規線の設定が追加されます。線のカラーを白に❸、線幅を2mmに❹指定しました。さらに［線］パネルで［角の形状］を［ラウンド結合］に指定し❺、白フチの角の形状に丸みを与えました。このままでは白フチが最前面にあるため、文字のカラーが見えにくくなっています。

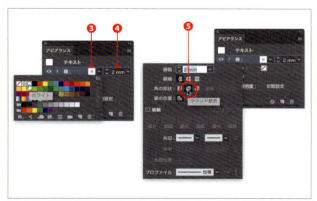

**STEP 3**
［アピアランス］パネルで、最上部にある線の設定をドラッグして「文字」の下の位置までドラッグします❻。この操作で白フチが文字の塗りのカラーの背面に移動し、下図のような白フチ文字が完成します。

## NO. 172 文字の周囲をぼかして読みやすくする

VER.
CC / CS6 / CS5 / CS4 / CS3

白フチ文字と同様、文字と背景が同系色の場合に、文字の周囲をぼかして可読性を高めるふたつの方法を紹介します。

### 背景の色と同じ色で文字を配置する

背景の写真には植物の葉が写っています。この上に緑の文字を配置したところ、読みにくくなっています。文字を選択し、[効果]メニューから[スタイライズ]を選び、[ドロップシャドウ]と[光彩（外側）]のふたつの効果を試してみます。

**STEP 1** [効果]メニューから[スタイライズ]→[ドロップシャドウ]を選びます❶。[ドロップシャドウ]ダイアログが現れるので、影の[カラー]を淡いグリーンに設定し、[描画モード][不透明度]を設定して影の濃度を調整します。[X軸オフセット][Y軸オフセット]で影の位置を調整し、[ぼかし]の値でぼけ足の長さを設定します。

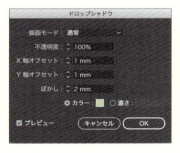

**STEP 2** [効果]メニューから[スタイライズ]→[光彩（外側）]を選び❷、[光彩（外側）]ダイアログを表示させます。[光彩（外側）]は、オブジェクトの周囲から後光が差したように見える効果です。ここではカラーのボックスをクリックして白に設定し、[描画モード][不透明度][ぼかし]を調整し、文字を読みやすくしました。

136 効果をグラフィックスタイルに登録して利用する

## NO. 173 ワープを利用して文字を変形する

VER.
CC / CS6 / CS5 / CS4 / CS3

エンベロープのワープを使うと、文字を15種類のスタイルで変形できます。

**STEP 1**

[文字] ツール T で入力した文字を [選択] ツール ▶ で選択します❶。[コントロール]パネルにある[エンベロープを作成]ボタンにある下向きの三角（▼）をクリックし[ワープで作成]を選びます❷。[エンベロープを作成]ボタンをクリック❸、あるいは[オブジェクト]メニューから[エンベロープ]→[ワープで作成]を選びます。

**STEP 2**

[ワープオプション]ダイアログが表示されます。[スタイル]のポップアップメニュー❹で、プリセットされた15種類のスタイル（下に掲示）を選ぶことができます。さらに、変形の方向を[水平方向][垂直方向]で選んだり、[カーブ]の度合いを指定したり、[変形]フィールドで水平・垂直方向の変形の強さを調整できます。

> **MEMO**
> ワープ変形は、[効果]メニューの[ワープ]を選んで現れる15種類のスタイルを選んでも、同じような効果を表現できます。

円弧 / 下弦 / 上弦 / アーチ
でこぼこ / 貝殻（下向き） / 貝殻（上向き） / 旗
波形 / 魚形 / 上昇 / 魚眼レンズ
膨張 / 絞り込み / 旋回

Illustrator Design Reference

NO.
# 174 任意の形で文字を変形する

VER.
CC / CS6 / CS5 / CS4 / CS3

描画ツールで任意の形をつくり、その形に合わせて文字を変形できます。

第7章 文字の操作

## 任意のオブジェクトの形でエンベロープ変形する

まず、テキストを入力し❶、[ペン]ツール などで変形したい形のオブジェクトを作成します❷。変形したい形のオブジェクトを最前面に配置し、ふたつのオブジェクトを選択します❸。[オブジェクト]メニューから[エンベロープ]→[最前面のオブジェクトで作成]を選びます❹。文字が最前面のオブジェクトで変形されます❺。

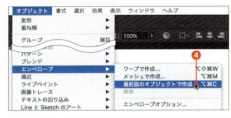

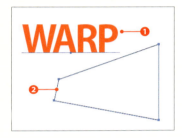

## エンベロープ変形したオブジェクトを編集する

エンベロープ変形後でも、エンベロープの形やテキストを編集できます。エンベロープの形を編集するには、オブジェクトを選択し、[オブジェクト]メニューから[エンベロープ]→[エンベロープを編集]を選び❻、周囲に現れるパスやアンカーポイントを[ダイレクト選択]ツール で編集します❼。テキストを編集するには、[オブジェクト]メニューから[エンベロープ]→[オブジェクトを編集]を選び❽、[文字]ツール でテキストを入力し直します❾。

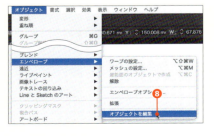

073 用意した図形に沿ってほかの図形を変形させる

221

NO.
# 175 Adobe Typekit を活用する

VER.
CC / CS6 / CS5 / CS4 / CS3

Adobe CC のユーザーであれば、Typekit からフォントを追加して使用することができます。

※ Adobe Typekit は2018年10月より Adobe Fonts に名前が変わっています

**STEP 1**　Adobe Typekit のサイトを開いて、フォントを同期します。［書式］メニューから［Typekit からフォントを追加］を選びます❶。あるいは［文字］パネルメニューのフォントのドロップダウンリストから［フォントを追加］をクリックします❷。Adobe Typekit のサイトが開きます。❸のボタンで欧文フォント❹と日本語フォント❺のページを切り替えることができます。

**STEP 2**　欧文フォントのページで❻のボタンをクリックし、リスト表示にしました。❼のスライダーでフォントサイズを変更できます。❽のテキストの入力ボックスに表示したいテキストを英数で入力すると、入力したテキストがリストに反映されます❾。

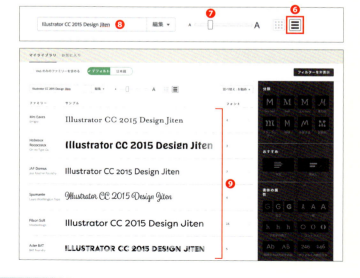

**STEP 3** 右側のフィールド⓾でフォントの属性を選び、表示するフォントを絞り込むことができます。日本語フォントのフォントのページでは、使用したいフォントをクリックして選ぶと、テキストの入力ボックス⓫が現れるので、表示したい文字を入力して適用した効果を確認することができます⓬。

**STEP 4** フォントを同期させるには、［同期］のボタン⓭をクリックします。同期を解除するには、［同期解除］のボタンをクリックします⓮。右上のメニューから［同期フォント］をクリック⓯すると、同期中のフォントリストが現れるので、選択して［同期解除］をクリックして解除することもできます⓰。

**STEP 5** 同期が完了すると、Illustratorでフォントが利用できます。［文字］パネルのフォントメニューのドロップダウンリストで［Typekitフィルターを適用］⓱をクリックすると、Typekitだけをリスト表示することができます⓲。ドキュメントにテキストを入力し、Typekitのフォントを適用してみました⓳。

176 文字パネルのフォント検索とライブプレビューを使う

## NO. 176 文字パネルのフォント検索とライブプレビューを使う

VER.
CC / CS6 / CS5 / CS4 / CS3

CC 2017では、お気に入りフォントだけを表示したり、フィルターを使ってフォントを検索する機能が搭載されました。

### ［文字］パネルでお気に入りを登録する

［文字］パネルでフォントを表示すると、フォント名の前に☆マークが表示されます。この「☆」マークをクリックすると❶、お気に入りとして登録され、表示が「★」マークに変わります。フォントメニュー上部の［お気に入りフィルターを適用］ボタンをクリックすると❷、「★」マークが付いたフォントだけがリスト表示されます。

### ［文字］パネルでフィルター検索する

欧文フォントの場合は、フィルターを使ってフォントの種類を絞り込んで表示することができます。フィルターのドロップダウンリストで、フォントの種類を選択すると❸、フォントが絞られてリスト表示されます。

## Typekit フォントを検索する

フォントメニュー上部の ［Typekit フィルターを適用］ボタンをクリックすると❹、同期中の Typekit フォントだけがリスト表示されます。

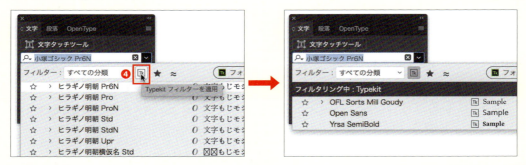

## 似たフォントを検索する

欧文フォントの場合は、フォントメニュー上部の ［似たフィルターを適用］ボタンをクリックすると❺、選択中のフォントと似たフォントがリスト表示されます。

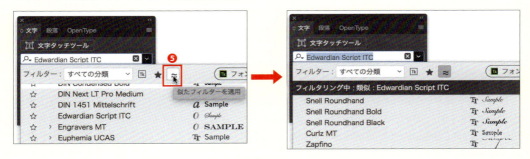

## フォントのライブプレビュー

［文字］パネルのフォントリストの中でドラッグすると、選択中のテキストのフォントの表示が変化し、フォントを適用した効果をすぐに確認することができます。

# NO. 177 特殊文字を挿入する

VER.
CC / CS6 / CS5 / CS4 / CS3

CC 2017では、特殊文字や空白文字、分割文字を挿入することができます。

## 特殊文字のシンボルを挿入する

シンボルを挿入したい位置にカーソルを起き❶、[書式] メニューから [特殊文字を挿入] → [シンボル] → [著作権記号] を選ぶと❷、著作権記号が挿入されます❸。シンボルには、箇条書き「•」、著作権記号「©」、省略記号「…」、段落記号「¶」、登録商標記号「®」、セクション記号「§」、商標記号「™」があります。

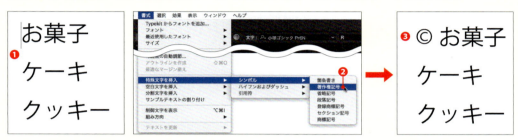

## 空白文字を挿入する

空白文字を挿入したい位置にカーソルを起き❹、[書式] メニューから [空白文字を挿入] → [EM スペース] ❺を選ぶと、EM スペース（文字と同じサイズのスペース）が挿入されます❻。空白文字には、EM スペース、EN スペース、極細スペース、細いスペースがあります。

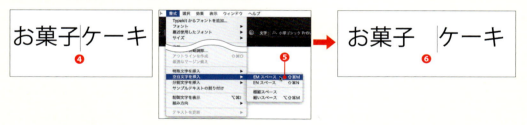

## 分割文字（強制改行）を挿入する

分割文字の強制改行を挿入したい位置にカーソルを起き❼、[書式] メニューから [分割文字を挿入] → [強制改行] を選ぶと❽、新しい段落を開始せずに新しい行を開始できます❾。

# NO. 178 サンプルテキストを割り付ける

VER.
CC / CS6 / CS5 / CS4 / CS3

CC 2017では、［文字］ツール T で文字を入力する際に、自動でサンプルテキストを割り付けることができます。

## 自動でサンプルテキストを割り付ける

CC 2017のデフォルト設定では、［文字］ツール T を選び、画面上でクリックしてポイント文字を作成すると、自動でサンプルテキストが割り付けられます❶。ドラッグ操作でエリア内文字を作成する場合も、同様にサンプルテキストが割り付けられます❷。［パス上文字］ツール や［エリア内文字］ツール の場合も、オブジェクトの上をクリックすると、同様にサンプルテキストが割り付けられます❸❹。

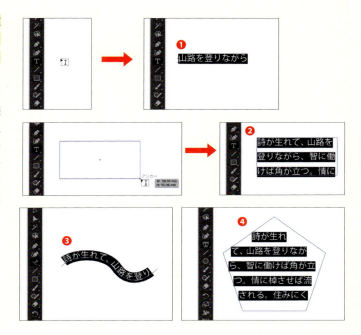

## サンプルテキストを手動で割り付ける

自動でサンプルテキストを割り付ける機能をオフにするには、［Illustrator］メニューから［環境設定］→［テキスト］を選び、［新規テキストオブジェクトにサンプルテキストを割り付け］のチェックボックスをオフにします❺。手動でサンプルテキストを作成するには、［文字］ツール T でテキストオブジェクトを作成し❻、カーソルが点滅している状態で、［書式］メニューから［サンプルテキストの割り付け］を選ぶと❼、サンプルテキストが割り付けられます❽。

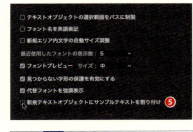

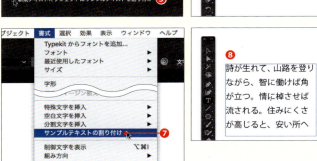

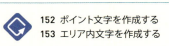

152 ポイント文字を作成する
153 エリア内文字を作成する

## NO. 179 テキストをオブジェクトに回り込ませる

VER.
CC / CS6 / CS5 / CS4 / CS3

［テキストの回り込み］を使用すれば、テキストをオブジェクトの周囲に回り込ませることができます。

**STEP 1**  右図のようにテキスト❶の上に星型のオブジェクト❷を重ねました。回り込ませるオブジェクトをテキストの前面に配置します。テキストの一部が隠れ、読めない部分があります。

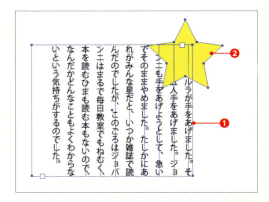

**STEP 2**  回り込ませるオブジェクト（ここでは星型のオブジェクト）を選択し、==［オブジェクト］メニューから［テキストの回り込み］→［作成］を選択==します❸。実行後は、右下図のように、テキストが星の形で回り込むようになりました。

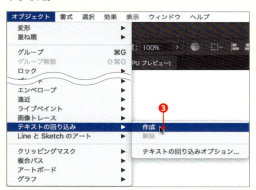

**STEP 3**  図形と文字のアキ量を調整するには、［オブジェクト］メニューから［テキストの回り込み］→［テキストの回り込みオプション］を選択し、オプションダイアログを表示します。［オフセット］に数値を入力して❹、テキストとの空きスペースを設定します。

第 8 章　日本語組版

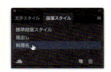

NO.
# 180 段落スタイルを作成して活用する

VER.
CC / CS6 / CS5 / CS4 / CS3

［段落スタイル］パネルに書式を登録すると、ほかの段落に同じスタイルを簡単に適用できるようになります。

## スタイルに登録する段落書式を作成する

ここではメニューの文字書式を例に、段落スタイルを作成します。事前に登録したい段落書式を画面上で作成しておくと、簡単な手順で［段落スタイル］パネルに登録できます。

**STEP 1** メニューに必要なテキストを右図のように入力しました。ここでは1行目を「見出し」❶、2行目以降を「料理名」❷という名前で［段落スタイル］パネルに登録していきます。タブの設定も行いますので、Tab キーで価格の前にタブを入力しました。［書式］メニューから［制御文字を表示］を選ぶと、タブを入力した箇所に青い色の矢印が表示されます。

**STEP 2** 1行目の「見出し」の段落スタイルを画面上でつくっていきます。「洋食ごはん」のテキストを選択し❸、［文字］パネルでフォントを「ヒラギノ明朝 Pro」、スタイルを「W6」、フォントサイズを「12pt」、行送りを「20pt」に指定しました❹。さらに［段落］パネルで、［段落後のアキ］を「5pt」に設定しました❺。さらに文字のカラーを「マゼンタ：100%」に設定しました。

**STEP 3** 2行目以降の「料理名」の段落スタイルを画面上でつくっていきます。2行目の「ポークカレー」のテキストを選択し❻、［文字］パネルでフォントを「ヒラギノ角ゴ Pro」、スタイルを「W3」、フォントサイズを「11pt」、行送りを「20pt」に指定しました❼。価格の表示は［タブ］パネル（［ウィンドウ］メニューから［書式］→［タブ］をクリック）を表示し❽、右揃えタブを設定し❾、［リーダー］にピリオド「.」を入力して❿破線に見えるように設定しました。

## 段落スタイルを登録する

**STEP 1**　［段落スタイル］パネルを表示し、画面上で作成した段落スタイルを登録します。［文字］ツールで登録したい段落を選択し⓫、［段落スタイル］パネルの下にある［新規スタイルを作成］ボタンをクリックして登録できます⓬。

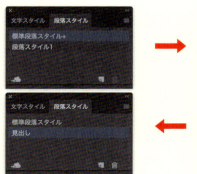

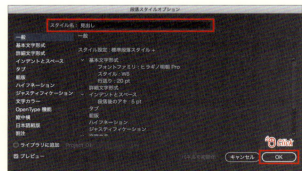

［新規スタイルを作成］ボタンをクリックする（左下に続く）

「段落スタイル 1」という名前の段落スタイルが登録される。このスタイル名をダブルクリックし、［段落スタイルオプション］ダイアログを表示させる。ダブルクリックすることで、元のテキストにスタイルが定義される。スタイル名を「見出し」と入力し、「OK」をクリックする

**STEP 2**　あるいは、［文字］ツールで登録したい段落を選択し⓭、［段落スタイル］パネルメニューから［新規段落スタイル］を選んで登録することもできます⓮。

> **MEMO**
> 段落スタイルを定義した後は、元のテキストに定義した段落スタイルを適用しておいてください。

段落を選択し、［段落スタイル］パネルメニューから［新規段落スタイル］を選択

現れるダイアログで［スタイル名］を入力し⓯、［OK］をクリック

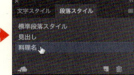

段落の登録後は、元のテキストはスタイルが未定義なので、登録したスタイル名をクリックして適用しておく

## 段落スタイルを適用する

登録した段落スタイルをほかのテキストに適用します。［文字］ツールで、3 行目以降のテキストをすべて選択します⓰。［段落スタイル］パネルで「料理名」のスタイル名をクリックすると⓱、選択したテキストすべてに段落スタイルが適用されます。スタイル名の後にプラスの記号が付いている場合は、Option キーを押しながらもう一度同じスタイル名をクリックしてください。

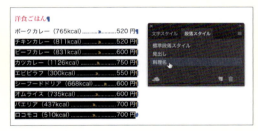

167 タブパネルを活用して表をつくる
181 段落スタイルを編集する

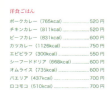

NO.
# 181 段落スタイルを編集する

VER.
CC / CS6 / CS5 / CS4 / CS3

作成した段落スタイルは、［段落スタイルオプション］や［段落スタイルの再定義］を使って編集できます。

## ［段落スタイルオプション］ダイアログでスタイルを編集する

段落スタイルを編集する方法のひとつとして、［段落スタイルオプション］ダイアログを表示させ、カテゴリを選択して個々の書式を変更する方法があります。

**STEP 1** ［段落スタイル］パネルで変更したいスタイル名を選択し、[段落スタイル] パネルメニューから [段落スタイルオプション] を選びます❶。現れる［段落スタイルオプション］では、左側のカテゴリを選択して、書式の変更を行います。下にカテゴリの一部を紹介します。

［一般］カテゴリ

［基本文字形式］カテゴリ

［詳細文字形式］カテゴリ

［インデントとスペース］カテゴリ

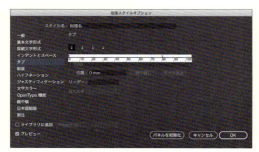

［タブ］カテゴリ

［文字カラー］カテゴリ

STEP 2 右図では、「料理名」の［段落スタイルオプション］ダイアログを表示させ、カテゴリから［文字カラー］を選び❷、文字色を「CMYK グリーン」に変更しました❸。［プレビュー］をチェックすると変更後のプレビューを確認できます。編集作業を終えたら［OK］をクリックします。

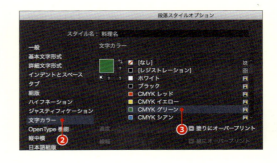

STEP 3 ［段落スタイルオプション］ダイアログで行った変更は、段落スタイルが適用されているテキストすべてに、すぐに反映されます。

> **MEMO**
> 段落スタイルが定義されていないテキストは、［段落スタイルオプション］でスタイルを変更しても、その変更内容が反映されません。変更が反映されないテキストが残ってしまった場合は、段落スタイルが定義されているか確認してください。

洋食ごはん

ポークカレー（765kcal） ........................ 520 円
チキンカレー（811kcal） ........................ 520 円
ビーフカレー（831kcal） ........................ 600 円
カツカレー（1126kcal） ......................... 750 円
エビピラフ（300kcal） ............................ 550 円
シーフードドリア（668kcal） ............... 600 円
オムライス（735kcal） ............................ 600 円
パエリア（437kcal） ................................ 700 円
ロコモコ（510kcal） ................................ 700 円

## 画面上で直接書式を変更して［段落スタイルの再定義］を実行する

段落スタイルを編集するもうひとつの方法として、画面上で直接書式を変更して、==［段落スタイル］パネルメニューから［段落スタイルの再定義］を実行==する方法があります。

STEP 1 まず、画面上で段落の書式を直接変更します。作例では、［文字］ツール  で 2 行目のテキストを選択して、書体を明朝体に変更しました。書式を変更したテキストを選択し❹、［段落スタイル］パネルメニューから［段落スタイルの再定義］を選びます❺。

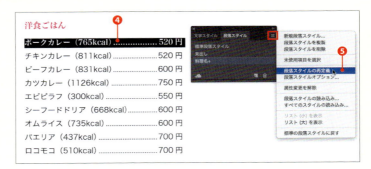

STEP 2 段落スタイルが再定義されると、同じスタイルが適用されたほかのテキストにも、同様の変更が適用されます。作例では、3 行目以降の料理名が明朝体に変更にされています。段落スタイルを利用したスタイルの変更は、ドキュメント全体で変更が一括して行えるため、効率のよい編集作業が行えます。

## NO. 182 文字スタイルを作成して活用する

VER.
CC / CS6 / CS5 / CS4 / CS3

［文字スタイル］パネルに書式を登録すると、ほかの文字に同じスタイルを簡単に適用できるようになります。

### 文字スタイルを登録する

文字スタイルは、段落内の一部の文字のスタイルを変更する場合に利用します。事前に登録したい文字書式を画面上でつくっておくと、あとで簡単な手順で［文字スタイル］パネルに登録できます。

**STEP 1**
メニューの中のカロリー量を示すテキストを選択し、文字サイズを小さくしました。［文字］ツールで登録したい書式のテキスト（カロリー量）を選択し❶、［文字スタイル］パネルで［新規スタイルを作成］ボタンをクリックします❷。自動的に文字スタイル名が作成されますので、スタイル名を付け替えて文字スタイルを定義します。

登録したい書式のテキストを選択する

［新規スタイルを作成］ボタンをクリックする

「文字スタイル1」という名前のスタイルが登録されるので、名前をダブルクリックする。ダブルクリックすることで元のテキストにスタイルが定義される

［文字スタイルオプション］ダイアログが表示される。スタイル名を入力して［OK］をクリックする

**STEP 2**
メニューの中の価格を示すテキストを選択し、フォントを変更しました。［文字］ツールで登録したい書式のテキスト（価格）を選択し❸、［文字スタイル］パネルメニューで［新規文字スタイル］を選びます❹。［新規文字スタイル］ダイアログが表示されるので、スタイル名を付けて文字スタイルを定義します。

登録したい書式のテキストを選択する

［文字スタイル］パネルメニューから［新規文字スタイル］を選ぶ

［新規文字スタイル］ダイアログが表示されるので、スタイル名を入力し、［OK］をクリックする

［文字スタイル］パネルにスタイル名が現れる。元のテキストはスタイルが未定義なので、登録したスタイル名をクリックし、適用しておく

## 文字スタイルを適用する

登録した文字スタイルをほかのテキストに適用します。文字スタイルの適用は、適用したいテキストを個々に選択して行う必要があります。

**STEP 1**　［文字］ツール で、3 行目の「チキンカレー」のカロリー量のテキストを選択します❺。［文字スタイル］パネルで適用したいスタイル名（ここでは「カロリー量」）をクリックすると❻、文字サイズが小さくなり、選択した文字列に文字スタイルが適用されます❼。

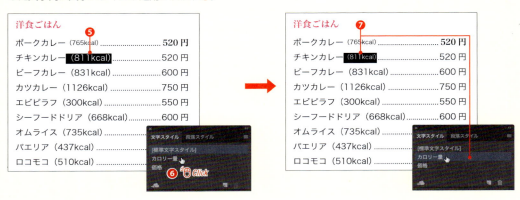

**STEP 2**　［文字］ツール で、3 行目の「チキンカレー」の価格のテキストを選択します❽。［文字スタイル］パネルで適用したいスタイル名（ここでは「価格」）をクリックすると❾、書体が変更され、選択した文字列に文字スタイルが適用されます❿。

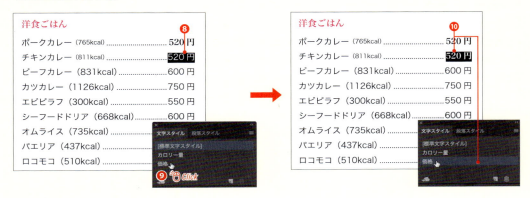

**STEP 3**　文字スタイルを適用する作業は、適用したいテキストを個々に選択して、［文字スタイル］パネルで適用したいスタイル名をクリックしていく操作を繰り返していきます。右図は、メニューの「カロリー量」「価格」の文字スタイルをすべて適用し終えたところです。

> **MEMO**
> スタイル名の横に「+」（プラス記号）が表示されている場合は、スタイル属性に変更があることを示しています。属性の変更を解除してスタイルの定義に戻すには、同じスタイルを再度適用するか、パネルメニューの［属性変更を解除］を選択します。

洋食ごはん

ポークカレー（765kcal）............................... 520 円
チキンカレー（811kcal）............................... 520 円
ビーフカレー（831kcal）............................... 600 円
カツカレー（1126kcal）................................ 750 円
エビピラフ（300kcal）.................................. 550 円
シーフードドリア（668kcal）....................... 600 円
オムライス（735kcal）.................................. 600 円
パエリア（437kcal）..................................... 700 円
ロコモコ（510kcal）..................................... 700 円

 183 文字スタイルを編集する

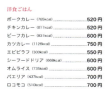

NO.
# 183 文字スタイルを編集する

VER.
CC / CS6 / CS5 / CS4 / CS3

作成した文字スタイルは、［文字スタイルオプション］や［文字スタイルを再定義］を使って編集できます。

## ［文字スタイルオプション］ダイアログでスタイルを編集する

文字スタイルを編集する方法のひとつとして、［文字スタイルオプション］ダイアログを表示させ、カテゴリを選択して個々の書式を変更する方法があります。

 ［文字スタイル］パネルで変更したいスタイル名を選択し、［文字スタイル］パネルメニューから［文字スタイルオプション］を選びます❶。現れる［文字スタイルオプション］ダイアログでは、左側のカテゴリを選択して、書式の変更を行います。下にカテゴリの一部を紹介します。

［一般］カテゴリ　　　　　　　　　　　　　　［基本文字形式］カテゴリ

［詳細文字形式］カテゴリ　　　　　　　　　　［文字カラー］カテゴリ

［OpenType 機能］カテゴリ　　　　　　　　　［縦中横］カテゴリ

## STEP 2

下図では、「価格」の［文字スタイルオプション］ダイアログを表示させ、［基本文字形式］カテゴリを選び❷、フォントファミリとスタイルを変更しました❸。［プレビュー］をチェックすると変更後のプレビューを確認できます。編集作業を終えたら［OK］をクリックします。

## STEP 3

［文字スタイルオプション］ダイアログで行った変更は、文字スタイルが適用されているテキストすべてに、すぐに反映されます。

```
洋食ごはん
ポークカレー (765kcal) .................520 円
チキンカレー (811kcal) .................520 円
ビーフカレー (831kcal) .................600 円
カツカレー (1126kcal) .................750 円
エビピラフ (300kcal) .................550 円
シーフードドリア (668kcal) .................600 円
オムライス (735kcal) .................600 円
パエリア (437kcal) .................700 円
ロコモコ (510kcal) .................700 円
```

## 画面上で直接書式を変更して［文字スタイルの再定義］を実行する

文字スタイルを編集するもうひとつの方法として、画面上で直接書式を変更して、[文字スタイル］パネルメニューから［文字スタイルの再定義］を実行する方法があります。

### STEP 1

まず、画面上で文字スタイルを直接変更します。下の作例では、価格の書体を明朝体に変更しました。［文字］ツール T で書式を変更したテキストを選択し❹、［文字スタイル］パネルのパネルメニューから［文字スタイルの再定義］を選びます❺。

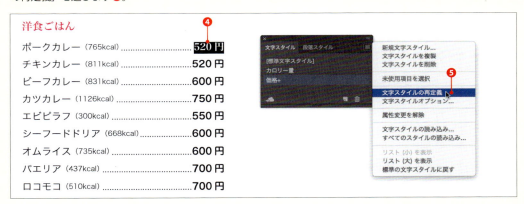

### STEP 2

文字スタイルが再定義されると、同じスタイルが適用されたほかのテキストにも、同様の変更が適用されます。作例では、3 行目以降の価格も明朝体に変更にされています❻。文字スタイルを利用したスタイルの変更は、ドキュメント全体で変更が一括して行えるため、効率のよい編集作業が行えます。

## NO. 184 テキストエリアを連結する

VER.
CC / CS6 / CS5 / CS4 / CS3

スレッドテキストを作成すると、エリア内文字のテキストを別のテキストエリアにつなげられます。

### スレッドテキストの構造

エリア内文字オブジェクトには、スレッド入力ポイント❶と、スレッド出力ポイント❷があります。これらのポイントをクリックして、テキストオブジェクト同士をリンクできます。テキストがエリア内にすべて表示されていない場合は、スレッド出力ポイントに赤いプラス記号が表示されます❸。このようなテキストをオーバーフローテキストと呼びます。

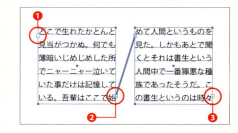

### スレッドテキストの作成

**STEP 1**
同じサイズのエリア内文字のフレームを作成してテキストを連結します。右図のように、[選択] ツール でスレッド出力ポイントの上でクリックします❹。ポインタの形が❺の形に変わります。連結を始めたい場所でクリックすると、元のオブジェクトと同じサイズのテキストフレームが作成され、テキストが連結して流し込まれます❻。

**STEP 2**
連結するエリア内文字のフレームの大きさを調整して、テキストを連結します。[選択] ツール でスレッド出力ポイント❼の上でクリックしたあと、空白の場所でドラッグして四角形を描き❽、テキストエリアの大きさを指定します。マウスボタンを放すと、新しく作成されたテキストフレームにテキストが連結して流し込まれます❾。

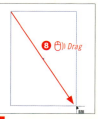

**STEP 3** 既存のオブジェクトにテキストをリンクさせることができます。右図では、［楕円形］ツール ⬭ で作成した円のオブジェクトにテキストを連結します。［選択］ツール ▶ でスレッド出力ポイント ❿ の上でクリックしたあと、リンクさせるオブジェクトのパス上にカーソルを合わせます。ポインタが ⓫ の形に変わったらクリックします。オブジェクトの塗りや線の属性がなくなり、テキストが連結して流し込まれます ⓬。

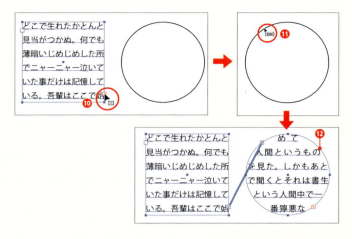

**STEP 4** 文字を流し込んだテキストフレームと、空のテキストフレームあるいはグラフィックオブジェクトを用意します。ふたつのオブジェクトを選択し ⓭、［書式］メニューから［スレッドテキストオプション］→［作成］を実行します ⓮。この操作でも、もう一方のオブジェクトにテキストが連結して流し込まれます ⓯。

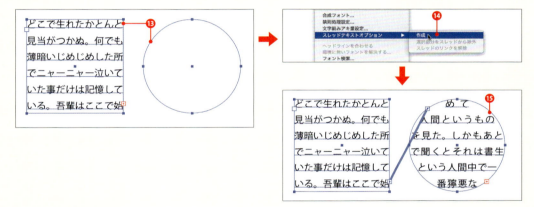

## スレッドテキストの解除

スレッドを解除するには、以下のふたつの方法があります。ひとつ目の方法は、スレッド入力ポイントまたはスレッド出力ポイントをダブルクリックします ⓰。テキストのリンクが切れて、テキストは最初のオブジェクトに残ります ⓱。もうひとつの方法は、［書式］メニューから［スレッドテキストオプション］→［選択部分をスレッドから除外］を選びます ⓲。スレッドのリンクをすべて解除するには、［スレッドのリンクを解除］を選びます ⓳。

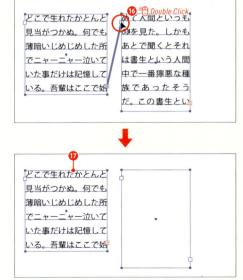

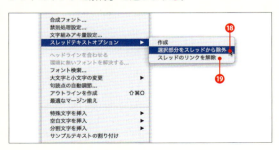

153 エリア内文字を作成する

# NO. 185 ぶら下がりを設定する

VER.
CC / CS6 / CS5 / CS4 / CS3

「ぶら下がり」を利用すると、句読点をテキストのバウンディングボックスの外側に配置できます。

## ぶら下がりの設定

「、」や「。」の句読点を、テキストのバウンディングボックスの外側に置く技法を「ぶら下がり」と呼びます。ぶら下がりの設定は、[段落] パネルのパネルメニューから [ぶら下がり] を選び❶、サブメニューから [なし] [標準] [強制] を選びます。[なし] を選ぶと、句読点はテキストのバウンディングボックスの内側に収められます❷。

❷ ぶら下がり：なし

## ぶら下がりの設定を切り替える

[段落] パネルのパネルメニューから [ぶら下がり] を選び、サブメニューから [標準] を選択すると、句読点が行内に収まらない場合のみバウンディングボックスの外側に配置されます❸。[強制] を選択すると、行末にある句読点が強制的にバウンディングボックスの外側に追い出されます❹。

> **MEMO**
> ぶら下がりは一般的に縦組みで使用します。縦組みの場合でも、複数の段組みでぶら下がりを設定すると、句読点が段間に現れるようになるので、ぶら下がりにしない方がよいでしょう。

❸ ぶら下がり：標準

❹ ぶら下がり：強制

Illustrator Design Reference

## NO. 186 禁則調整方式を設定する

VER.
CC / CS6 / CS5 / CS4 / CS3

［禁則調整方式］では、禁則文字を行内に追い込むか、次行に追い出すかを選択することができます。

### 禁則調整方式の設定

［段落］パネルの［禁則処理］❶では、ポップアップメニューで禁則処理のセットを選ぶことができ、通常は「強い禁則」か「弱い禁則」を適用することが多いでしょう❷。禁則処理は、句読点や括弧類、約物などの禁則文字が行頭や行末に来たときに、それらの文字を行内に追い込む、あるいは次行に追い出して、不自然な体裁にならないように調整を行います。［段落］パネルメニューの［禁則調整方式］では、［追い込み優先］［追い出し優先］［追い出しのみ］から調整方式を選択できます❸。

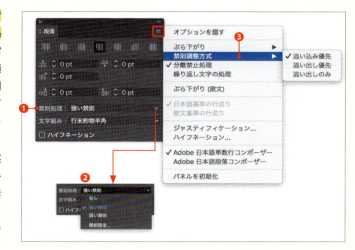

### 禁則調整方式を切り替える

下の作例では、禁則処理セットで［強い禁則］を選択し、［禁則調整方式］の設定を切り替えて効果を試しました。［追い込み優先］は、文字を前の行に追い込んで行を調整します❹。［追い出し優先］は、文字を次の行に追い出して行を調整します❺。［追い出しのみ］は、常に文字を次の行に追い出します❻。

❹ 追い込み優先

❺ 追い出し優先

❻ 追い出しのみ

拗促音の「っ」「ョ」の文字が行内に追い込まれている

拗促音の「っ」「ョ」の文字が次の行に追い出されている

拗促音の「っ」「ョ」に加え、読点「、」も次の行に追い出されている

241

NO.
# 187 コンポーザーを使って改行位置を設定する

VER.
CC / CS6 / CS5 / CS4 / CS3

改行位置の調整方法は［Adobe 日本語単数行コンポーザー］か［Adobe 日本語段落コンポーザー］のどちらかを選べます。

## コンポーザーを設定する

段落の改行の位置は、文字の並びを綺麗に見せる重要な要素です。Illustrator では、2 種類のコンポーザーのどちらかの方式を使って、段落の改行の位置を決めます。
段落のテキストを選択し❶、［段落］パネルメニューから［Adobe 日本語単数行コンポーザー］を選びます❷。この方式では、1 行ずつ改行位置を割り出します。
同様に、段落のテキストを選択し❸、［段落］パネルメニューから［Adobe 日本語段落コンポーザー］を選びます❹。この方式では、段落全体の複数行を対象にして改行位置を割り出します。

## テキストを追加・削除したときの注意点

［Adobe 日本語単数行コンポーザー］では、段落内で文字の追加や削除を行っても❺、修正した行の前の行は変化しません❻。
［Adobe 日本語段落コンポーザー］では、段落全体の複数行を対象にするため、文字の追加や削除を行うと❼、修正した行の前の行の改行位置が変化することがあります❽。つまり、テキストを修正すると、段落全体の文字組みが変化することがあるので、注意が必要です。

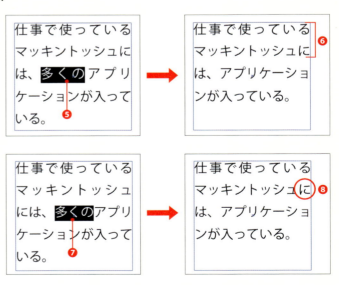

>  CAUTION
> 修正により前の行の改行位置が変化すると、校正作業がしづらい場合があります。そのような場合は［Adobe 日本語単数行コンポーザー］を選ぶとよいでしょう。

Illustrator Design Reference

NO.
# 188 縦組み中の欧文回転を設定する

VER.
CC / CS6 / CS5 / CS4 / CS3

［縦組み中の欧文回転］を選択すると、縦組みの中で入力された半角の英字や数字を90度回転できます。

## テキストをすべて選択し、［縦組み中の欧文回転］を設定・解除する

半角で入力された英字や数字のテキストは縦組みの中では❶のような向きになります。このとき、［選択］ツール でテキストをすべて選択し、［文字］パネルメニューから［縦組み中の欧文回転］を選びます❷。この操作でテキスト中の半角の英字と数字だけが90度回転します❸。設定を解除するには、再度［文字］パネルメニューから［縦組み中の欧文回転］を選びます。

**MEMO**
全角で入力された英字や数字は、縦組み中でも回転しないで表示されます。

解除時　　　　　　　　　　　　　　　　　　　　設定時

## テキストを個別に選択し、［縦組み中の欧文回転］を設定・解除する

［縦組み中の欧文回転］は、個別に設定したり解除できます。下図では、上の作例で回転させた英字の部分だけを［文字］ツール で選択し❹、［文字］パネルメニューから［縦組み中の欧文回転］を再度選び❺、回転を解除しました❻。

189 縦中横を設定する

243

## NO. 189 縦中横を設定する

VER. CC / CS6 / CS5 / CS4 / CS3

［縦中横］を使うと、縦組みの中で2桁の数字を横組みにすることができます。

### ［縦中横］を使って、縦組み中に横組みの文字ブロックをつくる

**STEP 1** 右の作例では、縦組みの中に1桁と2桁の数字が混在しています。［選択］ツール でテキストをすべて選択し❶、［文字］パネルメニューから［縦組み中の欧文回転］を選ぶと、数字が個々に90度回転します❷。

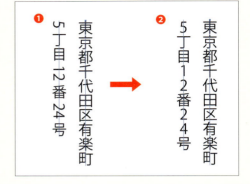

**STEP 2** 2桁の数字を横組みにしたい場合は、［文字］ツール で回転させたいテキストを選択し❸、［文字］パネルメニューから［縦中横］を選びます❹。この操作を繰り返し、2桁の数字すべてに適用します❺❻。

### ［縦中横設定］を使って、上下位置・左右位置を調整する

［文字］ツール で横向きにしたいテキストを選択し、［文字］パネルメニューから［縦中横設定］を選ぶと、回転した後の文字の［上下位置］［左右位置］を調整できます。プラスの値を指定すると上・右方向に、マイナスの値を指定すると下・左方向に位置が移動します。

188 縦組み中の欧文回転を設定する

## NO. 190 割注を設定する

VER. CC / CS6 / CS5 / CS4 / CS3

［割注］を利用すると、テキストを縮小し、行内に複数行で折り返すことができます。

### ［割注］を設定する

割注にしたいテキストを［文字］ツール T で選択します❶。［文字］パネルのパネルメニューから［割注］を選択します❷。初期設定では、文字サイズが半分になり、2行で折り返されます❸。

### ［割注設定］ダイアログで割注の書式を変更する

割注の細かな設定は［割注設定］ダイアログで行います。割注のテキストを［文字］ツール T で選択し❹、［文字］パネルのパネルメニューから［割注設定］を選び❺、ダイアログを表示させます。

❻の作例では、［割注サイズ］を「45%」、［行の間隔］を「3H」にして見映えを調整しました。❼の作例では、［行数］を「3」、［行の間隔］を「0H」にしました。

## NO. 191 文字揃えを設定する

VER. CC / CS6 / CS5 / CS4 / CS3

［文字揃え］を使うと、異なる文字サイズからなる文字列を特定のラインに揃えられます。

**STEP 1**　1行中に異なる文字サイズが混在しているテキストを準備します❶。［文字］ツール T で行揃えしたいテキストを選択し❷、[文字］パネルのパネルメニューから［文字揃え］を選ぶと、6つの選択肢が現れます❸。

**STEP 2**　［欧文ベースライン］では、大きい文字のベースラインに小さい文字が揃います❹。

［仮想ボディの上／右］では、大きい文字の仮想ボディの上（縦組みの場合は右）に小さい文字が揃います❺。

［中央］では、大きい文字の中央に小さい文字が揃います❻。

［仮想ボディの下／左］では、大きい文字の仮想ボディの下（縦組みの場合は左）に小さい文字が揃います❼。

［平均字面の上／右］では、大きい文字の平均字面の上（縦組みの場合は右）に小さい文字が揃います❽。

［平均字面の下／左］では、大きい文字の平均字面の下（縦組みの場合は左）に小さい文字が揃います❾。

# NO. 192 上付き文字、下付き文字を設定する

VER. CC / CS6 / CS5 / CS4 / CS3

数式などで使われる「$2^8$」「$A_1$」のような「上付き文字」や「下付き文字」を設定できます。

$H^2O$
$H_2O$

## ［文字］パネルで上付き文字、下付き文字を設定する

上付き、または下付きにしたい文字を［文字］ツール で選択します❶。［文字］パネルのパネルメニューから［上付き文字］または［下付き文字］を選択します❷。CS6以降では、［文字］パネルにあるボタン❸で操作できます。

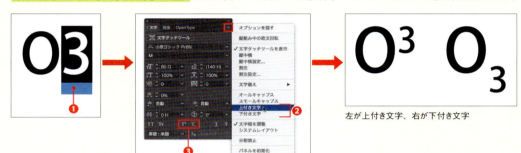

左が上付き文字、右が下付き文字

## ［OpenType］パネルで上付き文字、下付き文字を設定する

OpenTypeフォントを利用している場合は、［OpenType］パネルの［位置］ドロップダウンリストで［上付き文字］または［下付き文字］を選択すると❹、OpenTypeフォントに収録されている上付き文字や下付き文字で入力できます。

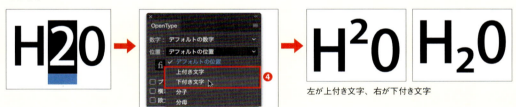

左が上付き文字、右が下付き文字

## 上付き文字、下付き文字の調整

上付き文字、下付き文字の文字位置を少しだけ上下に動かしたい場合は、［文字］パネルにある［ベースラインシフト］❺を利用するとよいでしょう。プラスの値で文字位置が上に、マイナスの値で文字位置が下にシフトします。

また、［ファイル］メニューから［ドキュメント設定］を選び［ドキュメント設定］ダイアログを表示させると、［文字オプション］タブ❻で上付き文字、下付き文字の［サイズ］と［位置］を％で指定できます❼。ここでの設定は、ドキュメント全体に反映されます。

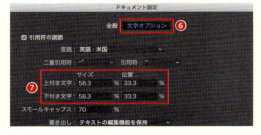

NO.
# 193 合成フォントをつくる

VER.
CC / CS6 / CS5 / CS4 / CS3

合成フォントを利用すれば、複数のフォントを組み合わせて、新しい名前でフォントを定義できます。

**STEP 1** 合成フォントは日本語フォント、欧文フォントを組み合わせて、新しい名前でフォントを定義します。合成フォントを作成するには、[書式] メニューから [合成フォント] を選択します❶。

**STEP 2** [合成フォント] ダイアログが表示されます。[新規] ボタン❷をクリックし、作成する合成フォントの名前を入力します❸。元になる日本語フォントは、[漢字][かな][全角約物][全角記号]の種類別に設定します。また、欧文フォントで [半角英文][半角数字] を設定します❹。さらに文字種ごとに、[サイズ][ベースライン][垂直比率][水平比率]を調整できます❺。[サンプルを表示] ボタンをクリックすると、組み見本が表示されます❻。組み見本には、[平均字面][仮想ボディ][欧文ベースライン] などのガイドを選んで表示することができます❼。最後に [保存] ボタンをクリックし❽、[OK] をクリックして、合成フォントの登録を終えます。

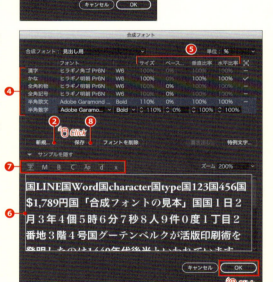

**STEP 3** 作成した合成フォントは、フォントメニューの最上部に表示されます❾。テキストを入力し、合成フォントを適用します❿。この見出し用フォントは、ヒラギノ角ゴ W6 とヒラギノ明朝 W6、Adobe Garamond Pro Bold のフォントを組み合わせてできています。

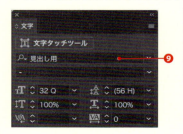

❿
映画「STAR WARS」が遂に公開！

第 9 章　グラフの作成

NO.
# 194 データを入力して棒グラフをつくる

VER.
CC / CS6 / CS5 / CS4 / CS3

［棒グラフ］ツール を選択してドラッグすると、［グラフデータ］ウィンドウが表示され、グラフのデータを入力できます。

**STEP 1**
［棒グラフ］ツール を選択し、ワークシート上でドラッグしてグラフのサイズを指定すると❶、棒グラフ❷と［グラフデータ］ウィンドウ❸が表示されます。

S ［棒グラフ］ツールを選択▶英数入力モードで J キー

**MEMO**
［棒グラフ］ツール で画面をクリックすると、［グラフ］ダイアログが表示され、棒グラフの［幅］と［高さ］を数値入力できます。

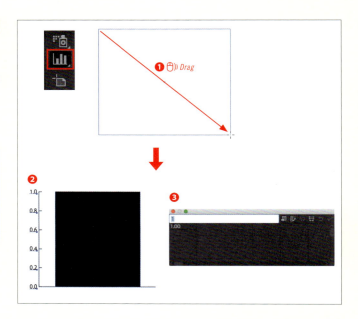

**STEP 2**
［グラフデータ］ウィンドウの入力行に数値を入力し❹、Return キーまたは、↓ キーを押して、セルに数値を入れていきます。

**STEP 3**
データを入力し終えたら［適用］ボタン❺をクリックすると、自動的に棒グラフが作成されます。

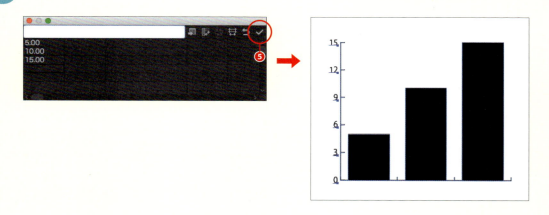

195 グラフにラベルや凡例を表示する

## NO. 195 グラフにラベルや凡例を表示する

VER. CC/CS6/CS5/CS4/CS3

［グラフデータ］ウィンドウの1列目や1行目に数字以外の文字を入力すると、座標軸のラベルや凡例になります。

**STEP 1**
［棒グラフ］ツール  を選択し、ドラッグしてグラフのサイズを指定して、棒グラフ❶と［グラフデータ］ウィンドウ❷を表示します。

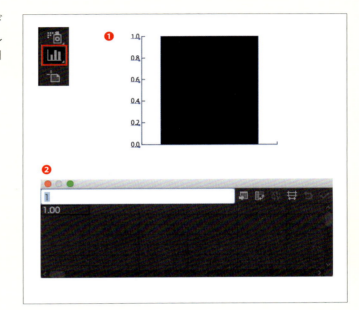

**STEP 2**
セルに初めから入っている「1.00」を消去し、セルを ↓↑←→ キーで移動しながら選択し、入力行に数値を入力します。一列目と一行目❸に文字を入力します。数値データを入力し終えたら、［適用］ボタン❹をクリックします。

**STEP 3**
自動的に棒グラフが作成され、項目の座標軸のラベル❺や凡例❻が表示されます。

> **MEMO**
> ［グラフデータ］ウィンドウの凡例の名称は、グラフ上では右から順に表示されます。

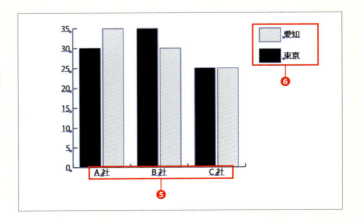

第9章 グラフの作成

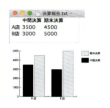

NO. **196** テキストエディットで作成した
データを読み込む

VER.
CC / CS6 / CS5 / CS4 / CS3

［グラフデータ］ウィンドウの［データの読み込み］ボタンで、テキストエディットで作成したテキストデータを読み込むことができます。

**STEP 1**
テキストエディットを使用して、[Tab]キーで区切り、[Return]キーで改行して作成したテキストファイルの表組みを用意します❶。作例は保存する際、［標準テキストのエンコーディング：日本語（Mac OS）］❷を選択しています。

**STEP 2**
［棒グラフ］ツール で、棒グラフ❸と［グラフデータ］ウィンドウを作成します。［データの読み込み］ボタン❹をクリックして［グラフデータの読み込み］ダイアログ❺を表示し、読み込むテキストデータを選択して［開く］ボタンをクリックします。

> **MEMO**
> エクセルなど他のアプリケーションで作成したテキストデータを、［グラフデータ］ウィンドウにコピー＆ペーストしてデータを適用することもできます。

**STEP 3**
［グラフデータ］ウィンドウにテキストデータが読み込まれます。［適用］ボタン❻をクリックして棒グラフに適用します。

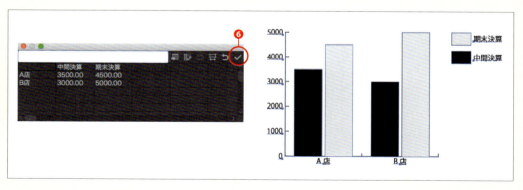

Illustrator Design Reference

NO.
# 197

## 座標軸のラベルと凡例を入れ換える

[グラフデータ] ウィンドウの [行列置換] ボタンで、データの行と列を入れ換えることができます。

VER.
CC / CS6 / CS5 / CS4 / CS3

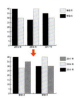

**STEP 1**　[選択] ツール ▶ で作成した棒グラフを選択し❶、[オブジェクト] メニューから [グラフ] → [データ] ❷を選択します。

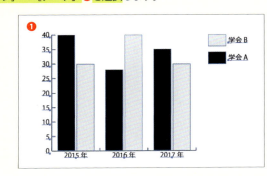
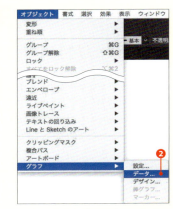

**STEP 2**　[グラフデータ] ウィンドウが表示されるので、[行列置換] ボタン❸をクリックすると、[グラフデータ] ウィンドウ内の行と列が入れ換えられます。

**STEP 3**　[適用] ❹をクリックすると、座標軸のラベルと凡例が入れ換えられます。

> **CAUTION**
> [行列置換] ボタンの右隣にある、X 軸と Y 軸を入れ換える [xy を入れ換え] ボタンは、散布図以外のデータでは使用できません。

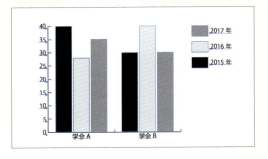

第 9 章　グラフの作成

195 グラフにラベルや凡例を表示する　　253

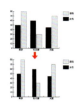

## NO. 198 棒グラフの棒の幅を変更する

VER.
CC / CS6 / CS5 / CS4 / CS3

［グラフ設定］ダイアログの［オプション］で棒の幅を設定できます。

**STEP 1**
［選択］ツール ▶ で棒グラフを選択し❶、［オブジェクト］メニューから［グラフ］→［設定］❷を選択します。

> **MEMO**
> ［グラフ設定］ダイアログは、［棒グラフ］ツール ⅲ をダブルクリックしても表示されます。

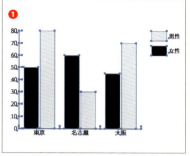

**STEP 2**
［グラフ設定］ダイアログが表示されるので、［オプション］の <mark>［棒グラフの幅］</mark>❸ と <mark>［各項目の幅］</mark>❹ <mark>に数値を入力</mark>します。［棒グラフの幅］とは棒ひとつの幅のことで❺、［各項目の幅］とはひとつの項目内の目盛りの間の幅を示します❻。余白がなく棒がぴったりつく状態を100%としたときの割合を示し、100%以上の数値を入力すると棒が重なり合います。

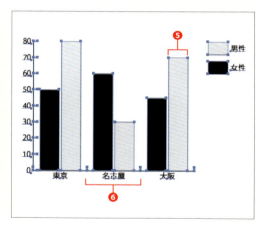

**STEP 3**
［OK］をクリックすると、棒グラフに適用されます。

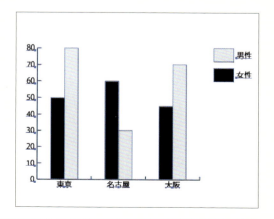

254　　194 データを入力して棒グラフをつくる

Illustrator Design Reference

NO.
# 199 凡例を上部に表示する

VER.
CC / CS6 / CS5 / CS4 / CS3

［グラフ設定］ダイアログの［スタイル］で、凡例をグラフの左上部、横位置に移動できます。

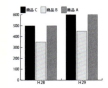

**STEP 1** ［選択］ツール で棒グラフを選択し❶、［オブジェクト］メニューから［グラフ］→［設定］❷を選択します。

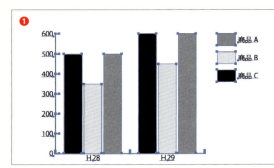

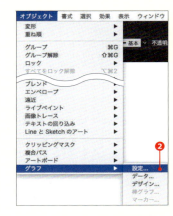

**STEP 2** ［グラフ設定］ダイアログが表示されるので、［スタイル］の［凡例をグラフの上部に表示する］❸にチェックを入れます。

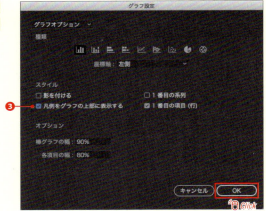

**STEP 3** ［OK］をクリックすると、凡例が左上部、横位置に移動します。

> **MEMO**
> ［グラフデータ］ウィンドウの凡例の名称は、通常グラフ上では右から順番に表示されますが、［グラフ設定］ダイアログの［スタイル］の［凡例をグラフの上部に表示する］にチェックを入れると、グラフ上では左から順番に表示されます。

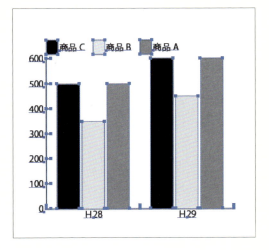

第9章 グラフの作成

195 グラフにラベルや凡例を表示する

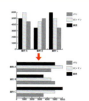

NO.
# 200 ほかの種類のグラフに変更する

VER.
CC / CS6 / CS5 / CS4 / CS3

グラフ作成後でも、[グラフ設定]ダイアログの[種類]で、ほかのグラフに変更できます。

**STEP 1** [選択]ツール ▶ で棒グラフを選択し❶、[オブジェクト]メニューから[グラフ]→[設定]❷を選択します。

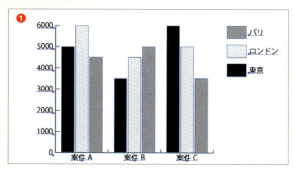

**STEP 2** [グラフ設定]ダイアログが表示されるので、[種類]の[横向き棒グラフ]ボタン❸をクリックします。

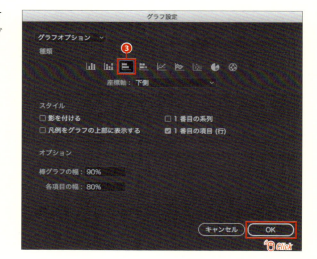

**STEP 3** [OK]をクリックすると、棒グラフから横向き棒グラフに変換されます。

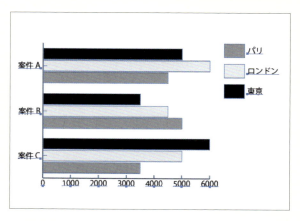

STEP 4 ［グラフ設定］ダイアログでは、［棒グラフ］❹、［積み上げ棒グラフ］❺、［横向き棒グラフ］❻、［横向き積み上げ棒グラフ］❼、［折れ線グラフ］❽、［階層グラフ］❾、［散布図］❿、［円グラフ］⓫、［レーダーチャート］⓬の9種類の中から選択できます。

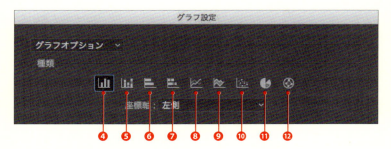

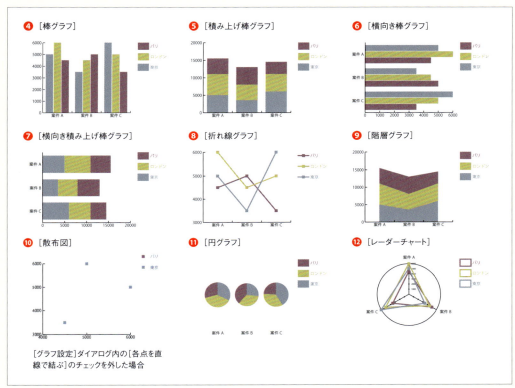

［グラフ設定］ダイアログ内の［各点を直線で結ぶ］のチェックを外した場合

> **MEMO**
> ［棒グラフ］ツールを押したままにすると9種類のグラフが表示されるので、目的のグラフを選択して描くことができます。

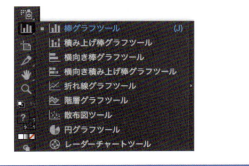

195 グラフにラベルや凡例を表示する

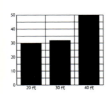

# NO. 201 数値の座標軸や項目の座標軸に目盛りを入れる

VER. CC / CS6 / CS5 / CS4 / CS3

［グラフ設定］ダイアログの［グラフオプション］のポップアップメニューから座標軸の設定ができます。

**STEP 1**

［選択］ツール ▶ で棒グラフを選択し❶、［オブジェクト］メニューから［グラフ］→［設定］を選択して、［グラフ設定］ダイアログを表示します。座標軸を設定するには、ポップアップメニューから ［数値の座標軸］ または、［項目の座標軸］ ❷ を選択します。

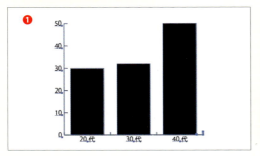

**STEP 2**

［数値の座標軸］❸を選択し、［座標軸］の［データから座標値を計算する］❹にチェックを入れると、数値の座標軸（縦軸）の目盛りの最小値、最大値、間隔（分割数）を設定できます。［目盛り］❺では、目盛りの長さと目盛りの数を設定できます。［OK］をクリックすると、数値の座標軸に適用されます。

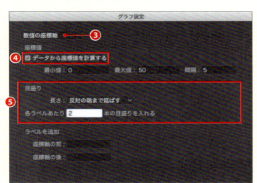
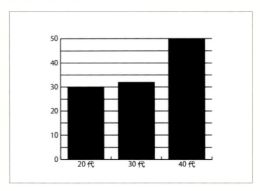

**STEP 3**

続いて、ポップアップメニューから［項目の座標軸］❻を選択し、［目盛り］の［長さ］を［反対の端まで延ばす］❼に選択します。［OK］をクリックすると、項目の座標軸に適用されます。

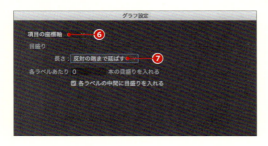
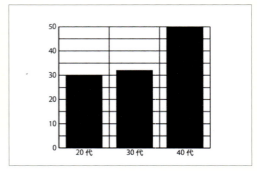

202 数値の座標軸に単位を追加する

# NO. 202 数値の座標軸に単位を追加する

VER. CC / CS6 / CS5 / CS4 / CS3

［グラフ設定］ダイアログの［数値の座標軸］で、数値の前後にラベルを追加できます。

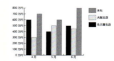

### STEP 1

［選択］ツールで棒グラフを選択し❶、［オブジェクト］メニューから［グラフ］→［設定］❷を選択します。

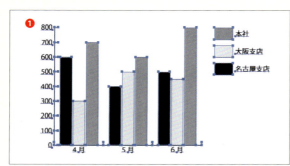

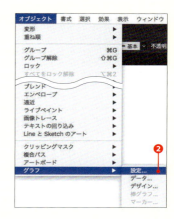

### STEP 2

［グラフ設定］ダイアログが表示されるので、［グラフオプション］のポップアップメニューから［数値の座標軸］❸を選択し、［ラベルを追加］の［座標軸の後］に文字を入力します（作例は「万円」）❹。

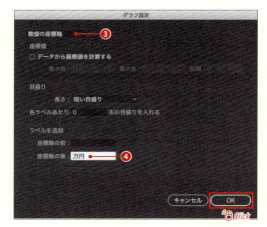

### STEP 3

［OK］をクリックすると、数値の座標軸の数値の後にラベルが追加されます。

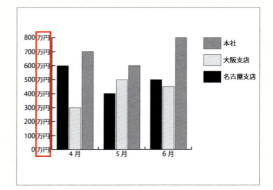

> **MEMO**
> ［グラフ設定］ダイアログでは、数値の座標軸の上部にラベル（単位）を配置することはできませんので、任意で配置してください。

> **CAUTION**
> 円グラフは数値・項目の両座標軸の設定ができません。また、レーダーチャートは、［項目の座標軸］の設定がありません。

第9章 グラフの作成

201 数値の座標軸や項目の座標軸に目盛りを入れる

## NO. 203 グラフの色や書体を変更する

VER. CC / CS6 / CS5 / CS4 / CS3

グラフ全体は階層化されたグループになっているので、［グループ選択］ツール で同系列のオブジェクトを選択して色や書体を変更できます。

**STEP 1** ［グループ選択］ツール で、ひとつの棒を2回クリックすると同系列の棒が選択され❶、3回クリックすると系列と同じ凡例も含めて選択されます❷。

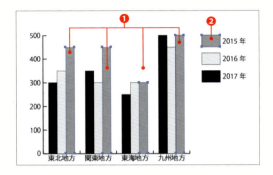

**STEP 2** ［カラー］パネルのパネルメニューから［CMYK］❸を選択して、CMYKに切り替え［塗り］❹に色を指定します。

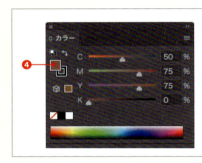 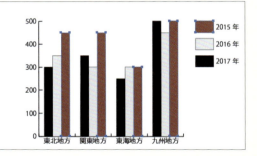

**STEP 3** 次に、文字の種類を変更します。［グループ選択］ツール で、項目の座標軸のラベルを2回クリックして選択し、［文字］パネルで目的の書体を選択します❺。

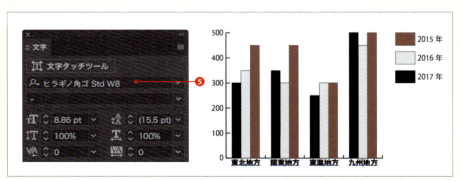

194 データを入力して棒グラフをつくる
195 グラフにラベルや凡例を表示する

# NO. 204 グラフの棒と凡例にパターンスウォッチを適用する

VER. CC / CS6 / CS5 / CS4 / CS3

棒グラフに［スウォッチ］パネルのパターンスウォッチを適用すると、華やかな印象になります。また、適用したパターンのサイズも調整することができます。

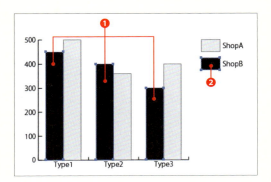

**STEP 1** ［グループ選択］ツール で、ひとつの棒を2回クリックして同系列の棒を選択し❶、3回クリックして系列と同じ凡例も含めて選択します❷。

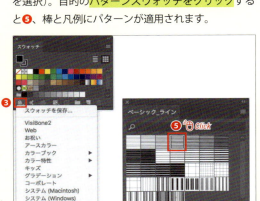

**STEP 2** ［スウォッチ］パネルの［スウォッチライブラリメニュー］ボタン❸をクリックして、［パターン］❹から目的の項目を選択して、パネルを表示します（作例は［パターン］→［ベーシック］→［ベーシック_ライン］を選択）。目的のパターンスウォッチをクリックすると❺、棒と凡例にパターンが適用されます。

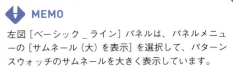

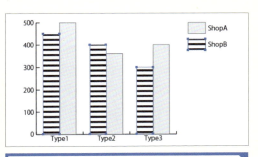

### MEMO
左図［ベーシック_ライン］パネルは、パネルメニューの［サムネール（大）を表示］を選択して、パターンスウォッチのサムネールを大きく表示しています。

**STEP 3** パターンの絵柄のサイズを調整する場合は、棒と凡例が選択された状態で［拡大・縮小］ツール をダブルクリックして［拡大・縮小］ダイアログを表示します。［縦横比を固定］に数値を入れて❻、［オプション］は［パターンの変形］のみにチェックを入れ❼、ほかはチェックを外します。［OK］をクリックすると、パターンのサイズが変更されます。

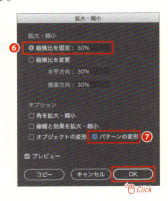

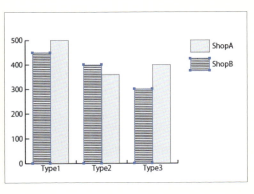

083 カラースウォッチをオブジェクトに適用する
203 グラフの色や書体を変更する

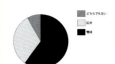

## NO. 205 円グラフをつくる

VER.
CC / CS6 / CS5 / CS4 / CS3

円グラフは、100分率を面積で表現したグラフです。[円グラフ]ツール🎨でドラッグして、[グラフデータ]ウィンドウにデータを入力します。

**STEP 1**
[円グラフ]ツール🎨❶を選択し、アートボード上をドラッグしてグラフのサイズを指定すると、円グラフ❷と[グラフデータ]ウィンドウ❸が表示されます。

> **MEMO**
> [円グラフ]ツール🎨で画面をクリックすると[グラフ]ダイアログが表示され、円グラフの[幅]と[高さ]を数値で入力できます。

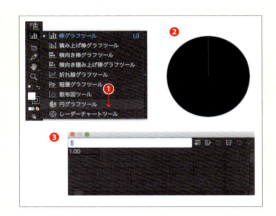

**STEP 2**
データを入力し終えたら[適用]ボタン❹をクリックすると、自動的に円グラフが作成されます([グラフデータ]ウィンドウの入力方法は「194 データを入力して棒グラフをつくる」を参照)。

**STEP 3**
凡例をグラフの中に配置する場合は、[グラフデータ]ウィンドウを閉じてから再び円グラフを選択し、[オブジェクト]メニューから[グラフ]→[設定]❺を選択して[グラフ設定]ダイアログを表示します。[オプション]の[凡例]で[グラフの中に表示]❻を選択します。[OK]をクリックすると、凡例がグラフの中に配置されます。

> **MEMO**
> 凡例の書体やサイズ、色を変更する場合は、[グループ選択]ツール🎨で凡例を2回クリックして選択し、[文字]パネルや[カラー]パネルを使用します。

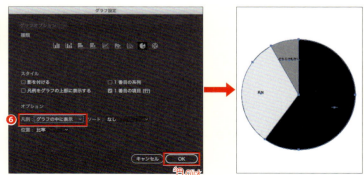

194 データを入力して棒グラフをつくる
215 円柱のグラフをつくる

# NO. 206 複数の円グラフをまとめてつくる

VER. CC / CS6 / CS5 / CS4 / CS3

［グラフデータ］ウィンドウに複数の系列のデータを入力して、複数の円グラフをつくります。グラフの配置方法や扇形の並べ方も設定できます。

**STEP 1**

［円グラフ］ツールでアートボード上をドラッグし、円グラフと［グラフデータ］ウィンドウを作成します。［グラフデータ］ウィンドウで、複数の系列のデータを入力して［適用］ボタン❶をクリックすると、系列ひとつにつき、ひとつの円グラフが作成されます。

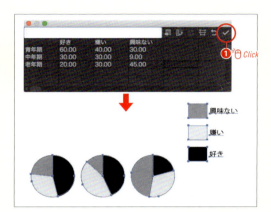

> **MEMO**
> 作例の円グラフは、［グラフ設定］ダイアログで［オプション］を［凡例：標準］、［ソート：なし］、［位置：等分］に設定しています。

**STEP 2**

扇形を数値の大きい順に並べ換えるには、［選択］ツールで円グラフを選択して［オブジェクト］メニューから［グラフ］→［設定］を選択し、［グラフ設定］ダイアログを表示します。［オプション］の［ソート］で［すべて］❷を選択して、［OK］をクリックします。

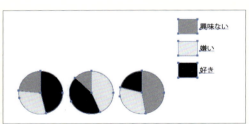

> **MEMO**
> ［オプション］の［ソート：すべて］は複数の円グラフだけでなく、ひとつの円グラフの場合にも利用できます。

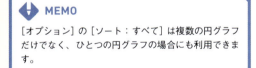

**STEP 3**

各円の数値を合計して円グラフの大きさを変えるには、［オプション］の［位置］を［比率］❸に選択して、［OK］をクリックします。

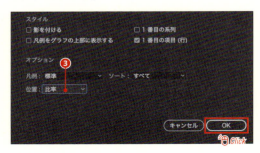

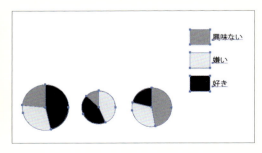

## NO. 207 半円のグラフをつくる

VER.
CC / CS6 / CS5 / CS4 / CS3

［グラフデータ］ウィンドウで数値の合計を最後のセルに入力し、合計値を反映した半円を消去すると、半円のグラフをつくることができます。

**STEP 1**

［円グラフ］ツール  でアートボード上をドラッグし、円グラフ❶と［グラフデータ］ウィンドウを作成します。[グラフデータ］ウィンドウで数値の合計を最後のセルに入力し❷、[適用]ボタン❸をクリックすると、半分に項目データ、残りの半分に合計データが反映された円グラフが作成されます。

> **MEMO**
> 作例の円グラフの［グラフ設定］ダイアログの［オプション］は、[ソート：なし]に設定されています。

**STEP 2**

[選択]ツールで円グラフを選択し、[回転]ツールをダブルクリックして[回転]ダイアログを表示します。[角度]に[90]❹を入力して、[OK]をクリックし、下部に半円を配置します❺。

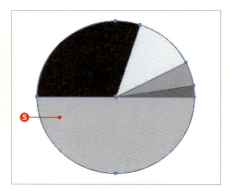

**STEP 3**

［ダイレクト選択］ツール  で下部の半円を選択し、Delete キーで消去すれば半円のグラフが作成できます。

> **MEMO**
> 半円のグラフはグループ化されているので、扇形の色を変更するには［グループ選択］ツールや［ダイレクト選択］ツールで選択し、［カラー］パネルで色を指定します。

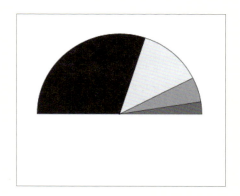

205 円グラフをつくる
206 複数の円グラフをまとめてつくる

Illustrator Design Reference

NO.
# 208 棒グラフに適用する
イラストを登録する

VER.
CC / CS6 / CS5 / CS4 / CS3

棒グラフの棒の代わりに、イラストを使用することができます。イラストを登録するには、［グラフのデザイン］ダイアログで設定を行います。

## STEP 1

棒グラフに使用するイラストを用意し、そのイラストと同じサイズで［塗り］なし［線］なしの長方形を描き、［オブジェクト］メニューから［重ね順］→［最背面へ］を選択します。イラストの一部をグラフの数値に従って伸縮させる場合は、伸縮させる位置に［ペン］ツールで水平線を作成し❸、［表示］メニューから［ガイド］→［ガイドを作成］❹を選択します。

### MEMO
イラストを囲む長方形のサイズが、棒グラフのサイズになります。数値データとイラストに誤差が出ないように、長方形をイラストのサイズにぴったり揃えます。

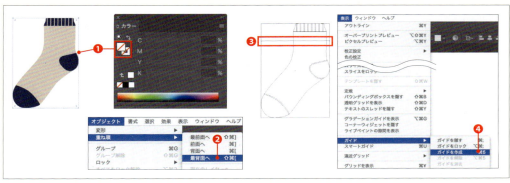

## STEP 2

［選択］ツールでイラスト、長方形、ガイドラインを選択し❺、［オブジェクト］メニューから［グラフ］→［デザイン］❻を選択します。

### CAUTION
［表示］メニューから［ガイド］→［ガイドをロック］にチェックがついていると、ガイドラインを選択できないのでチェックを外します。

## STEP 3

［グラフのデザイン］ダイアログが表示されるので、［新規デザイン］ボタン❼をクリックすると、［プレビュー］に選択したイラストが表示され❽、［OK］をクリックするとイラストが登録されます。

第 9 章 グラフの作成

  209 棒グラフの棒にイラストを適用する
210 棒グラフの棒に適用したイラストの表示を変更する

265

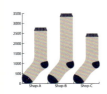

# NO. 209 棒グラフの棒にイラストを適用する

VER.
CC / CS6 / CS5 / CS4 / CS3

登録したイラストを棒グラフに適用するには、[棒グラフ設定]ダイアログでイラストを指定します。

**STEP 1**

[選択]ツール  で棒グラフを選択し❶、[オブジェクト]メニューから[グラフ]→[棒グラフ]❷を選択します。

> **CAUTION**
> 棒グラフに適用するイラストが登録されていないと[オブジェクト]メニューの[グラフ]→[棒グラフ]は使用できません。イラストを登録するには「208 棒グラフに適用するイラストを登録する」を参照してください。

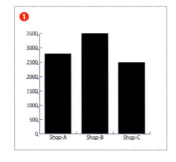

**STEP 2**

[棒グラフ設定]ダイアログが表示されるので、リストからイラストを選択し❸、[棒グラフ形式]の[ガイドライン間を伸縮]❹を選択して、[OK]をクリックします。棒にイラストが適用されガイドラインの位置でイラストが伸縮されます(イラストを伸縮させる設定は「208 棒グラフに適用するイラストを登録する」を参照)❺。

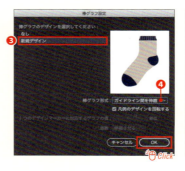

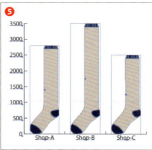

**STEP 3**

イラストのサイズを調整するには、[選択]ツール で棒グラフを選択し[オブジェクト]メニューから[グラフ]→[設定]で[グラフ設定]ダイアログを表示します。[オプション]の[棒グラフの幅]や[各項目の幅]❻に数値を入力して調整します(「198 棒グラフの棒の幅を変更する」を参照)。

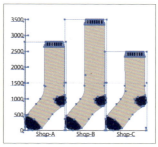

198 棒グラフの棒の幅を変更する
208 棒グラフに適用するイラストを登録する

# NO. 210 棒グラフの棒に適用したイラストの表示を変更する

［棒グラフ設定］ダイアログの［棒グラフ形式］で、棒グラフの棒に適用する方法を4種類の中から選択できます。

VER.
CC / CS6 / CS5 / CS4 / CS3

**STEP 1**　グラフに適用するイラストを登録してから（「208 棒グラフに適用するイラストを登録する」を参照）、［選択］ツール で棒グラフを選択し❶、［オブジェクト］メニューから［グラフ］→［棒グラフ］❷を選択して、［棒グラフ設定］ダイアログを表示します。

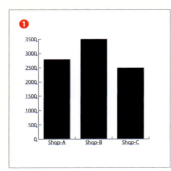

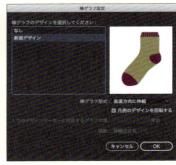

**STEP 2**　［棒グラフ形式］から、イラストの適用方法を選びます。［垂直方向に伸縮］❸を選択すると、イラストの幅はそのままで垂直方向（横向きの場合は水平方向）に伸縮します❹。［縦横均一に伸縮］❺を選択すると、イラストの縦横を同じ比率で伸縮します❻。［ガイドライン間を伸縮］❼を選択すると、登録してあるイラストに入っているガイドラインの位置で伸縮します❽。

> **MEMO**
> 元の棒グラフに戻すには、［オブジェクト］メニューから［グラフ］→［棒グラフ］の［棒グラフ設定］ダイアログで、リストから［なし］を選択します。

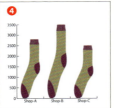

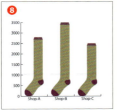

**STEP 3**　［繰り返し］❾を選択し、［1つのデザインマーカーに対応するグラフの値］❿に数値を入力すると、同じ大きさのイラストを設定した単位ごとに繰り返して並べることができます。［端数］のドロップダウンリストでは、端数がある場合の処理方法を設定できます。［区切る］⓫を選択すると、イラストが途中で区切られ⓬、［伸縮させる］⓭を選択すると、イラストを端数の大きさに応じて伸縮させます⓮。

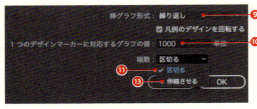
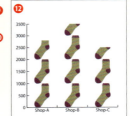
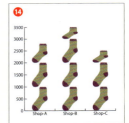

208 棒グラフに適用するイラストを登録する
209 棒グラフの棒にイラストを適用する

NO.
# 211 棒グラフの系列ごとに異なるイラストを適用する

VER.
CC / CS6 / CS5 / CS4 / CS3

［グラフのデザイン］ダイアログで複数のイラストを登録して、［棒グラフ設定］ダイアログのリストからイラストを選択し、系列ごとに適用します。

**STEP 1**　棒グラフの系列に使用するイラストを用意し、イラストと同じサイズの［塗り］なし、［線］なしの長方形を描き、最背面に配置しておきます❶。イラストの一部を伸縮させる場合は、ガイドラインを作成します（「208 棒グラフに適用するイラストを登録する」を参照）。［選択］ツール でイラスト、長方形、ガイドラインを選択し、［オブジェクト］メニューから［グラフ］→［デザイン］❷を選択します。

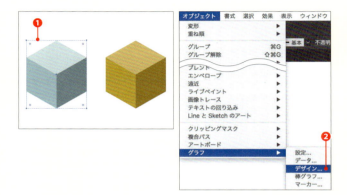

**STEP 2**　［グラフのデザイン］ダイアログが表示されるので、［新規デザイン］ボタン❸をクリックして［プレビュー］に選択したイラストを表示します。［名前を変更］ボタン❹をクリックすると、［グラフのデザイン］ダイアログ❺が表示されるので、名前を入力して［OK］をクリックし、リストに新規の名前を表示します❻。同様に、もうひとつのパターンのイラストも［グラフのデザイン］ダイアログに登録します。

**STEP 3**　［グループ選択］ツール でひとつの棒を3回クリックして系列の棒と凡例を選択します❼。［オブジェクト］メニューから［グラフ］→［棒グラフ］を選択し、［棒グラフ設定］ダイアログを表示して、登録したイラストをリストから選択し❽、［OK］をクリックします。これでひとつの系列にだけイラストを適用できます。同様にもう一方の系列に別のイラストを適用すれば、系列ごとにイラストを変えることができます❾。［棒グラフ設定］ダイアログの［凡例のデザインを回転する］のチェックを外すと❿、凡例のイラストを縦表示にすることができます⓫。

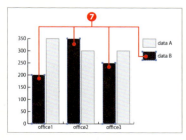

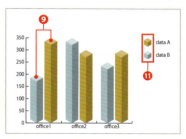

208 棒グラフに適用するイラストを登録する
209 棒グラフの棒にイラストを適用する

Illustrator Design Reference

## NO. 212 棒グラフに適用したイラストにデータの数値を表示させる

データ値を表示した棒グラフを作成するには、イラストに「％」の文字と桁数を指定した数字を加えて、［グラフのデザイン］ダイアログに登録します。

VER.
CC / CS6 / CS5 / CS4 / CS3

**STEP 1** 棒グラフに使用するイラストを用意し、［塗り］なし［線］なしのイラストと同じサイズの長方形を描き❶、最背面に配置しておきます。イラストの一部を伸縮させる場合は、ガイドラインを作成します❷（「208 棒グラフに適用するイラストを登録する」を参照）。そして、［文字］ツール  でイラストの上部に「％」の文字と、桁数を指定した数字を入力します（ここでは「％30」）❸。

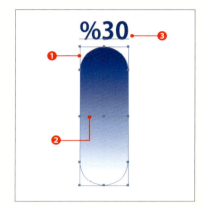

> **MEMO**
> 「％」は数値に置き換えることを示し、「3」は表示する桁数を（ここでは3桁まで表示することが可能）、「0」は小数点以下の桁数を示します。「0」を指定すると、小数点以下の数値は表示されません。

**STEP 2** ［選択］ツール でイラストと［線］［塗り］ともになしの長方形、ガイドライン、桁数を指定した数字を選択し❹、［オブジェクト］メニューから［グラフ］→［デザイン］❺を選択します。［グラフのデザイン］ダイアログを表示し、［新規デザイン］ボタンをクリックし❻、［OK］をクリックして登録します。

**STEP 3** ［選択］ツール で棒グラフを選択し、［オブジェクト］メニューから［グラフ］→［棒グラフ］を選択します。［棒グラフ設定］ダイアログのリストから登録したイラストを選択し、［OK］をクリックすると、数値データを表示したイラストの棒グラフが作成されます❼。

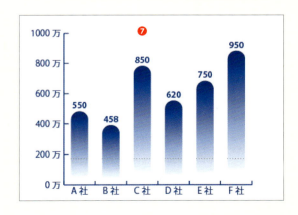

第9章 グラフの作成

208 棒グラフに適用するイラストを登録する
209 棒グラフの棒にイラストを適用する

## NO. 213 折れ線グラフのマーカーにイラストを適用する

VER. CC / CS6 / CS5 / CS4 / CS3

折れ線グラフのマーカーの代わりに、イラストを使用できます。イラストは、[グラフのマーカー] ダイアログのリストから選択します。

**STEP 1**
イラストの登録は、棒グラフと同様の手順で [グラフのデザイン] ダイアログで行います(「208 棒グラフに適用するイラストを登録する」を参照)。ただし棒グラフの場合、イラストと同サイズの [塗り] なし、[線] なしの長方形を背面に配置したのに対して、折れ線グラフのマーカーは、イラストの中心に [塗り] なし、[線] なしの小さな正方形を背面に配置します❶。

> **MEMO**
> マーカーのイラストのサイズは、イラストの背面に配置する正方形のサイズで決まります。小さいサイズの正方形にするほど、マーカーに適用した際、大きく表示されます。

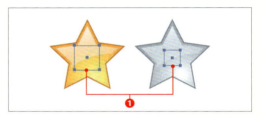

**STEP 2**
[グループ選択] ツール  でひとつのマーカーを 3 回クリックして、同系列のマーカーと凡例を選択し❷、[オブジェクト] メニューから [グラフ] → [マーカー] ❸を選択し、[グラフのマーカー] ダイアログを表示します。リストからイラストを選択します❹。

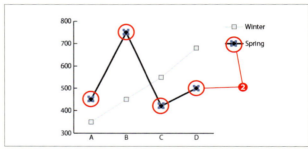

**STEP 3**
[OK] をクリックすると、マーカーにイラストが適用されます。もう一方の系列にも同じ作業を繰り返せば、系列別に異なるマーカーを適用できます。ここでは、イラストの背面に配置する正方形のサイズが異なるので、マーカーのイラストサイズも異なっています。

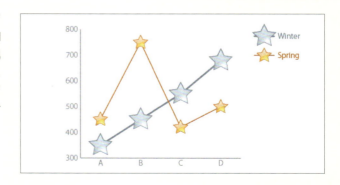

208 棒グラフに適用するイラストを登録する

# NO. 214 3Dの円グラフをつくる

VER.
CC / CS6 / CS5 / CS4 / CS3

グラフに変形などの加工をする場合は、グラフを［グループ解除］して通常のオブジェクトに変換します。

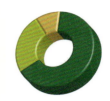

### STEP 1

［選択］ツールで円グラフを選択し❶、［オブジェクト］メニューから[グループ解除]を選択します❷。続いて、アラートが表示されるので［はい］をクリックすると、円グラフが通常のオブジェクトに変換されます（円グラフのつくり方は「205 円グラフをつくる」を参照）。

> **MEMO**
> グラフはグループ化されたオブジェクトなので、グループ解除してしまうとデータが失われ、［グラフデータ］ウィンドウでの編集ができなくなるため、アラートが表示されます。

### STEP 2

円グラフの中央に小さな円を描きます❸。［選択］ツールで円グラフと小さな円を両方選択し、［パスファインダー］パネルの［分割］ボタン❹をクリックして分割します。そして、［ダイレクト選択］ツールで中心部分のオブジェクトを削除し、ドーナツ状の形にします❺（作例ではグラフの色を編集しました）。

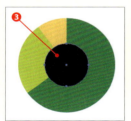

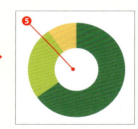

### STEP 3

［選択］ツールで円グラフを選択し、[効果]メニューから［3D］→[押し出し・ベベル]❻を選択し、［3D 押し出し・ベベルオプション］ダイアログで立体的な効果を指定します❼。作例は、［押し出しの奥行き］を［50pt］、［ベベル］を［角の丸い平面］に設定しています。

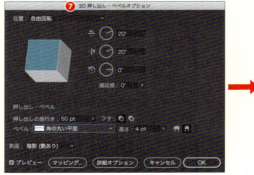

---

078 用意した図形でほかの図形を分割する
205 円グラフをつくる

## NO. 215 円柱のグラフをつくる

VER.
CC / CS6 / CS5 / CS4 / CS3

円グラフをグループ解除して通常のオブジェクトに変換してから、[ブレンド] ツールで大小の扇形をブレンドすれば、立体的な円柱グラフができます。

**STEP 1**
円グラフを作成し、Option+Shiftキーを押しながらドラッグして、下方向に垂直移動してコピーします❶。コピーした円グラフを選択し、[編集] メニューから [カラーを編集] → [彩度調節] を選択し [彩度調節] ダイアログを表示して、濃度を薄くします❷。そして、ふたつの円グラフを選択し [オブジェクト] メニューから [グループ解除] を選択します。続いて、アラートが表示される❸ので [はい] をクリックすると、通常のオブジェクトに変換します。個々の扇が選択できるようになるまで繰り返し [グループ解除] を行います。

> **MEMO**
> グラフはグループ化されたオブジェクトなので、グループ解除してしまうとデータが失われ [グラフデータ] ウィンドウでの編集ができなくなるため、アラートが表示されます。

**STEP 2**
ふたつの円グラフを選択し、[拡大・縮小] ツールで楕円形に変形して、下の楕円を縮小します❹。次に、上の大きな楕円をコピーします❺。

**STEP 3**
[ブレンド] ツールをダブルクリックして [ブレンドオプション] ダイアログを表示し、[間隔] で [スムーズカラー]❻を選択して [OK] をクリックします。大小の扇形の同じ位置の**オブジェクトをクリックしてブレンド**します（扇形が選択されていなくても、クリックするだけでブレンドされます）❼。同様に、そのほかの扇形もブレンドします（作例では、2番目の扇形をブレンドしたあと、初めの扇形の前面へ配置しています）❽。最後に、STEP2でコピーした上の大きな楕円を [編集] メニューから [前面へペースト] を選択して配置します❾。

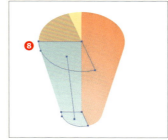
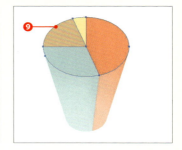

205 円グラフをつくる

第 10 章　Webグラフィックの作成

# NO. 216 ピクセルプレビューで作業する

VER.
CC / CS6 / CS5 / CS4 / CS3

［ピクセルプレビュー］とは、Webやアプリなどに使用するビットマップ画像を、実際に書き出される状態を確認しながら作業するための表示モードです。

**STEP 1**　通常のビューではオブジェクトは図のように表示されますが、Webやアプリ用の画像を作成する場合はピクセルで表示した方が適切です。

**STEP 2**　[表示] メニューから [ピクセルプレビュー] を選択すると❶、オブジェクトが通常の表示からピクセル表示に切り替わります❷。

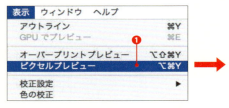

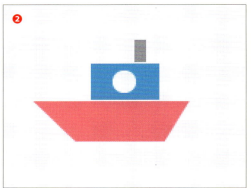

**STEP 3**　ピクセルプレビューでオブジェクトを移動させると、ピクセル単位で移動ができます。これは [ピクセルプレビュー] を選択しているときの初期設定で、[表示] メニューの [ピクセルにスナップ] にチェックが入っているからです❸。もし、ピクセル単位で移動をしたくない場合は [表示] → [ピクセルにスナップ] のチェックを外します。

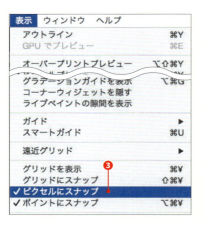

217 オブジェクトをピクセルグリッドにスナップする

## NO. 217 オブジェクトをピクセルグリッドにスナップする

VER. CC / CS6 / CS5 / CS4 / CS3

CC 2017で強化されたピクセルグリッドの整合機能で、オブジェクトの大きさを変更、回転しても簡単にピクセルにスナップできます。

**STEP 1** すべてのオブジェクトでピクセルグリッドにスナップさせたい場合は、==あらかじめ新規ドキュメントダイアログで[モバイル]または[Web]を選んで作成==すると、ピクセルグリッドにスナップするオプションがデフォルトで有効になります。CS5～CC 2015では[新規オブジェクトをピクセルグリッドに整合]にチェックを入れます。

> **MEMO**
> コントロールパネルの[作成および変形時にアートをピクセルグリッドに整合します]アイコンをクリックして有効にすることもできます。CS5～CC2015では[変形]パネルのパネルメニューから[新規オブジェクトをピクセルグリッドに整合]を選択します。

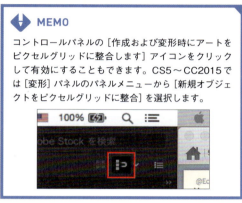

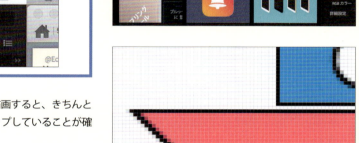

**STEP 2** 1pxの線のあるオブジェクトを描画すると、きちんと線の幅も含めてピクセルにスナップしていることが確認できます。

**STEP 3** オブジェクトを拡大・縮小など編集してピクセルにスナップしていない場合はオブジェクトを選択し❶、[オブジェクト]メニューから[ピクセルを最適化]を選択すると❷オブジェクトがピクセルにスナップされます❸。

> **MEMO**
> コントロールパネルの[選択したアートをピクセルグリッドに整合]アイコンをクリックして有効にすることもできます。

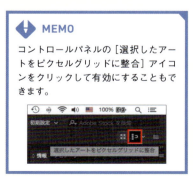

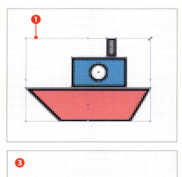

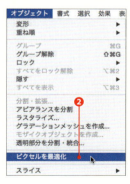

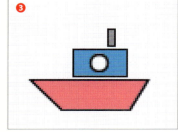

第10章 Webグラフィックの作成

## NO. 218 アートワークをスライスして分割する

VER.
CC / CS6 / CS5 / CS4 / CS3

Illustratorデータを Web やアプリ用にスライスするには、[スライス] ツール ✎ で任意のサイズに切り出します。

**STEP 1**

[ツール] パネルから [スライス] ツール ✎ を選択します。アートワーク上をドラッグすると長方形にスライスされます❶。アートワークを1回スライスすると、アートワークの他の部分も同時に自動的にスライスされます。スライスしたアートワークにはスライス記号が自動的につけられます❷。

> **MEMO**
> スライスしたアートワークは [ファイル] メニューから [書き出し] → [Web 用に保存 (従来)] する際に、それぞれファイル形式や画質を設定できます。

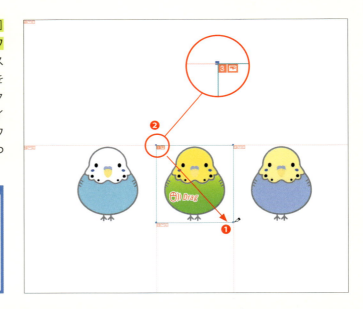

**STEP 2**

アートワークのスライスは [スライス] ツール ✎ 以外にも、[オブジェクト] メニューから [スライス] → [選択範囲から作成] ❸ や [ガイドから作成] ❹ を選択することで、分割できます。

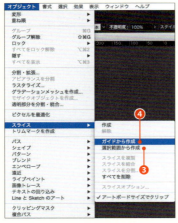

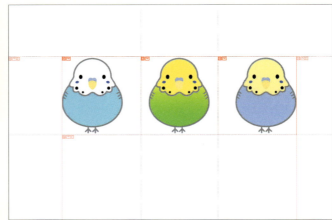

> **MEMO**
> スライスとは、Web やアプリのデザインをコーディングする際に、正確にレイアウトできるように画像などを切り出すことです。

# NO. 219 スライスを編集する

VER.
CC / CS6 / CS5 / CS4 / CS3

スライスは作成後もサイズなどを編集可能です。また、分割・結合もできます。

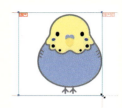

**STEP 1**　[スライス選択]ツール でスライスを選択し、角もしくは辺のあたりにマウスカーソルを近づけると、カーソルが変化し、スライスを自由に変形できるようになります❶。

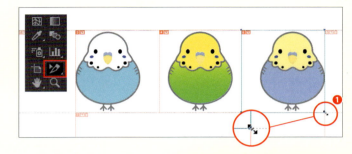

**STEP 2**　スライスを分割するには[スライス選択]ツール でスライスを選択して[オブジェクト]メニューから[スライス]→[スライスを分割]を選択します❷。[スライスを分割]ダイアログが表示されるので、選択したスライスを上下もしくは左右等分に分割する方法❸と、数値を指定して分割する方法❹でスライスを分割します。

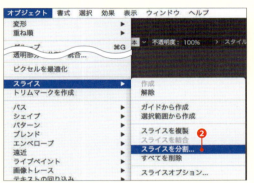
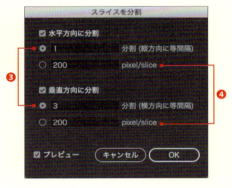

**STEP 3**　スライスを結合するには、[スライス選択]ツール で結合したいスライスを選択し、[オブジェクト]メニューから[スライス]→[スライスを結合]を選択します❹。選択していた複数のスライスがひとつに結合されました❺。

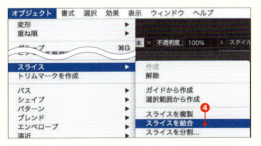

第10章　Webグラフィックの作成

218 アートワークをスライスして分割する

NO.
# 220 Web グラフィックの最適化と最適化設定を登録する

VER.
CC / CS6 / CS5 / CS4 / CS3

Web 用に書き出す画像やスライスのサイズを設定できます。また、書き出す際の設定は保存して再利用できます。

### STEP 1

[ファイル] メニューから [書き出し] → [Web 用に保存（従来）] を選択し❶、[Web 用に保存] ダイアログを呼び出します。書き出すスライスを選択して [Web 用に保存] ダイアログの右上のメニューマークをクリックし❷、[ファイルサイズの最適化] を選択します❸。

> **MEMO**
> CC 2015〜CS6 までは [ファイル] メニューから [Web 用に保存]、CS5〜CS3 では [ファイル] メニューから [Web およびデバイス用に保存] を選択します。

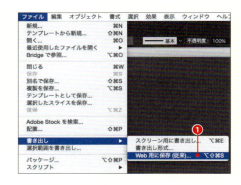

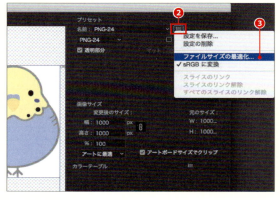

### STEP 2

[ファイルサイズの最適化] ダイアログが表示されるので、[目標のファイルサイズ] に数値を入力します❹。[最適化の方法] では STEP1 の [Web 用に保存] ダイアログで設定した [現在の設定] か、[GIF／JPEG を自動選択] のどちらかを選ぶことができます❺。[スライスオプション] では適用の対象を設定できます❻。設定を決めたら [OK] をクリックします。

> **MEMO**
> Web やアプリは、基本的にネットからファイルをダウンロードして、表示されたり使えるようになります。快適に表示されるようにするには、できるだけファイルサイズを抑えることが重要です。

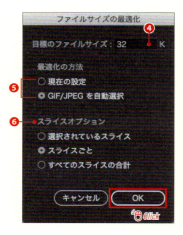

**STEP 3** また、スライスごとにそれぞれ任意のファイル形式と画質を設定できます。Webで主に使われるファイル形式はGIF、JPEG、PNGの3種類です。
GIFはIllustratorで制作したイラストや図版などに最適なフォーマットです。JPEGは写真やグラデーションを多く使用したイラストなどに最適です。PNGはグラフィックの背景を完全に透明にできるので、最近はWebでもよく使用されています。

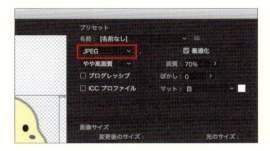
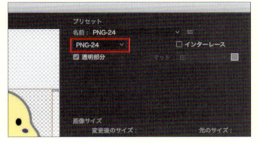

**STEP 4** 書き出すスライスを選択し、[書き出し]は[選択したスライス]を選択します。[保存]ボタンをクリックすると任意の場所に書き出されます。

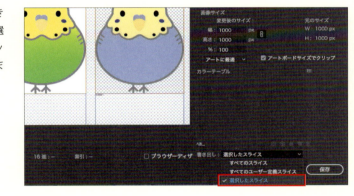

**STEP 5** このように設定した書き出し設定は保存することもできます。STEP1と同様、[Web用に保存]ダイアログの右上のメニューマークをクリックし、[設定を保存]を選択します❼。保存する設定の名前を入力し「保存」ボタンをクリックします。

> **MEMO**
> 設定ファイルは、デフォルトで開く[最適化]フォルダー内に保存することで、プリセットとして使用できます。また、任意の場所にバックアップ保存しておいてもよいでしょう。

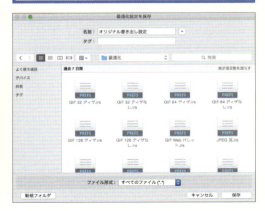

218 アートワークをスライスして分割する

NO.
# 221 コピー&ペーストで CSSコードを生成する

VER.
CC / CS6 / CS5 / CS4 / CS3

CC以降では、Web用に作成したオブジェクトからCSSコードを生成できます。コピー&ペーストするだけで簡単にブラウザで再現することができます。

**STEP 1** CSSを生成するオブジェクトを用意します。[レイヤー]パネルでオブジェクトを配置したレイヤーのボタンをクリックして展開し、各オブジェクトのパス名を、CSSで使用したいクラス名に変更しておきます❶。

> **MEMO**
> [CSSプロパティ]パネルのパネルメニューで[書き出しオプション]を選択すると[CSS書き出しオプション]ダイアログが表示されます。[名称未設定オブジェクト用にCSSを生成]にチェックと入れておくと、名前を付けていないオブジェクトにもCSSコードが生成できます。

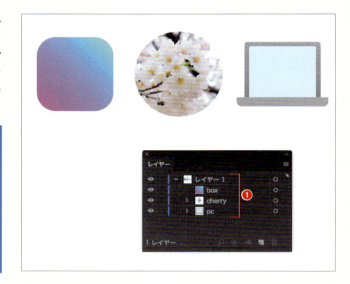

**STEP 2** <mark>[ウィンドウ]メニューから[CSSプロパティ]を選択し、[CSSプロパティ]</mark>パネルを表示します❷。オブジェクトを選択すると、[CSSプロパティ]パネルに生成されたCSSコードが表示されます❸。

> **MEMO**
> オブジェクトの塗りのグラデーションや角丸など、CSSで表現可能な内容がCSSに書き出されています。

STEP 3　写真や CSS でサポートされていない表現のオブジェクトは、背景画像として書き出されます。［CSS プロパティ］パネルの［選択した CSS を書き出し］をクリック❹すると、CSS ファイルとともに画像ファイルも書き出すことができます。

STEP 4　生成された CSS コードを使用するには、［CSS プロパティ］パネルの［選択スタイルをコピー］をクリック❺して、Dreamweaver などの Web エディタへペーストします❻。保存した HTML を Web ブラウザで確認すると、Illustrator のオブジェクトが CSS で再現されているのが確認できます❼。

第 10 章　Web グラフィックの作成

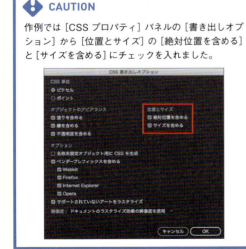

**CAUTION**

作例では［CSS プロパティ］パネルの［書き出しオプション］から［位置とサイズ］の［絶対位置を含める］と［サイズを含める］にチェックを入れました。

**MEMO**

背景は background、線は border、グラデーションは gradient、透明度は opacity、角丸は border-radius プロパティで書き出されます。CSS についての詳細は『HTML5 & CSS3 辞典 第 2 版』（翔泳社刊）などの解説書をご覧ください。

# SVG

## NO. 222 SVG フィルターを利用してオブジェクトにインパクトを加える

VER.
CC / CS6 / CS5 / CS4 / CS3

［SVG］フィルターは Web 用の SVG 形式の画像を作成するためのフィルターです。SVG とは XML に準拠した Web 用のベクター画像形式です。

**STEP 1**
［選択］ツール で SVG フィルターを適用したいオブジェクトを選択します。［効果］メニューから［SVG フィルター］→［AI_シャドウ_1］を選択し、実行します❶。フィルターが適用されました❷。

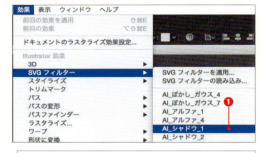

**STEP 2**
ドキュメントを SVG 形式で保存します。［ファイル］メニューから［別名で保存］を選択するとダイアログが表示されます。［フォーマット］を［SVG（svg）］にして［保存］ボタンをクリックすると［SVG オプション］ダイアログが表示されます❸。［OK］をクリックすると SVG 形式で保存できます。その他のフィルターを適用すると右図のように変化します（SVG フィルターは全 18 種）。

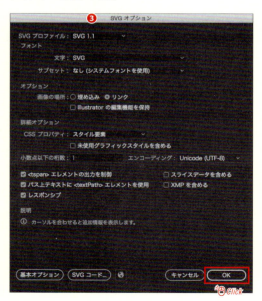

ぼかし_ガウス_4

乱気流_3

アルファ_1

木目

ピクセルプレイ_1

膨張_3

223 SVG フィルターをカスタマイズする

Illustrator Design Reference

## NO. 223 SVGフィルターを<br>カスタマイズする

VER.<br>CC / CS6 / CS5 / CS4 / CS3

[SVG] フィルターは XML という言語で書かれており、カスタマイズが可能です。数値を変化させて使いやすいシャドウにしてみます。

**STEP 1**　SVG フィルターの［AI_シャドウ_2］を適用したオブジェクトを用意し、［選択］ツールで選択します。

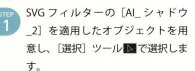

**STEP 2**　［アピアランス］パネルの［SVGフィルター：AI_シャドウ_2］をクリックし❶、表示される[SVGフィルターを適用]ダイアログの［fx］（SVGフィルターを編集）ボタンをクリック❷（CS3ではダブルクリック）します。

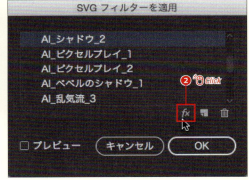

**STEP 3**　SVG フィルターの効果の内容が表示されます。このテキストを編集することでドロップシャドウをカスタマイズできます。フィルターの適用エリアを広げてぼかしが途中で切れないようにするには図のように編集します。

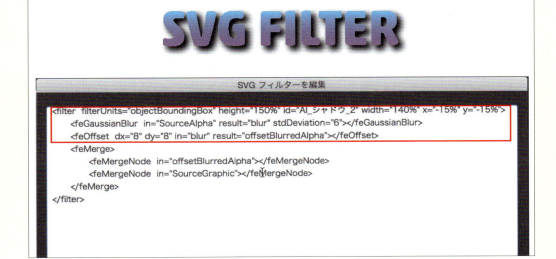

第 10 章　Webグラフィックの作成

222 SVG フィルターを利用してオブジェクトにインパクトを加える
224 リサイズしても劣化しない SVG 形式で保存する

NO.
# 224 リサイズしても劣化しない SVG 形式で保存する

VER.
CC / CS6 / CS5 / CS4 / CS3

SVG 形式はビットマップ形式と異なり、拡大しても劣化せず高品質なまま表示できます。

**STEP 1**
SVG ファイルで保存するオブジェクトを用意し、[ファイル] メニューから [別名で保存] を選択します。[別名で保存] ダイアログで [SVG（svg）] もしくは [SVG 圧縮（svgz）] を選択して❶ [保存] ボタンをクリックします。

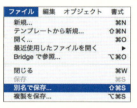
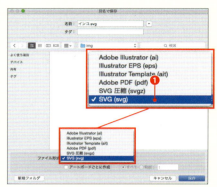

**STEP 2**
[SVG オプション] ダイアログが表示されるので、書き出し方法を指定します。[SVG プロファイル] でドキュメントタイプを指定します❷。[文字] でフォントの扱い方を指定し❸、[サブセット] では埋め込みフォントの種類を選択します❹。画像の扱い方は、[埋め込み] と [リンク] のどちらかを選択します❺。[Illustrator の編集機能を保持] にチェックを入れておくと❻、編集に必要な情報が埋め込まれます。[詳細オプション] ボタン❼をクリックすると、さらに細かな SVG オプションを指定できます。書き出し方法が指定できたら [OK] をクリックします。

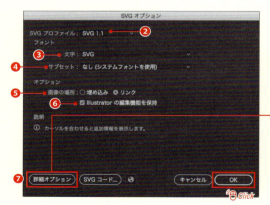

**STEP 3**
保存した SVG ファイルを SVG に対応したブラウザにドラッグ＆ドロップすると、ブラウザで表示できます。表示された SVG ファイルを拡大表示してもベクターデータのため、品質を損なうことなく高品質なグラフィックを表示できます。

225 コピー＆ペーストで SVG 形式に変換する
226 インタラクティブな SVG ファイルを書き出す

Illustrator Design Reference

## NO. 225 コピー＆ペーストでSVG形式に変換する

VER.
CC / CS6 / CS5 / CS4 / CS3

CC以降では、オブジェクトをWebエディタへコピー＆ペーストするだけでSVG形式へ変換することができます。

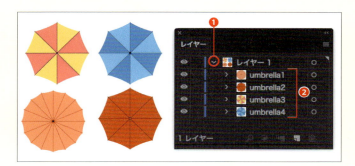

**STEP 1** SVGに変換するオブジェクトを用意します。［レイヤー］パネルでオブジェクトを配置したレイヤーの  ボタンをクリックして展開し❶、各オブジェクトのパス名を使用したいID名に変更しておきます❷。これはSVGコードが生成されるときにID名として使用されます。

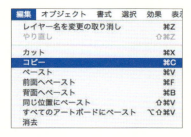

**STEP 2** SVGに変換するオブジェクトを選択し、［編集］メニューから［コピー］を選択します。

> **MEMO**
> ［コピー］するときに、複数のオブジェクトを同時にコピーすると、SVGコードはIDを付けたグループごとに生成されます。

**STEP 3** Dreamweaverなどの Web エディタで、HTML コードにペースト します❸。HTMLファイルを保存してWebブラウザで確認すると、オブジェクトが正しく表示されるのが確認できます。SVGファイルはベクターデータなので、拡大・縮小しても画像が劣化しません。

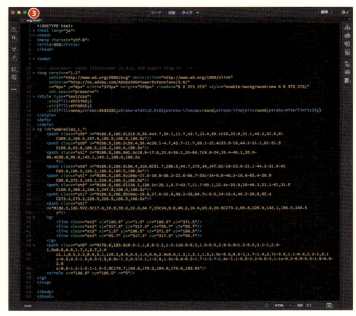

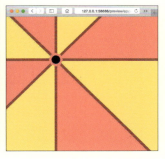

第10章 Webグラフィックの作成

224 リサイズしても劣化しないSVG形式で保存する
226 インタラクティブなSVGファイルを書き出す

285

## NO. 226 インタラクティブな SVG ファイルを書き出す

VER.
CC / CS6 / CS5 / CS4 / CS3

［SVG インタラクティビティ］パネルを使用すると SVG オブジェクトにマウスに反応するアクションを追加することができます。

**STEP 1**　インタラクティビティを追加するオブジェクトを選択します。［ウィンドウ］メニューから［SVG インタラクティビティ］を選択し❶、［SVG インタラクティビティ］パネルを表示します。

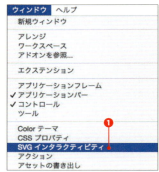

**STEP 2**　［SVG インタラクティビティ］パネルの［イベント］で JavaScript を実行させるイベントを定義します。ここではまず［onmouseover］を選択します❷。［JavaScript］で実行するコマンドを入力します❸。マウスオーバー時にオブジェクトの色をグリーン（#99cc00）に変更するようにしたいので、this.setAttribute('style','fill:#99cc00'); を入力します。続いて、onmouseout イベント❹にも色を変更する JavaScript を設定しました。

 **MEMO**
JavaScript とは、主に Web でインタラクティブな表現をする際に使われるプログラミング言語です。最近ではとても人気の言語でアプリやサーバなど幅広く使われています。ちなみに名前はよく似ていますが、Java とは異なる言語ですので気を付けてください。

 **MEMO**
［onmouseover］はオブジェクトにマウスカーソルが乗ったとき、［onmouseout］は離れたときを表します。それぞれインタラクションを与えたいイベントにコマンドを入力します。JavaScript については、『JavaScript 辞典第 4 版』（翔泳社刊）などの解説書をご覧ください。

| STEP 3 | ［ファイル］メニューから［別名で保存］を選択し、［別名で保存］ダイアログで［SVG（svg）］を選択して❼、［保存］ボタンをクリックします。［SVGオプション］ダイアログが表示されたら、［OK］をクリックして保存します。|

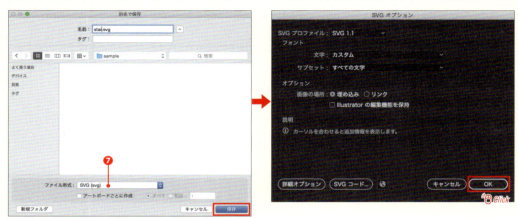

| STEP 4 | 保存したSVGファイルをSVGに対応したWebブラウザにドラッグ＆ドロップすると、SVGファイルが表示されます。オブジェクトにマウスカーソルを乗せるとonmouseoverイベントで設定したJavaScriptが確認できます❽。マウスカーソルを離れるとonmouseoutイベントで色がピンクに変化するのを確認できます❾。|

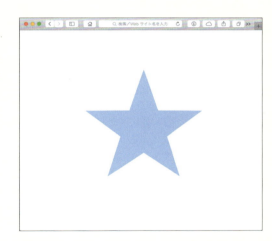

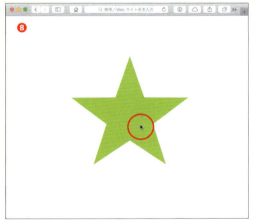

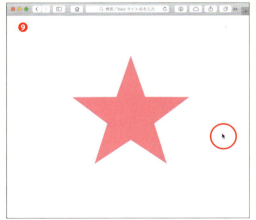

224 リサイズしても劣化しないSVG形式で保存する
225 コピー＆ペーストでSVG形式に変換する

NO.
# 227 Web やアプリ制作に便利な
モックやパーツを書き出す

VER.
CC / CS6 / CS5 / CS4 / CS3

CC 2015.3で新しくなった書き出し機能では、Webやアプリ制作に役立つモックやパーツを書き出せます。

**STEP 1**
はじめに、[ファイル]メニューから[新規]でアプリ用のドキュメントを作成します。[新規ドキュメント]ダイアログで、[モバイル]プリセットから[iPhone 6/6s]を選択し❶、[アートボード]を[4]と指定し❷、[詳細設定]をクリック❸して、[詳細設定]ダイアログを表示します。[間隔]を[100px]、[横列数]を[4]と指定し❹、[ドキュメント作成]ボタンをクリックして❺実行します。

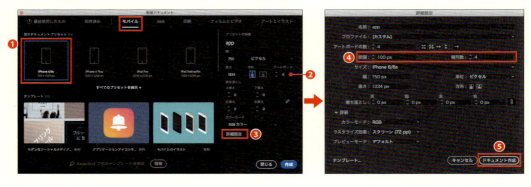

**STEP 2**
ドキュメントの4つのアートボードにそれぞれ、アプリの画面をデザインします。ここでは、写真にメモが書けるアプリをデザインしています。

**STEP 3**
デザインが完成したら、[ファイル]メニューから[書き出し]→[スクリーン用に書き出し]を選択して、[スクリーン用に書き出し]ダイアログを開きます。タブで[アートボード]を選択すると、アートボードごとに表示されます。それぞれのアートボード名をクリックして各アートボードに名前を付けておくとわかりやすいでしょう❻。[選択]と[書き出し先]を指定します。[フォーマット]は、[PDF]を選択❼します。[フォーマット]の横にある設定(歯車)アイコンをクリック❽すると、書き出しフォーマット形式の設定ができます。設定ができたら、[アートボードを書き出し]ボタンをクリックして実行します。

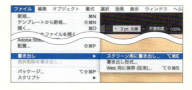
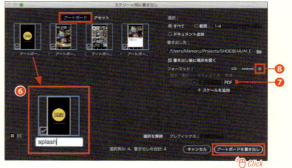

**STEP 4** 書き出し先のフォルダーに PDF ファイルが書き出されているのが確認できます。デザイン案を検討するときなどに便利です。

> **MEMO**
> CC 2015 以前のバージョンでは［ファイル］メニューから［別名で保存］でアートボードごとに PDF を書き出せます。

**STEP 5** 続いてアプリのデザインパーツ（アセット）としてアイコン画像を書き出してみましょう。［ウィンドウ］メニューから［アセットの書き出し］を選択して、［アセットの書き出し］パネルを表示します。アイコンのオブジェクトを［アセットの書き出し］パネルにドラッグする❾と、アセットとして追加されます❿。

**STEP 6** ［アセットの書き出し］パネルの［スクリーン用に書き出しダイアログを開く］ボタンをクリック⓫して、［スクリーン用に書き出し］ダイアログを開きます。タブで［アセット］を選択すると先ほど追加したアセットが表示されます。［選択］と［書き出し先］を指定⓬します。［フォーマット］は［PNG］を指定⓭します。Web 用のパーツは表示する画面の解像度によってさまざまなサイズで書き出す必要があります。ここでは、［+ スケールを追加］ボタンから低解像用に［0.5x］と、超高解像度用に［1.5x］のスケールを追加しました。設定ができたら、［アセットを書き出し］ボタンをクリックして実行します。

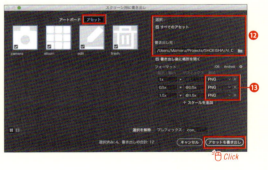

**STEP 7** ［書き出し先］で指定したフォルダーに各アイコンが 3 種類の解像度で書き出されているのが確認できます。

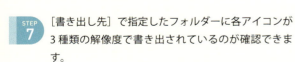
228 LINE 用のスタンプセットを一度に書き出す
229 さまざまなサイズのバナーを一度に書き出す

NO.
# 228　LINE用のスタンプセットを一度に書き出す

VER.
CC / CS6 / CS5 / CS4 / CS3

CC2015から新しくなった書き出し機能を使えば、一度に複数のスタンプ画像をさまざまなサイズで書き出せます。

**STEP 1**
はじめに、[ファイル]メニューから[新規]でスタンプ用のドキュメントを作成します。[新規ドキュメント]ダイアログの[詳細設定]をクリックして、[詳細設定]ダイアログを開きます。ここでは、[名前]を[sticker]、[アートボードの数]を[20]、[間隔]を[10px]、[幅]を[370px]、[高さ]を[320px]としました❶。[ドキュメント作成]ボタンをクリックして❷実行します。

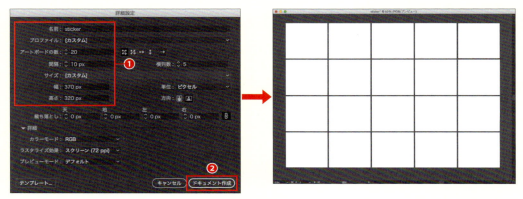

**STEP 2**
アートボードの名前は書き出し時にそのままファイル名となるのであらかじめ変更しておきます。[アートボード]ツール を選択し、[アートボードコントロールパネル]で[名前]を変更します❸。変更内容は[アートボード]パネルで確認できます。

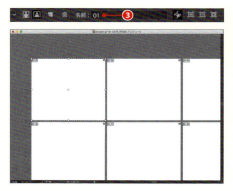 

**STEP 3**
それぞれのアートボードにスタンプのイラストを作成します。必要な数のイラストができたら、[ファイル]メニューから[書き出し]→[スクリーン用に書き出し]を選択します。

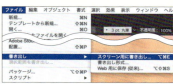

**STEP 4** ［スクリーン用に書き出し］ダイアログが表示されます。タブで［アートボード］を選択すると、アートボードごとに作成したイラストが表示されます。［選択］で［すべて］もしくは［範囲］を指定できます❹。［書き出し先］を設定し、［書き出し後に場所を開く］にチェックを入れる❺と、書き出し後に指定したフォルダーが開きます。［フォーマット］では、書き出し画像形式を選択します。ここでは［PNG］を選択します❻。［＋スケールを追加］をクリックする❼と、高解像度ディスプレイの大きな画像を書き出すための設定ができます。ここでは［1x］と［2x］を指定しました。［アートボードを書き出し］ボタンをクリックして実行します。

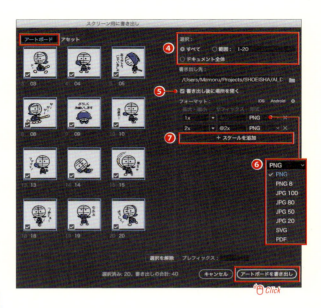

> **MEMO**
> ［スクリーン用に書き出し］ダイアログでも書き出しファイル名を変更できます。

**STEP 5** 指定した場所にアートボードごとにスタンプ用画像が書き出されました。Photoshopで開いてみると、1つの画像につきサイズの違う画像が2種類書き出されたのが確認できます。

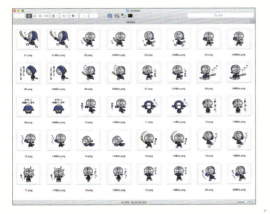

通常サイズの画像

通常の2倍のサイズの画像

> **MEMO**
> LINEスタンプ画像は8、16、24、32、40のいずれかの個数が必要です。最大サイズはW370×H320です。そのほかメイン画像W240×H240（1個）、トークルームタブ画像W96×H74（1個）が必要になります。フォーマットはすべてPNG形式で、背景は透過させる必要があります。詳しくは、https://creator.line.me/ja/guideline/sticker/ をご確認ください。

## NO. 229 さまざまなサイズのバナーを一度に書き出す

VER.
CC / CS6 / CS5 / CS4 / CS3

［スクリーン用に書き出し］を使えば、異なるサイズの複数のアートボードを、一度に同じ形式で書き出せます。

**STEP 1** はじめに、［ファイル］メニューから［新規］でバナー用のドキュメントを作成します。ここでは［幅］を［300px］、［高さ］を［250px］のアートボードを5つ作成します。

**STEP 2** ［アートボード］ツール を選択し、［アートボードコントロールパネル］で［名前］❶と［サイズ］を変更します❷。ここではそれぞれサイズを［300x250］［250x250］［240x400］［336x280］［160x600］の5種類に変更し、名前も同様にしました。

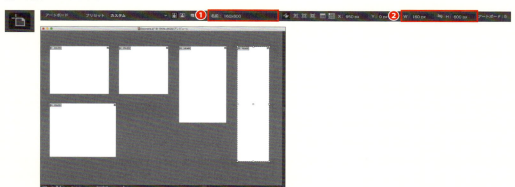

**STEP 3** それぞれのアートボードにバナーのデザインを作成します。デザインが完成したら、［ファイル］メニューから［書き出し］→［スクリーン用に書き出し］を選択❸します。

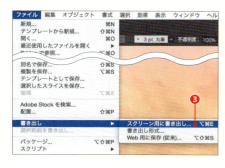

STEP 4 [スクリーン用に書き出し] ダイアログのタブで [アートボード] を選択すると❹、アートボードごとにデザインされたバナーが表示されます。[選択][書き出し先][フォーマット] を指定❺し、[プレフィックス] には書き出すファイル名の先頭に付ける文字を入力します。ここでは [banner_] と入力❻しました。[アートボードを書き出し] ボタンをクリックして実行します。

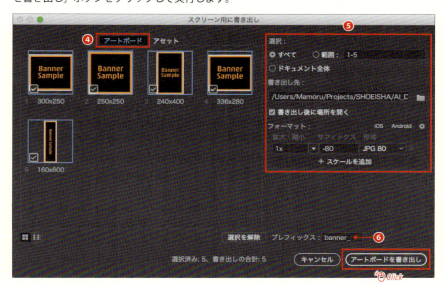

STEP 5 [書き出し先] で指定した場所にバナー画像が書き出されたのが確認できます。

> **MEMO**
> 今までの [Web およびデバイス用に保存] では、一度に複数のアートボードから一度に書き出しできなかったため、スライスが必要でしたが、[スクリーン用に書き出し] では一度に書き出しできるので作業効率がアップしました。

> **CAUTION**
> [スクリーン用に書き出し] で書き出せるフォーマットは、[PNG][JPG][SVG][PDF] のみです。[GIF] で書き出したい場合は、アートボードを選択して、[ファイル]→[書き出し]→[Web 用に保存(従来)] を選択して CC 以前からの方法で書き出してください。

NO.
# 230 よく使うバナーサイズのテンプレートを作成する

VER.
CC / CS6 / CS5 / CS4 / CS3

バナー制作時、よく使うサイズをあらかじめテンプレートとして保存しておけば、作業効率がアップします。

**STEP 1** はじめにテンプレートとなるドキュメントを作成します。ここでは各バナーサイズごとにアートボードを作成しました。

> **MEMO**
> バナーは、PC やスマホ、タブレットなどの表示デバイスごとに最適なサイズが異なります。また、近年では SNS などの媒体も非常に増えているので、さらにバナーサイズが多様化して増加しています。

**STEP 2** ［ファイル］メニューから［テンプレートとして保存］を選択すると❶、［別名で保存］ダイアログが表示されます。［ファイル形式］が［Illustrator Template(ait)］になっているのを確認して❷、［名前］❸を入力して保存します。

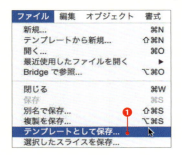

**STEP 3** ［ファイル］メニューから［テンプレートから新規］を選択、もしくは保存したテンプレートファイルを直接開きます。開いたらそれぞれのサイズのバナーデザインを作成します。

**STEP 4** バナーのデザインができたら保存します。通常ファイルの場合、開いたファイルを保存すると上書き保存されますが、テンプレートから開いた場合は元のテンプレートファイルを上書き保存してしまうことはありません。

> **MEMO**
> ait（テンプレート用形式）はバナーの他にも、名刺や封筒などのサイズがあらかじめ決まっているものに活用すると便利です。

第11章　高度な機能

## NO. 231 オブジェクトを再配色でイラストのカラーテイストを変える

VER.
CC / CS6 / CS5 / CS4 / CS3

［オブジェクトを再配色］を使うと、イラストの全体のカラーを一度に変えることができます。

**STEP 1**
カラーテイストを変えたいアートワークを［選択］ツール で選択します。図のイラストにはグラデーションが適用されたオブジェクトも含まれています。[コントロール］パネルの［オブジェクトを再配色］をクリックします❶。

**STEP 2**
［オブジェクトを再配色］ダイアログ（CS3 では［ライブカラー］ダイアログ）が表示されます。図の画面では、選択されているイラストで現在使用されているカラーがひと目で把握できるようになっています❷。

> **MEMO**
> ［カラーガイド］パネルの［カラーを編集］ボタンをクリックしても同じダイアログが表示されます。

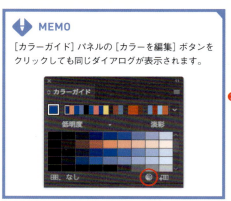

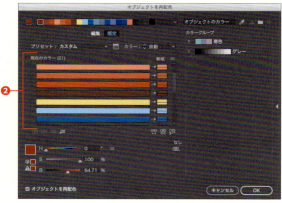

**STEP 3**
イラストの色を変えていきましょう。［オブジェクトを再配色］ダイアログ左上の［編集］ボタンをクリック❸し、編集モードに切り替えます。［ハーモニーカラーのリンクを解除］ボタンをクリックする❹と、現在使用されている各カラーが固定されます。

**STEP 4** この状態でカラーサークルの一番円の大きいカラーを選択し、回転させるように移動します。全体のカラーの関連性を保ったままイラストのカラー全体が変化します。

**STEP 5** カラーサークル下の［彩度と色相をホイールに表示］❺が選択されているときに各カラーが円の外周に近くなるように移動させていくと、イラストの色の彩度が高まり❻、円の中心に寄せると彩度が低くなり、くすんだ感じになります❼。また、カラーサークル下の［明度を調整］スライダーで全体の明度調整もできます❽。

**STEP 6** カラーサークル下の［明度と色相をホイールに表示］をクリックする❾と、カラーサークルが明度と色相の表示になります。その下の［彩度を調整］スライダーを使ってイラスト全体の彩度を調整できます❿。

> ⚠️ **CAUTION**
> CS3には、［彩度と色相をホイールに表示］［明度と色相をホイールに表示］ボタンはありません。

**STEP 7** カラーサークル下の［カラーバーを表示］ボタンをクリックする⓫と、各カラーがカラーバー表示に切り替わります。同時に［カラー配列をランダムに変更］ボタン⓬と［彩度と明度をランダムに変更］ボタン⓭が表示されます。これはカラーのシャッフル機能です。クリックするとカラーバーがランダムにシャッフルされ、予想外の効果が得られます。

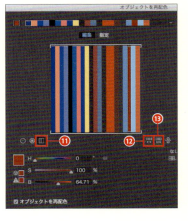

129 カラー調整でイラストの色合いを変える

NO.
# 232

## 直感的に領域を選択して着色する

VER.
CC / CS6 / CS5 / CS4 / CS3

［ライブペイント］ツール  はパスで囲まれた領域や線に対して色を塗る直感的なツールです。ライブペイントグループを作成し、選択された範囲をペイントできます。

### STEP 1

［選択］ツールでライブペイントを行いたいオブジェクトを選択し、［ライブペイント］ツールを選択すると、カーソルの近くに「クリックしてライブペイントグループを作成」と表示されます❶。選択したオブジェクトをクリックするとライブペイントグループに変換されます。

> **CAUTION**
> 透明度や効果など、一部の属性はライブペイントグループに変換すると効果が失われます。また、文字、ビットマップ画像、ブラシはライブペイントグループに変換できません。

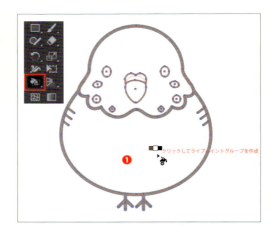

### STEP 2

カーソルをライブペイントグループ上で移動させると、ライブペイントで塗ることができる範囲の色が赤くハイライトされます❷。キーボードの ← → ↓ ↑ キーを使うと、カーソルの上にあるカラーバーがスウォッチに従って変化するので❸、好みの色を選択してクリックすると、ハイライトされた部分が着色されます❹。また、ライブペイントグループの上で Shift キーを押すと線がハイライトされ線に着色できます❺。

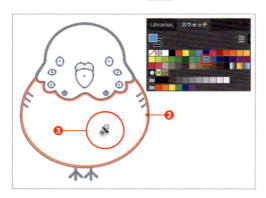

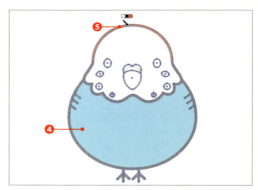

### STEP 3

ライブペイントの優れた点はオブジェクトの選択状態を気にせず、塗りたい部分までカーソルを動かし、クリックで直感的に色を塗れることです。カーソルをドラッグしながら移動させると複数の範囲がハイライトされるので、塗りを一度に適用できます❻。

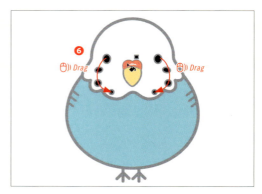

Illustrator Design Reference

## NO. 233 3Dの回転体で立体的なオブジェクトをつくる

VER.
CC / CS6 / CS5 / CS4 / CS3

[3D] 効果の [回転体] は、二次元のオブジェクトを回転させることで立体的なオブジェクトを作成できます。

**STEP 1**
回転体で立体的にしたいアートワークを [選択] ツール で選択し、[**効果**] **メニューから** [**3D**] **→** [**回転体**] **を選択します**❶。

**STEP 2**
[3D 回転体オプション] ダイアログが表示されます。[プレビュー] にチェックを入れると、効果を確認しながら作業が行えます❷。

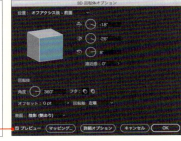

**STEP 3**
[位置] の立方体をドラッグして回転させることよって、立体のアングルを調整できます❸。また、[遠近感] の数値を変えることで、レンズの歪曲をシミュレーションした遠近感を付けられます❹。[詳細オプション] ボタンを押すと、表面の表現方法の詳細設定ができます。

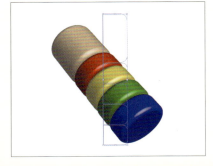

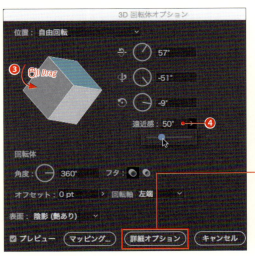

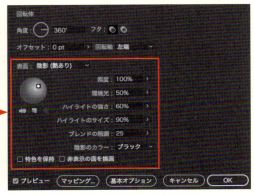

234 3D オブジェクトの表面にアートワークを貼り付ける
235 3 次元ワイヤフレーム風のロゴをつくる

第11章 高度な機能

# NO. 234 3Dオブジェクトの表面にアートワークを貼り付ける

VER.
CC / CS6 / CS5 / CS4 / CS3

［3D］効果の［マッピング］機能を使えば、立体にシンボルグラフィックを貼り付けることができます。

**STEP 1**
立体の面にグラフィックを貼り付けるには、あらかじめ各面に貼り付けるグラフィックを用意しておきます。ここではだるま落としの顔のグラフィック❶をつくりました。［ウィンドウ］メニューから［シンボル］を選択して、［シンボル］パネルを表示します。［シンボル］パネルにグラフィックをドラッグ＆ドロップすると、［シンボルオプション］ダイアログが表示されるので、［名前］を入力し［グラフィック］として登録します❷。

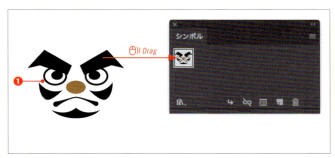
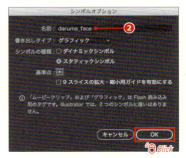

**STEP 2**
［ペン］ツールでだるま落としの右側半分を描きます。これを選択した状態で、［効果］メニューから［3D］→［回転体］を選択します。［3D回転体オプション］ダイアログが表示されるので、［プレビュー］にチェックを入れて❸、効果を確認しながら位置や角度を調整します。3Dの見え方が決まったら［マッピング］ボタンをクリックします。

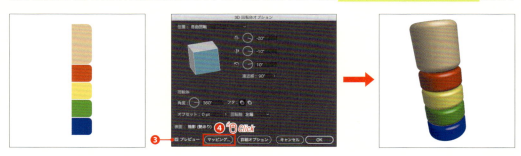

**STEP 3**
［アートをマップ］ダイアログが表示されます。［表面］では回転して立体になったオブジェクトの面を選択できます。［表面］の三角の矢印ボタンで面を切り替え、シンボルグラフィックを貼り付ける面を選択します❺。この例では25面あります。［表面］で選択されている面が、プレビュー画像で赤くハイライトされるので、どの面が選ばれているのかの参考になります❻。

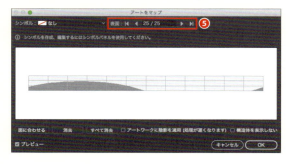

だるま落としの頭の部分がハイライトされるまで動かし❼、この面に先ほど登録したグラフィックを貼り付けます。[シンボル] から STEP1 で登録したグラフィックを選択します❽。オブジェクトの大きさが立体からはみ出している場合は、バウンディングボックスを使って、位置や大きさ、角度を変更します❾。その際に [プレビュー] にチェックを入れると、効果を確認しながら作業できます❿。

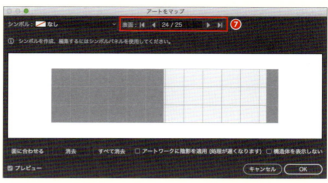

> **MEMO**
> 面全体に合わせる場合は [面に合わせる] ボタン⓫を押すと面にちょうどぴったりにリサイズできます。

[アートワークに陰影を適用] にチェックを入れると⓬、貼り付けたアートワークにも立体同様に陰影を付けることができます。[OK] をクリックして完成です。

## NO. 235 3次元ワイヤフレーム風のロゴをつくる

VER.
CC / CS6 / CS5 / CS4 / CS3

テキストを [3D] 効果の [3D 押し出し・ベベル] で立体化すると、ワイヤフレーム風のロゴにできます。

**STEP 1**　[文字] ツール T でテキストを入力し（ここではフォントサイズは 300pt）、[選択] ツール で選択します。

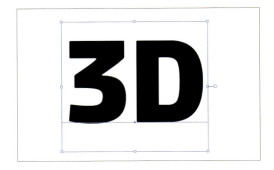

**STEP 2**　[効果] メニューから [3D] → [押し出し・ベベル] を選択します。[3D 押し出し・ベベルオプション] ダイアログが表示されます。効果を確認するために [プレビュー] にチェックを入れます❶。

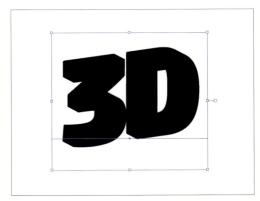

**STEP 3**　[X 軸を中心とした回転角度を指定] ❷を 0°、[Y 軸を中心とした回転角度を指定] ❸を -12°、[Z 軸を中心とした回転角度を指定] ❹を 0°、[遠近感] ❺を 160°、[押し出し・ベベル] の [押し出しの奥行き] ❻を 2000pt にします。そして [表面] で [ワイヤフレーム] を選択し❼、[OK] をクリックして効果を決定します。

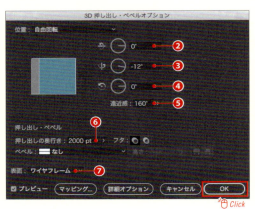
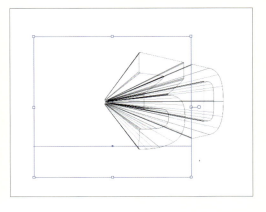

STEP 4　できたオブジェクトをコピー＆ペーストで複製します。複製したオブジェクトを選択し、［アピアランス］パネルを表示してパネル内の［3D 押し出し・ベベル］の文字部分をクリックします。

STEP 5　［3D 押し出し・ベベルオプション］ダイアログが表示されます。［表面］で［陰影なし］を選択し❽、［OK］をクリックして効果を決定します。黒いオブジェクトになりました❾。

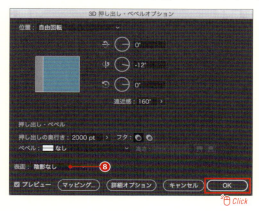
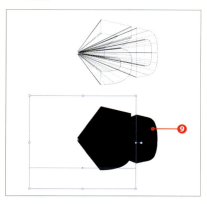

STEP 6　2つのオブジェクトを選択し、［オブジェクト］メニューから［アピアランスを分割］を実行します❿。黒い方のオブジェクトの「3D」という文字部分だけを、［ダイレクト選択］ツールで選び、ワイヤフレームの文字部分に重ねます⓫。残った黒いオブジェクトは［ダイレクト選択］ツールで選び、Deleteキーで削除します⓬。

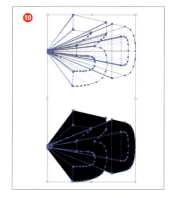
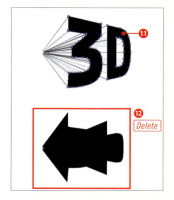

STEP 7　背景に黒いオブジェクトを敷き、文字部分の塗りとワイヤフレームの線の色をそれぞれ設定します。［効果］メニューから［スタイライズ］→［光彩（外側）］を選択し、［描画モード］で［スクリーン］を選び、光彩の色を線・塗りと同色にします⓭。［OK］をクリックして文字に光彩を加えれば完成です。

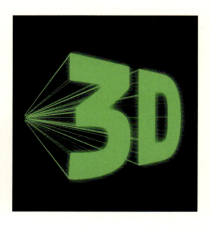

233　3Dの回転体で立体的なオブジェクトをつくる

## NO. 236 コーナーの形状を保ったまま拡大・縮小する

VER. CC / CS6 / CS5 / CS4 / CS3

[シンボル]パネルにある[9スライス]機能を使うと、グラフィックの見た目の整合性を保ったまま拡大・縮小ができます。

**STEP 1**

[ウィンドウ]メニューから[シンボル]で[シンボル]パネルを表示し、オブジェクトをパネル内にドラッグします。[シンボルオプション]ダイアログが表示されるので、シンボルの名前を入力します❶。[書き出しタイプ]を[ムービークリップ]と[グラフィック]から選択します❷。[シンボルの種類]を[ダイナミックシンボル]と[スタティックシンボル]から選択します❸。[基準点]は9か所の中から選択します❹。[9スライスの拡大・縮小用ガイドを有効にする]にチェックを入れます❺。[OK]をクリックします。

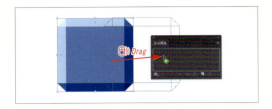

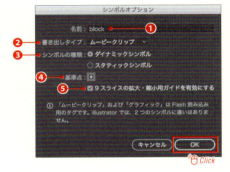

**STEP 2**

シンボルをダブルクリック❻すると、シンボルの編集画面になります❼。[9スライスの拡大・縮小用ガイド]をドラッグして拡大・縮小される部分を定義します❽。設定できたら、アートボードの左上の[編集モードを解除ボタン]❾をクリックして、編集モードを終了します。

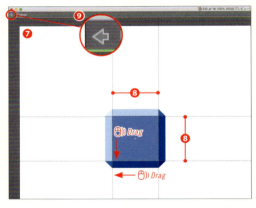

**STEP 3**

[シンボル]パネルから登録したシンボルをアートボードにドラッグして配置します❾。配置されたシンボルは、拡大・縮小しても、コーナーの形状の整合性が保たれているのが確認できます❿。

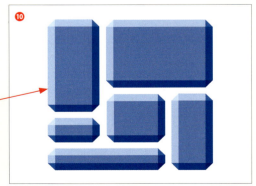

Illustrator Design Reference

## NO. 237 トレース機能でビットマップ画像をベクター画像にする

VER.
CC / CS6 / CS5 / CS4 / CS3

CS5以前では［ライブトレース］、CS6以降では［画像トレース］パネルを使います。ベクター画像にすることで、拡大しても鮮明に印刷できるようになります。

## CC ／ CS6 でトレースする

**STEP 1**
［ファイル］メニューから［開く］を選択して、トレースする画像を開き、［ウィンドウ］メニューから［画像トレース］を選択します❶。

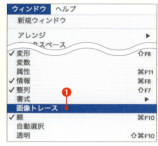

**STEP 2**
［画像トレース］パネルが表示されます。［表示］で［トレース結果］が選択された状態❷で、［画像トレース］パネル上部にある6つのプリセットボタンから、いずれかをクリックすると❸、トレースが開始されプレビュー表示されます。

> **MEMO**
> ［画像トレース］パネル上部のプリセットボタンは、左から［自動カラー］［カラー（高）］［カラー（低）］［グレースケール］［白黒］［アウトライン］です。

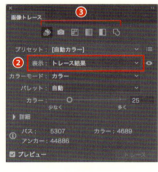

**STEP 3**
［表示］では5つの表示方式を選択できます❹。［カラーモード］では3つのモードを選択でき❺、それぞれのモードごとに使用する色数や、［しきい値］（［カラーモード］で［白黒］を選んだときに現れます）など細かな値を調整できます。

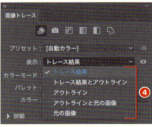

［グレースケール］を適用した例

［白黒］を適用した例

第11章 高度な機能

STEP 4
［詳細］横の▶をクリック❻し、［方式］で［隣接（切り抜かれたパスを作成）］❼をクリックすると、アウトラインは毛抜き合わせのパスになります❽。［重なり（重なり合ったパスを作成）］❾をクリックすると、アウトラインは隣同士が重なった状態になっているのが確認できます❿。

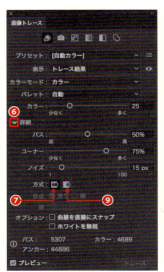

STEP 5
［コントロール］パネルから［拡張］をクリックすると、編集可能なパスに変換されます⓫。［オブジェクト］メニューの［分割・拡張］、［オブジェクト］メニューの［画像トレース］→［拡張］でも同じ結果が得られます。

## CS5／CS4／CS3 でトレースする

STEP 1
［ファイル］メニューから［開く］を選択して、トレースする画像を開いたら、[オブジェクト］メニューから［ライブトレース］→［トレースオプション］を選択します⓬。

STEP 2
［プリセット］のドロップダウンリストから使いたいプリセットを選択します⓭。さらに細かな値を調整します。白い部分をヌキにしたいときは［ホワイトを無視］にチェックを入れます⓮。［プレビュー］にチェックを入れると確認しながら設定できます。設定できたら［トレース］をクリックします⓯。

STEP 3
［コントロール］パネルから［拡張］をクリックすると、編集可能なパスに変換されます。［オブジェクト］メニューの［分割・拡張］、［オブジェクト］メニューの［画像トレース］→［拡張］でも同じ結果を得られます。

# NO. 238 画像トレースのセット済み設定を試してみる

VER.
CC / CS6 / CS5 / CS4 / CS3

［画像トレース］にはあらかじめさまざまなプリセットが備わっているので、多様なベクターオブジェクトに変換することができます。

## CC／CS6でプリセットを使う

**STEP 1**
［ファイル］メニューから［開く］を選択して、トレースする画像を開き、［ウィンドウ］メニューから［画像トレース］を選択します。［プリセット］からさまざまなトレースプリセットを選択できます❶。［デフォルト］を含め、全12種類です。トレース結果は、［コントロール］パネルから［拡張］をクリックするとパスに変換できます。

［写真（高精度）］

［写真（低精度）］

［3色変換］

［6色変換］

［16色変換］

［グレーの色合い］

［白黒のロゴ］

［スケッチアート］

［シルエット］

［ラインアート］

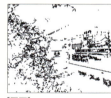
［図面］

## CS5／CS4／CS3でプリセットを使う

**STEP 1**
CS5以前のバージョンには［画像トレース］パネルはありません。［オブジェクト］メニューから［ライブトレース］→［トレースオプション］を選択すると、［トレースオプション］ダイアログが表示されます。15種類のプリセットが用意されています❷。

237 トレース機能でビットマップ画像をベクター画像にする

## NO. 239  3Dの押し出しで立体的なブロックをつくる

VER.
CC/CS6/CS5/CS4/CS3

[3D]効果の[押し出し・ベベル]では、二次元のオブジェクトを押し出して立体的なオブジェクトを作成できます。

### STEP 1

ブロックの元になるオブジェクトを[長方形]ツール（作例は50pxの正方形）と[楕円形]ツール（作例は直径30px）で作成します。ブロック本体の四角いオブジェクトを選択し、[効果]メニューから[3D]→[押し出し・ベベル]を選択❶します。

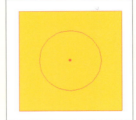
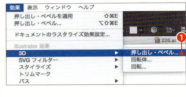

### STEP 2

[3D押し出し・ベベルオプション]ダイアログが表示されます。[位置]を[アイソメトリック法 - 上面]❷、[押し出しの奥行き]を[50pt]❸、[詳細オプション]をクリックすると表示される[表面]の[ブレンドの階調]を[100]❹にして、[OK]をクリックして実行します。

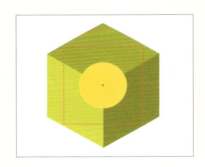

### STEP 3

ブロックの突起部になるオブジェクトを選択し、[効果]メニューから[3D]→[押し出し・ベベル]を選択します。[3D押し出し・ベベルオプション]ダイアログが表示されます。[位置]を[アイソメトリック法 - 上面]❺、[押し出しの奥行き]を[10pt]❻、[表面]の[ブレンドの階調]を[100]❼にして、[OK]をクリックして実行します。

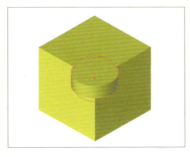
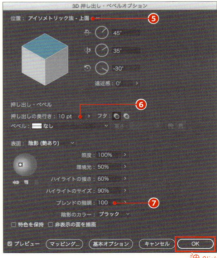

STEP 4　STEP3のオブジェクトの位置がずれて見えるので、四角の真ん中に見えるように［選択］ツール で位置を調整します❽。次に［ウィンドウ］メニューから［シンボル］を選択して、［シンボル］パネルを表示し、オブジェクトをドラッグ❾します。

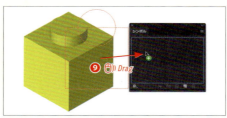

**MEMO**
［ダイナミックシンボル］は登録したマスターシンボルを変更することなく、アピアランスを変更することができるシンボルです。

STEP 5　［シンボルオプション］ダイアログが表示されます。［名前］にわかりやすい名前を入力し、［シンボルの種類］は［ダイナミックシンボル］を選択し❿、［OK］をクリックすると、シンボルが登録されます。

**MEMO**
［シンボルの種類］がないバージョンでは、名前のみ入力すれば OK です。

STEP 6　［ウィンドウ］メニューから［アピアランス］を選択し、［アピアランス］パネルを表示します。［ダイレクト選択］ツール で、アートボード上の色を変更するオブジェクトを選択し、［アピアランスパネル］の［塗り］を変更します⓫。ここでは、オレンジに変更しました。

STEP 7　作成したオブジェクトをドラッグコピーしながら、いろいろな大きさのブロックを作成し、［オブジェクト］メニューから［グループ］でグループ化します。さまざまな色や大きさのブロックを用意しておくと便利です。

STEP 8　作成したブロックのオブジェクトを組み合わせて実際のブロックのようにさまざまなモノをつくってみましょう。ポイントは、上に積み上げるブロックが前面に来るようにすることです。

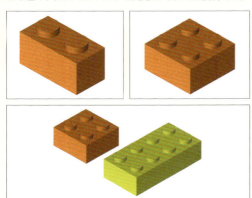
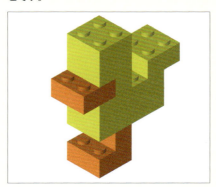

234　3D オブジェクトの表面にアートワークを貼り付ける
235　3 次元ワイヤフレーム風のロゴをつくる

NO.
## 240 アクションを作成して一括でファイル処理をする

VER.
CC / CS6 / CS5 / CS4 / CS3

［アクション］として登録した操作を、バッチ処理で一度に複数のファイルに適用すれば、単調な作業をまとめて処理できます。

### アクションを記録する

**STEP 1**

［ウィンドウ］メニューから［アクション］を選択し、［アクション］パネルを表示させます。アクションを適用するオブジェクトを用意して選択し、［アクション］パネルの［新規アクションを作成］ボタンをクリック❶します。［新規アクション］ダイアログが表示されるので、わかりやすい［名前］を付けて［記録］ボタンをクリック❷すると、これ以後の作業がアクションとして記録されていきます。

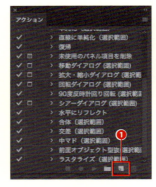

**MEMO**
［ファンクションキー］を設定しておくと設定したキーでアクションを実行できます。

**STEP 2**

［選択］メニューから［すべてを選択］を選択し、オブジェクトを選択します。［アクション］パネルのパネルメニューから［メニュー項目を挿入］を選択し❸、［メニュー項目を挿入］ダイアログが表示されたら［検索：］で［効果：スタイライズ：ドロップシャドウ］を選択し、［メニュー項目］に表示されたら❹、［OK］をクリックします。

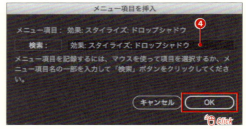

**STEP 3**

［ファイル］メニューから［複製を保存］を選択すると［複製を保存］ダイアログが表示されます。［名前］を入力し❺、［保存］をクリックすると［Illustrator オプション］ダイアログが表示されるので、［OK］をクリックして保存します。［アクション］パネルにそれぞれの操作が記録されたのが確認できます❻。［再生/記録を停止］をクリック❼するとアクションの記録が停止し、登録されます。

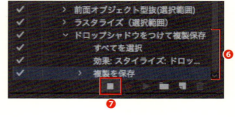

## アクションを実行する

**STEP 1**
次に、登録したアクションを適用するほかのオブジェクトを選択します。［アクション］パネルのパネルメニューから［バッチ］を選択し❽、［バッチ］ダイアログを表示させます。［実行］セクションの［アクション］で実行するアクションを選択❾します。［ソース］セクションでは実行するファイルの場所を選択❿します。［保存先］セクションでは、アクションを実行したファイルの保存先と、「書き出し」コマンドがある場合のファイルの書き出し先を選択する⓫ことができます。［OK］をクリックするとバッチ処理が実行されます。

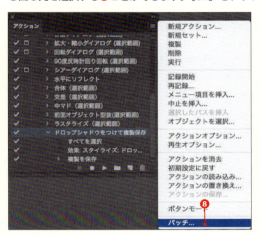
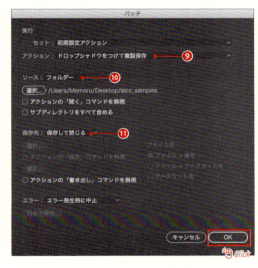

**STEP 2**
バッチ処理が実行されるとファイルが順番に開かれ、指定したアクションが順番に実行されていきます。［アクション］パネルで［ダイアログボックスの表示を切り替え］⓬でアイコンが付いている操作は、途中にダイアログが表示されて個々に設定を変更できます。

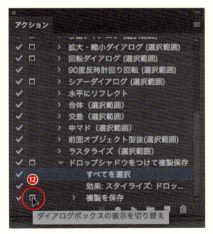

**STEP 3**
バッチ処理が終わった後、ファイルの保存先を見てみると、それぞれのファイルにアクションが適用されてファイルが書き出されているのが確認できます⓭。

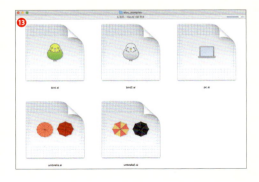

NO.
# 241 スクリプトを自作して Illustrator の機能を拡張する

VER.
CC / CS6 / CS5 / CS4 / CS3

［スクリプト］を使うと通常のメニュー以外の機能を Illustrator に追加できます。

**STEP 1**
まずは簡単なスクリプト（JavaScript）を書いてみましょう。スクリプトはテキストエディタを使って書きます。ここでは、Adobe 製品付属の ExtendScript Toolkit を使って書きます。

> **MEMO**
> ExtendScript Toolkit のインストール場所
> ・CC の場合
> （Mac）アプリケーション /Adobe ExtendScript ToolkitCC/ExtendScript Toolkit.app
> （Windows）Program Files¥Adobe ExtendScript ToolkitCC¥ExtendScript Toolkit.exe
> ・CC より前のバージョンの場合
> （Mac）アプリケーション / ユーティリティ /Adobe ユーティリティ 以下
> （Windows）Program Files\Adobe \Adobe Utilities 以下

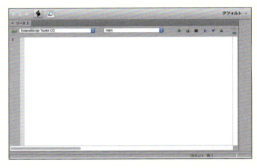

**STEP 2**
ExtendScript Toolkit を起動したら、alert ("Hello Illustrator"); と入力してみましょう。英数字の入力は半角で行います❶。入力できたら、［ファイル］メニューから［保存］を選択しわかりやすい名前で保存します。ここでは、hello.jsx としました。

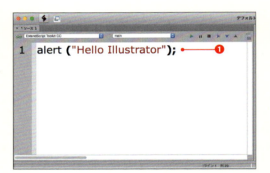

**STEP 3**
Illustrator を起動します。［ファイル］メニューから［スクリプト］→［その他のスクリプト］を選択し、先ほど保存した hello.jsx を実行させてみましょう❷。「Hello Illustrator」と書かれたアラートが表示されれば成功です❸。

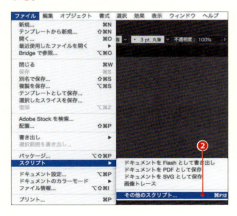

**STEP 4** 今度はもう少し高度なスクリプトを書いてみます。今日の日付を取得して、新規ドキュメントに表示するスクリプトです❹。ここでは、today.jsx というファイル名で、" アプリケーション /Adobe Illustrator CC/Presets/ja_JP/ スクリプト " の中に保存してみましょう❺。

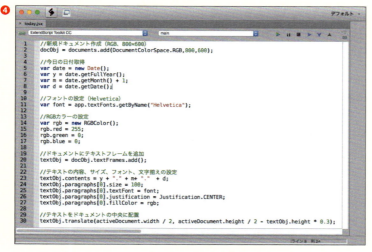

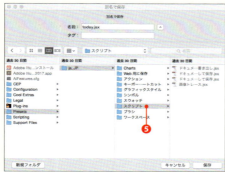

**STEP 5** Illustrator が起動している場合は再起動します。［ファイル］メニューから［スクリプト］→［today］を選択します❻。すると、今日の日付の入った新規ドキュメントが開かれたのが確認できます❼。このほかにも、Illustrator でできることは、ほとんどスクリプトで実現することができるので、興味のある方はぜひチャレンジしてみてください。

参考 URL（英語）http://www.adobe.com/jp/devnet/illustrator/scripting.html

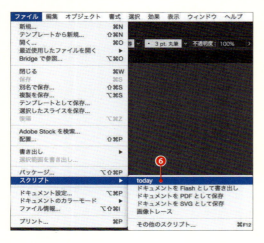

## NO. 242 変数を使用してグラフィックの データを差し替える

VER.
CC / CS6 / CS5 / CS4 / CS3

［変数］を使用してグラフィックやテキストの差し替えができるテンプレートを作成できます。

**STEP 1**
差し替えを行うグラフィックを用意します。［ウィンドウ］メニューから［変数］を選択し、［変数］パネルを表示します。［選択］ツールでインコのイラストを選択し❶、［変数］パネルの［表示を動的に設定］をクリック❷すると、［変数1］という名前の変数として登録されます❸。このままではわかりにくいので、変数名をクリックして［変数オプション］ダイアログで変数名をわかりやすい名前に変更します❹。

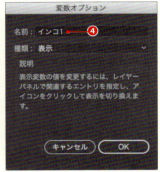

**STEP 2**
次にテキストを選択し❺、［変数］パネルの［テキストを動的に設定］をクリック❻すると、変数として登録されます❼。STEP1と同じように［変数オプション］でわかりやすい名前に変更します❽。

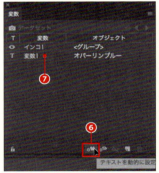
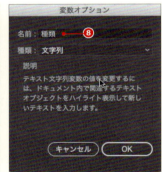

> **MEMO**
> 変数の種類は変数設定時に［グラフデータ］［リンクファイル］［文字列］［表示］の4種類の中から割り振られます。

**STEP 3**
ほかの色ちがいのインコのイラストも同じように変数として登録しておきます❾。インコのイラスト部分を差し替えて登録したあと、追加したイラストが重ねて表示されないように、［オブジェクト］メニューから［隠す］→［選択］で表示を隠しておきます。

STEP 4 最初に用意したインコのイラストと種類を表示したあと、[変数]パネルの[データセットをキャプチャ]❿を
クリックすると[データセット 1]が作成されます❶。

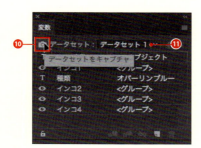

STEP 5 ふたつ目のイラストを表示し、インコの種類を入力し直し、同じようにデータセットを順に作成していきます。
ここでは 4 種類のインコのイラストと種類のデータセット作成しました。

STEP 6 データセットを作成すると[変数]パネルで[データセット]の切り替えができるようになります⓬。データセットを切り替えてみるとグラフィックやテキストが切り替わるのが確認できます。

データセット 1

データセット 2

データセット 3

> **MEMO**
>
> 変数を使用すると、オブジェクトやテキストを差し替えた別データを効率的につくることができます。はがきの宛名やチラシのバリエーションなどに利用できるでしょう。変数は[変数]パネルメニューから[変数ライブラリを保存]で XML データとして保存することも可能です。このデータを元に、Exel で宛名リストをつくり、[変数ライブラリの読み込み]で大量のデータをレイアウトする、といったことができます。

NO.
# 243 Adobe Bridge で
ファイルを一括管理する

VER.
CC / CS6 / CS5 / CS4 / CS3

付属している Adobe Bridge を使えば、Adobe アプリケーションで利用する画像や動画を一括で管理できます。

**STEP 1**

［ファイル］メニューから［Bridge で参照］を選択すると、Adobe Bridge が起動します。Adobe Bridge では、Adobe のアプリケーションで利用する画像や動画を一括で管理できます。上部のボタンからは、新規フォルダーの作成❶、ファイルの削除❷、ファイル検索❸などが行えます。

> **MEMO**
> アプリケーションバーにある［Bridge に移動］をクリックしても起動できます。
>
>

**STEP 2**

［お気に入り］パネルにはあらかじめ登録されているフォルダーが表示されます❹。フォルダーを直接ドラッグ＆ドロップすることでフォルダーを登録できます。［フォルダー］パネルにはコンピュータのフォルダー階層が表示されます❺。これらのパネルからファイルにアクセスできます。

**STEP 3**

画面中央の［コンテンツ］パネルのサムネール画像は画面下部のスライダー❻を左右に移動させる操作で拡大・縮小できます。サムネール画像を選択すると［プレビュー］パネルにプレビューが表示されます❼。複数選択するとプレビューも複数表示されます。また画像をクリックすると拡大して細部を確認できます❽。

**STEP 4** ワークスペースにはさまざまなレイアウトがあらかじめ用意されています。[初期設定]のほか、[フィルムストリップ][メタデータ][キーワード][プレビュー][ライトテーブル][フォルダー]があり、ドロップダウンリストから選択できます。オリジナルのワークスペースを登録することもできます。

[メタデータ]で表示

[ライトテーブル]で表示

**STEP 5** Illustratorドキュメントをプレビューすることもできます❾。CS4以降では[表示]メニューから[フルスクリーンプレビュー]を選択すると、フルスクリーンでプレビューされます。その他にもさまざまな形式の画像ファイル、ビデオファイル、オーディオファイルをプレビューでき、メディアファイルは再生もできます。

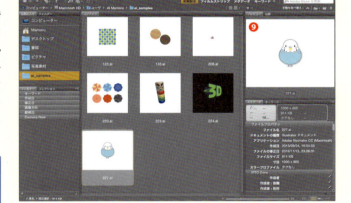

> **MEMO**
>  キーでフルスクリーンプレビューを終了できます。

**STEP 6** [表示]メニューから[レビューモード]を選択すると、フルスクリーンのレビューモードになります❿。レビューモードでは画像をマウスまたは左右の矢印⓫で回転ラックのように操作できます。下矢印⓬をクリックすると表示対象から削除されます。ルーペツール⓭でプレビューの拡大、新規コレクションボタン⓮でコレクションを作成することができます。レビューモードを終了するには  キーを押すか、×ボタン⓯をクリックしてください。

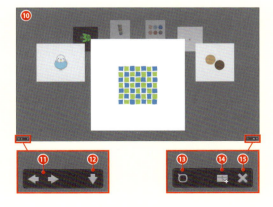

NO.
# 244 Adobe Bridge で
ファイル名を一括置換する

VER.
CC / CS6 / CS5 / CS4 / CS3

Adobe Bridge ではファイルの管理のほか、ファイルの名前を一括で編集する機能もあります。

**STEP 1**
Adobe Bridge を起動します。ここでは、［フォルダー］パネルから食べ物の写真が入ったフォルダーを選択します❶。フォルダーに入っている写真が［コンテンツ］パネルに表示されました❷。

**STEP 2**
▼のボタンから［ワークスペース］を［ライトテーブル］に変更すると❸、［コンテンツ］パネルだけの表示になり、写真が一覧で見やすくなります。また、ファイル名も確認できます。

**STEP 3**
ファイル名を置換する写真を全部選択します❹。［ツール］メニューから［ファイル名をバッチで変更］を選択し、［ファイル名をバッチで変更］ダイアログを表示させます。［新しいファイル名］セクションで、新しいファイル名の付け方を設定します❺。CS5 以降では、［プレビュー］ボタンをクリックすると、実際にどのように変更されるか確認できます。

**STEP 4**
新しいファイル名を設定した後、［名前変更］ボタンをクリック❻して適用します。ファイル名が変更されているのが確認できます❼。

第 12 章　印刷と入稿

## NO. 245 PDF プリセットを登録する

VER.
CC / CS6 / CS5 / CS4 / CS3

［Adobe PDF プリセット］は、設定をカスタマイズし、名前を付けて登録できます。

**STEP 1**

PDFを書き出す際の設定は、名前を付けて登録できます。［編集］メニューから［Adobe PDF プリセット］を選びます❶。［Adobe PDF プリセット］ダイアログが表示されます。［新規］ボタンをクリックして❷、［新規 PDF プリセット］ダイアログを表示させます。

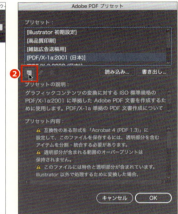

**STEP 2**

［新規 PDF プリセット］ダイアログで、登録するプリセットの名前を付けます❸。PDFの設定は、左側のリストから［一般］［圧縮］［トンボと裁ち落とし］などの項目を選び❹、個々の設定を行います。設定を終えたら［OK］をクリックします。［Adobe PDF プリセット］ダイアログに戻るので、リストに登録したプリセットの名前が追加されていることを確認し、［OK］をクリックします。

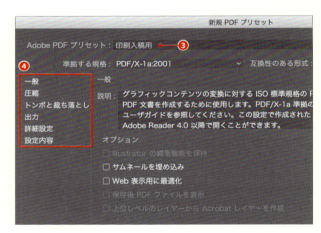

**STEP 3**

登録を終えた［Adobe PDF プリセット］は、PDFで保存する際に現れる［Adobe PDF を保存］ダイアログで、［Adobe PDF プリセット］のドロップダウンリストの中に現れるようになります❺。

> **MEMO**
>
> ［Adobe PDF プリセット］ダイアログでは、［読み込み］ボタンで既存のプリセットファイルを読み込んだり、［書き出し］ボタンでプリセットファイルを書き出すことができます。

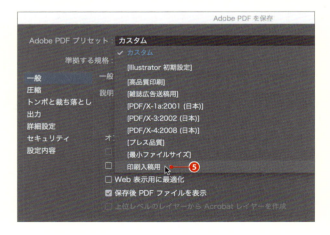

# NO. 246 Typekit 使用時の印刷入稿の注意点

VER. CC / CS6 / CS5 / CS4 / CS3

Typekit のフォントを使用して印刷入稿する場合は、文字のアウトライン化を行っておきましょう。

※ Adobe Typekit は 2018 年 10 月より Adobe Fonts に名前が変わっています

Typekit フォントを指定した場合は、入稿する印刷会社で同じフォントが利用できないケースがあります。［パッケージ］機能を使ってフォントを収集しても、Typekit フォントはコピーされません。安全のために、印刷入稿前に文字のアウトライン化を行っておきましょう。方法は以下の 2 つがあります。

## フォントをアウトライン化して入稿する

Typekit のフォントで指定したテキストオブジェクトを選択し、［書式］メニューから［アウトラインを作成］を選びます。テキストの属性はなくなりますが、フォントがないマシンでも表示されるようになります。

## 印刷仕様の PDF で保存して入稿する

PDF で保存して入稿することで、文字のアウトライン情報が埋め込まれます。［ファイル］メニューから［別名で保存］を選び、ファイル形式に「Adobe PDF」を選びます❶。［Adobe PDF を保存］ダイアログで、印刷入稿に適した形式を設定し、［PDF を保存］をクリックします。この PDF ドキュメントで印刷入稿を行います。

169 文字をアウトライン化する
175 Adobe Typekit を活用する

## NO. 247 複数のアートボードを印刷する

VER. CC / CS6 / CS5 / CS4 / CS3

複数のアートボードを作成した場合は、アートボードを指定したり、ひとつにまとめて印刷することができます。

ひとつのドキュメントに複数のアートボードを作成したドキュメントを用意します。ここでは6つのアートボードを作成したドキュメントを例に解説します。ドキュメントを印刷するには、[ファイル] メニューから [プリント] を実行❶して、[プリント] ダイアログを表示します。

**S** プリントする ▶ ⌘ + P

### すべてのアートボードを印刷する

すべてのアートボードを別々に印刷する場合は、[すべて] ❷にチェックを入れます。ダイアログの左下に印刷プレビューが表示されます❸。◀▶ボタン❹をクリックしてプレビューを切り替えることができます。プレビューを確認し、よければ [プリント] ボタンをクリックして印刷します。

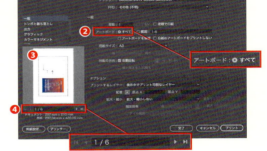

### ページ範囲を指定して印刷する

特定のアートボードのみを印刷する場合は、[範囲] ❺にチェックを入れて、出力したいアートボードのページ番号を入力します。連続するページは [-]（ハイフン）で指定し、不連続のページは [,]（カンマ）で区切って指定します。右図では「2,4-6」と入力しました。プレビューを確認し、よければ [プリント] ボタンをクリックして印刷します。

### アートボードをひとつにまとめて印刷する

アートボードをひとつにまとめて印刷する場合は、[アートボードを無視] ❻にチェックを入れます。指定した用紙サイズに収まらない場合は、アートボードを縮小したり、[用紙サイズに合わせる] を選んで印刷することもできます（詳細は「248 アートボードを拡大・縮小して印刷する」を参照）。

010 アートボードを複数作成しサイズを変更する
248 アートボードを拡大・縮小して印刷する

# NO. 248 アートボードを拡大・縮小して印刷する

VER.
CC / CS6 / CS5 / CS4 / CS3

アートボードを拡大・縮小の倍率を指定して印刷したり、用紙サイズに合わせて印刷することができます。

下図はA1サイズのポスターです。このドキュメントを印刷するために、[ファイル]メニューから[プリント]を選び❶、[プリント]ダイアログを表示します。[用紙サイズ]をA3に設定すると❷、プレビュー画面でイメージの周囲が欠けて印刷されてしまうことが確認できます❸。アートボードを拡大・縮小して用紙内に収めて印刷してみましょう。

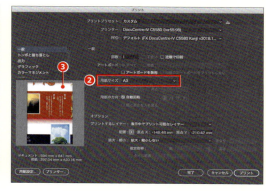

## 拡大・縮小の倍率を指定する

CS6以降では、[拡大・縮小]のポップアップメニューで[カスタム]を選びます❹。[指定倍率]の[幅][高さ]の入力ボックスに倍率を%で数値指定します。右図では縮小するために「50」と入力しました❺。プレビューを確認し、よければ[プリント]ボタンをクリックして印刷します。

## 用紙サイズに合わせて印刷する

CS6以降では、[拡大・縮小]のポップアップメニューで[用紙サイズに合わせる]を選びます❻。CS5以前では[オプション]フィールドで[用紙サイズに合わせる]を選びます。この設定では、現在選択している用紙サイズに収まるように、拡大・縮小の倍率が自動的に設定されます。プレビューを確認し、よければ[プリント]ボタンをクリックして❼印刷します。

 249 印刷する範囲を変更する

## NO. 249 印刷する範囲を変更する

VER.
CC / CS6 / CS5 / CS4 / CS3

印刷する領域を指定したい場合は、［プリント分割］ツール ▭ で印刷する範囲を移動できます。

**STEP 1**

［表示］メニューから［プリント分割を表示］（CS3では［ページ分割を表示］）を選ぶと、［プリント］ダイアログで現在設定されているプリント用紙のサイズ（外側の破線）❶と印刷可能範囲（内側の破線）❷が表示されます。

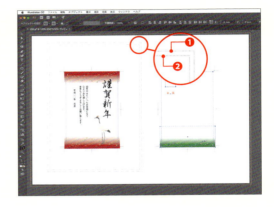

**STEP 2**

［ツール］パネルから［プリント分割］ツール（CS3では［ページ］ツール）▭ を選択し❸、画面上でドラッグすると❹、印刷可能範囲が移動します。目的の場所までドラッグしてマウスボタンを放します❺。

> **MEMO**
> ［プリント分割］ツール ▭ のアイコンをダブルクリックすると、印刷可能範囲が初期設定に戻ります。

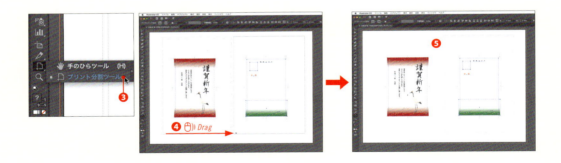

**STEP 3**

［ファイル］メニューから［プリント］を選択して［プリント］ダイアログを表示させると、印刷プレビューの画面が変わっているのが確認できます❻。また印刷プレビューの上にカーソルを合わせると、ポインターが手のひらの形になり、そのままドラッグして印刷する領域を移動させることもできます❼。

Illustrator Design Reference

## NO. 250 プリントダイアログでトンボを付ける

VER. CC / CS6 / CS5 / CS4 / CS3

出力時に、[トンボ][レジストレーションマーク][カラーバー]などのマークを指定して印刷できます。

**STEP 1**
プリント時に、アートボードを仕上がりサイズとしてトンボを付けて印刷できます。まず、アートボードのサイズを仕上がりサイズにしてドキュメントを作成します。右図の作例は、はがきサイズでアートボードを設定しました。塗り足しが必要な場合は、裁ち落としのガイド（赤い線）までオブジェクトを広げておきます❶。

**STEP 2**
［ファイル］メニューから［プリント］を選択し、［プリント］ダイアログを表示します。左側のリストで［トンボと裁ち落とし］を選びます❷。［トンボ］セクションで必要な印刷マークをチェックして選ぶことができます❸。右図では［すべてのトンボとページ情報をプリント］をチェックし❹、すべての印刷マークを出力する設定にしました。プレビューで印刷結果を確認し❺、［プリント］ボタンをクリックします。

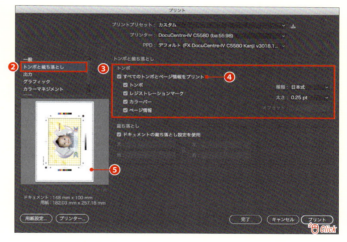

**STEP 3**
STEP2の設定で出力を行った結果を右に示します。［トンボ］❻、［レジストレーションマーク］❼、［カラーバー］❽、［ページ情報］❾付きで印刷されます。これらのマークが不要な場合は、［プリント］ダイアログで個々のチェックボックスをオフにしてプリントします。

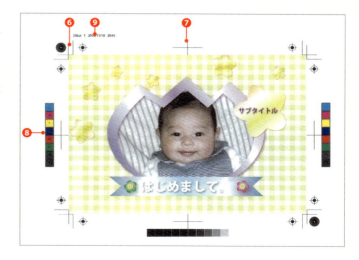

第12章 印刷と入稿

 251 ドキュメント内でトンボとガイドを作成する

325

## NO. 251 ドキュメント内でトンボとガイドを作成する

VER.
CC / CS6 / CS5 / CS4 / CS3

ドキュメント内に手動でトンボや、仕上がり線や裁ち落とし用のガイドを作成します。

### ドキュメント内にトンボを作成する

**STEP 1**
ここでは、横長の名刺サイズでトンボとガイドを作成します。［長方形］ツール ■ を選択し❶、画面上の空白部分をクリックして［長方形］ダイアログを表示します。［幅］に「91mm」、［高さ］に「55mm」を入力して❷、［OK］をクリックします。

**STEP 2**
作成した長方形を選択し、［ツール］パネルや［コントロール］パネルで、［線］の設定を「なし」にします❸（［塗り］の設定はあっても構いません）。もし、線を設定したまま、このあとの操作でトンボを作成すると、線幅を含めたトンボができてしまい、仕上がりサイズが変わってしまうので、注意してください。

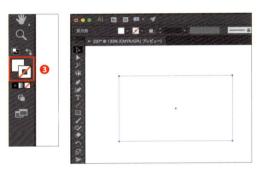

**STEP 3**
［選択］ツール ▶ で長方形を選択し、［オブジェクト］メニューから［トリムマークを作成］を選択します❹（CS3では、［フィルタ］メニューから［クリエイト］→［トリムマーク］を実行します。CS4では、長方形に塗りのカラーを設定した状態で［効果］メニューから［トリムマーク］を実行し、その後［オブジェクト］メニューから［アピアランスを分割］を選択し、グループ化を解除します）。長方形の周囲にトンボができ上がります❺。この方法で作成したトンボは選択して編集することができます。元の四角形が残っているので、この四角形を利用し、ガイドを作成します。

> **MEMO**
> CS4以降では、［効果］メニューから［トリムマークを作成］を選んでトンボを作成できますが、このコマンドで作成したトンボは、選択して加工するなどの編集作業ができません。

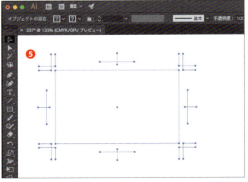

## 仕上がり線と裁ち落とし用のガイドを作成する

**STEP 1**　次に、仕上がり線のガイドと、裁ち落とし用のガイドを作成します。[選択]ツール で名刺サイズの四角形を選択し、[コピー]を実行します。続けて、[編集]メニューから[前面へペースト]を実行します❻。

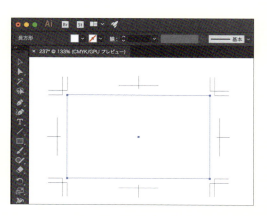

**STEP 2**　前面にペーストされた四角形が選択されている状態で、[変形]パネルで[基準点]を中央に設定し、塗り足し分の6mmを加えた値（[W]を[97mm]、[H]を[61mm]）に指定します。周囲に天地、左右がそれぞれ6mm大きい四角形が作成されました。

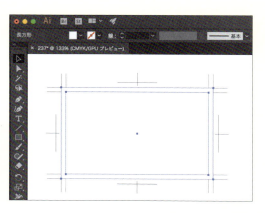

**STEP 3**　これで、仕上がり線と裁ち落とし用のガイド線ができ上がりました。これらふたつの長方形をガイドオブジェクトに変換します。ふたつの長方形を選択し、[表示]メニューから[ガイド]→[ガイドを作成]を実行します❼。ガイドを誤って移動しないようにするには、[表示]メニューから[ガイド]→[ガイドをロック]を選択します❽。

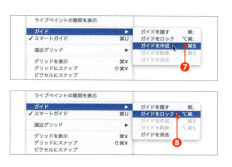

**STEP 4**　ガイドオブジェクトは、画面上では確認できますが、プリントされません。ガイドを非表示にするには、[表示]メニューから[ガイド]→[ガイドを隠す]を選択します。

> **MEMO**
> トンボやガイドは別レイヤーで作成し、レイヤーをロックしておく方法も便利です。

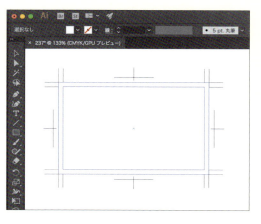

020 オブジェクトをガイドに変換する

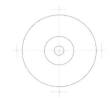

NO.
# 252 CDレーベルの
テンプレートをつくる

VER.
CC / CS6 / CS5 / CS4 / CS3

CDレーベル用のテンプレートを作成します。盤面の形の円を描き、トンボを作成後、コーナートンボを削除します。

### STEP 1

まず最初に、CDレーベルの円盤の中心点を設定します。［表示］メニューから［定規］→［定規を表示］（CS4以下では［表示］メニューから［定規を表示］）を選択します。［選択］ツール  で定規の目盛りの上からドラッグして、水平・垂直の2本のガイドを作成します❶❷。ふたつのガイドの交点を座標の原点（0,0）に設定します（座標の原点を設定する操作は「019 座標の原点の位置を変更する」を参照）。

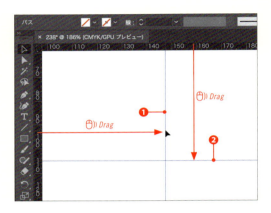

### STEP 2

［表示］メニューから［スマートガイド］を選択します。［楕円形］ツール を選択し、カーソルをガイドが交差する位置に合わせます。ガイドが交差する位置では図のように［交差］の文字が表示されます❸。この位置で Option キーを押しながらクリックします。［楕円形］ダイアログが現れるので、［幅］と［高さ］に［120mm］と入力し❹、［OK］をクリックして円を作成します。同様に［116mm］［46mm］［15mm］の円を作成します。作成した円は［塗り］を［なし］、［線］のカラーを［K：100%］に設定しておくと、あとの操作がスムーズになります。

### STEP 3

図のように、CDの盤面を表す同心円が作成されました。

> 💠 **MEMO**
>
> 一般的なCDレーベルの印刷可能領域は、116mm〜46mm、あるいは116mm〜23mmの内径です。どの領域まで印刷可能かは、CDレーベルを印刷する会社に確認してください。

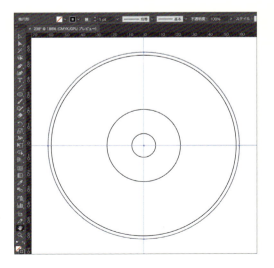

**STEP 4** [選択] ツールで一番外側の円を選択し、[線] を [なし] にします❺。この円を元にしてトンボを作成します。[オブジェクト] メニューから [トリムマークを作成] を選択し❻、トンボを作成します（CS3 では、[フィルタ] メニューから [クリエイト] → [トリムマーク] を実行します。CS4 では、[効果] メニューから [トリムマーク] を実行し、その後 [オブジェクト] メニューから [アピアランスを分割] を選択します）。

**STEP 5** 中央に十字のガイドを作成します。[ダイレクト選択] ツールで、コーナートンボの垂直線（短い方）をクリックして選択し❼、[コピー] を実行後 [ペースト] します。[変形] パネルで基準点を真ん中に設定し❽、[X] [Y] の座標値を [0] に指定します❾。同様の操作で、[ダイレクト選択] ツールで、コーナートンボの水平線（短い方）をクリックして選択し❿、[コピー] を実行後 [ペースト] し、[X] [Y] の座標値を [0] に指定します。

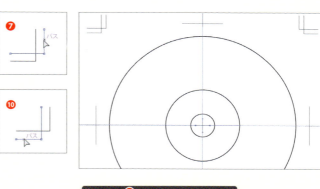

**STEP 6** CD レーベルでは、コーナートンボは不要なので削除します。[ダイレクト選択] ツールで、四隅のコーナートンボを図のように囲んで選択し⓫、Delete キーを押して削除します。これで CD レーベルのテンプレートの完成です。

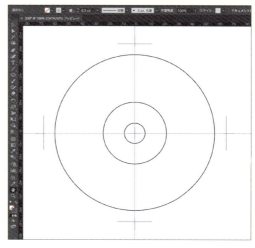

> **MEMO**
> CD レーベルのデザインでは、外側にはみ出す裁ち落としの塗り足しは不要です。

019 座標の原点の位置を変更する
021 水平・垂直のガイドを座標値を使って正確に配置する

NO.
## 253 複数のページに分けてタイリング印刷する

VER.
CC / CS6 / CS5 / CS4 / CS3

大判サイズのアートワークを小型プリンタで出力するには、数枚で分割して出力する［タイル］を利用すると便利です。

**STEP 1**
ここでは、B1サイズ（728mm×1030mm）の大判ポスターのアートワークを作成し、A3サイズの用紙でタイリングして印刷する場合を想定して解説します。右の作例は、アートボードのサイズをB1サイズに指定したアートワークです。［ファイル］メニューから［プリント］を選びます。

**STEP 2**
［プリント］ダイアログで出力するプリンタを指定し、［用紙サイズ］でプリント用紙のサイズを指定します（ここでは［A3］を指定）。CS6以降では、［オプション］フィールドの［拡大・縮小］のドロップダウンリストで［タイル（用紙サイズ）］を選びます❶。プレビューを確認すると、A3サイズで9ページに分割されていることが確認できます。［重なり］の入力ボックスでは、重なって印刷される領域を指定できます。［拡大・縮小］のドロップダウンリストで［タイル（プリント可能範囲）］を選ぶと❷、［重なり］はグレーで表示され指定できません。CS5/CS4では、［オプション］フィールドで［タイル］を選び、ポップアップで［用紙サイズで区分ける］あるいは［プリント可能範囲で区分ける］を選びます。CS3では、左側のリストから［セットアップ］を選び、［タイル］のポップアップで［用紙サイズで区分ける］あるいは［プリント可能範囲で区分ける］を選びます。

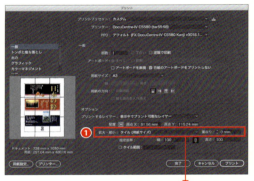

> **MEMO**
> ［プリント］ダイアログで［タイル］を設定すると、［表示］メニューから［プリント分割を表示］（CS3では［ページ分割を表示］）を選んだときに、タイリングした領域や、ページ番号が画面上でも確認できます。
>
>

Illustrator Design Reference

NO.
# 254

特定のレイヤーを
印刷しない設定にする

VER.
CC / CS6 / CS5 / CS4 / CS3

特定のレイヤーを印刷しないようにするには、レイヤーを非表示にしたり、レイヤーオプションで［プリント］のチェックをオフにします。

**STEP 1**
複数のレイヤーに分けてアートワークを作成します。印刷したくないレイヤーがある場合は、［レイヤー］パネルの左側に表示される目のアイコンをクリックして、アートワークを非表示にします❶。この状態で［ファイル］メニューから［プリント］を実行します。

©sayuri_k/56403798/adobe stock

**STEP 2**
［プリント］ダイアログボックスの［プリントするレイヤー］のドロップダウン❷で、［表示中でプリント可能なレイヤー］あるいは［表示中のレイヤー］が選ばれていれば、非表示のレイヤーは印刷されません。［すべてのレイヤー］を選んだ場合は、非表示のレイヤーも印刷されます。

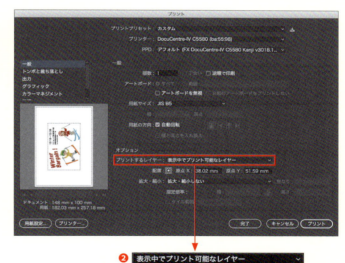

**STEP 3**
［レイヤー］パネルのレイヤー名をダブルクリックして現れる［レイヤーオプション］ダイアログで、［プリント］のチェックボックスをオフにし❸、［プリント］ダイアログで［表示中でプリント可能なレイヤー］が選ばれていれば、そのレイヤーは印刷されません。しかし、［表示中のレイヤー］あるいは［すべてのレイヤー］を選ぶと、［プリント］をオフにしたレイヤーも印刷されます。

第12章　印刷と入稿

# NO. 255 使用中のフォントを確認する

VER.
CC / CS6 / CS5 / CS4 / CS3

［ドキュメント情報］パネルで、ドキュメントで使用しているフォントの種類や詳細を確認できます。

**STEP 1**
［ウィンドウ］メニューから［ドキュメント情報］を選択して、［ドキュメント情報］パネルを表示します。ドキュメント全体のフォント情報を確認するには、パネルメニューから［選択内容のみ］を選び、チェックを外しておきます❶。続けて、パネルメニューから［フォント］を選びます❷。

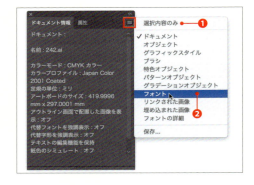

**STEP 2**
［ドキュメント情報］パネルに、使用しているフォントの情報がリスト表示されます。フォント名の後に、OTF（OpenType Font）、TrueType などのフォントの種類も表示されます。

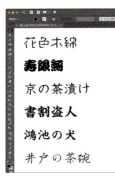

**STEP 3**
さらに、パネルメニューから［フォントの詳細］を選ぶと、フォントの詳細が表示されます。使用しているフォントの［ポストスクリプト名］以外に、［Mac フォント名］も表示されます。また、フォントの保存場所や［言語］［フォントの種類］［文字ツメの種類］の情報も表示されます。

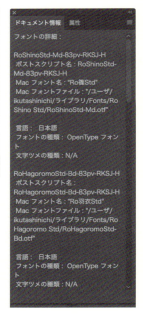

# NO. 256 使用中のフォントを検索・置換する

VER.
CC / CS6 / CS5 / CS4 / CS3

［フォント検索］を使えば、ドキュメント内で使用しているフォントを別の種類のフォントに一括して置き換えることができます。

**STEP 1**　ドキュメント全体のフォントを確認し、検索・置換を行うには、[書式] メニューから [フォント検索] を選びます。[フォント検索] ダイアログでは、上段にドキュメント内で使用しているフォント❶、下段に置換するフォントのリストが表示されます❷。

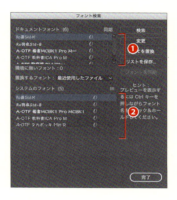

**STEP 2**　置換するフォントのリストは、最初、ドキュメント内で使用されているフォントだけが表示されています。システムにインストールされた別のフォントに置換したい場合は、ドロップダウンリストで [システム] を選択します❸。フォント名を Control ＋クリック（または右クリック）すると、フォントのプレビューが表示されます❹。

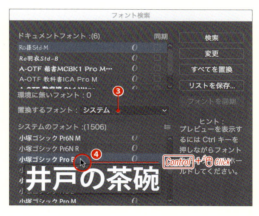

**STEP 3**　フォントの検索・置換を行ってみましょう。[ドキュメントのフォント] リストで変更したいフォント名をクリックして選択し、[置換するフォント] リストで置き換えるフォント名を選択します。[置換] または [すべてを置換] をクリック❺すると、ドキュメント内のフォントが置き換わります。

> **MEMO**
> [フォント検索] 機能は、別のマシンで作成したドキュメントを開いたとき、フォントが見つからず別のフォントで代用された場合に利用するとよいでしょう。フォントを検索して、別のフォントに置換できます。

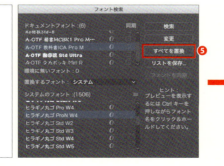

第12章 印刷と入稿

255 使用中のフォントを確認する

## NO. 257 印刷に必要ないオブジェクトを削除する

VER. CC / CS6 / CS5 / CS4 / CS3

印刷に必要のないデータが残っていると、ファイル容量が無駄に増えたり、出力時のトラブルにもつながるので削除しましょう。

### 不要なパスやアンカーポイントを削除する

**STEP 1** 不要なアンカーポイントや塗りのないオブジェクト、テキストが入力されていない空のポイント文字やエリア内文字のオブジェクトが残っていることがあります。これらのオブジェクトはプレビュー表示では見えません。[表示] メニューから [アウトライン] を選び❶、アウトライン表示に切り替えます。

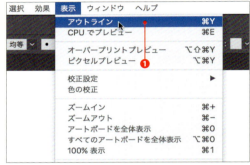

**STEP 2** アウトライン表示では、余分なポイント❷、塗りのないオブジェクト❸、空のテキストパス❹を確認することができます。これらのオブジェクトが残っていると印刷トラブルになることもあるので、入稿前に削除しておきます。

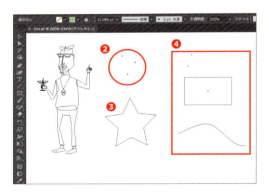

**STEP 3** 余分なポイントやパスを削除するには、[オブジェクト] メニューから [パス] → [パスの削除] を選びます❺。[パスの削除] ダイアログでは、[余分なポイント] [塗りのないオブジェクト] [空のテキストパス] を選べます。[OK] をクリックすると、該当するオブジェクトをまとめて削除できます。

## ドキュメント内で使用していないスウォッチを削除する

**STEP 1** ［スウォッチ］パネルでは、ドキュメント内で使用していないスウォッチを検索して表示し、削除できます。まず、パネルメニューから［未使用項目を選択］を選びます❻。

**STEP 2** ［スウォッチ］パネルで、ドキュメント内で使用していないスウォッチが選択されます。［スウォッチを削除］ボタン❼をクリックすると、確認のダイアログが表示され未使用のスウォッチを削除できます。

> **MEMO**
> ［スウォッチ］パネルの［なし］や［レジストレーション］の設定は削除できません。

## 不要なレイヤーを削除する

**STEP 1** 使用していないレイヤーがあるときは、入稿前に削除しておきましょう。［レイヤー］パネルで不要なレイヤーを選択し、［選択項目を削除］ボタン❽をクリックします。

**STEP 2** 確認のダイアログが表示されるので［はい］をクリックします。不要なレイヤーが削除されました。

> **MEMO**
> 使用していないレイヤーは、非表示にしたまま入稿するのではなく、削除しておくようにしましょう。

NO.
# 258 印刷入稿前にアピアランスを分割する

VER.
CC / CS6 / CS5 / CS4 / CS3

［効果］メニューで特殊効果を利用した場合は、印刷入稿前にアピアランスを分割しておいた方が確実な印刷結果が得られます。

## ［効果］メニューで変形したテキストのアピアランスを分割する

**STEP 1**　ここでは文字をタイプして❶、［効果］メニューから［ワープ］を選択して、［上昇］の効果を与えました❷。このデータを印刷入稿するために、文字をアウトライン化します。

**STEP 2**　［選択］ツールで効果を与えたオブジェクトを選択し、［オブジェクト］メニューから［アピアランスを分割］を選びます❸。

**STEP 3**　アピアランスを分割すると、右上図のように、効果による変形通りにテキストがアウトライン化されます❹。もし、このテキストを選択し、［書式］メニューから［アウトラインを作成］を実行した場合は、右下図のように、効果を適用する前のテキストの形状でアウトライン化されてしまいます❺。

## ラスタライズによるアピアランス効果を分割する

**STEP 1** 効果メニューの中には、［ぼかし］や［ドロップシャドウ］など、ラスタライズを行う特殊効果があります。下の作例では、ダイヤモンドのオブジェクトを選択し、［効果］メニューから［スタイライズ］→［光彩（外側）］を選択して、発光したような効果を与えました❻。

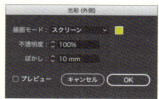

**STEP 2** このデータを印刷入稿するために、［アピアランスを分割］を実行します。［ぼかし］［ドロップシャドウ］［光彩（外側）］のような効果は、アピアランスを分割すると、ピクセル画像に変換されます。［アピアランスを分割］を実行する前に、[効果] メニューから [ドキュメントのラスタライズ効果設定] を選び、ラスタライズを行うときの設定を確認します。［解像度］は、商業印刷物を制作する場合は 300〜350ppi に設定します。解像度が不足すると印刷後の画像が粗くなります。

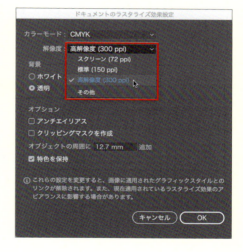

**STEP 3** ［選択］ツールで効果を与えたオブジェクトを選択し、［オブジェクト］メニューから［アピアランスを分割］を選びます。アピアランスを分割すると、ぼけた効果がラスタライズされ、ピクセル画像に変換されます❼。［リンク］パネルを表示させると、［アピアランスを分割］によりピクセル画像に変換された画像が埋め込みでつくられていることが確認できます❽。

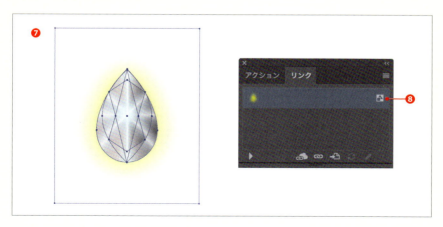

151 効果を編集可能なパスに変換する

NO.
# 259 透明効果を適用した
オブジェクトを印刷する

VER.
CC / CS6 / CS5 / CS4 / CS3

透明オブジェクトがうまく出力されない場合は、[透明部分を分割・統合] ダイアログでオブジェクトを分割したりビットマップ画像に変換します。

**STEP 1** 透明効果を適用したオブジェクトを作成します❶。[選択] ツール で透明効果を適用したオブジェクトをすべて選択し、[オブジェクト] メニューから [透明部分を分割・統合] を選択します❷。

**STEP 2** [透明部分を分割・統合] ダイアログが表示されるので、[ラスタライズとベクトルのバランス] で、分割の割合を設定します❸。[100] に近づくほどベクターデータが保持され、[0] に近づくほどビットマップ画像に変換されます。設定後 [OK] をクリックします。

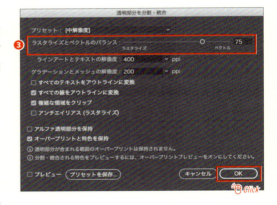

**STEP 3** 数値が高いほどベクターデータが保持されます。下左図は数値を高くした場合の結果です。[オブジェクト] メニューから [グループ解除] を実行すると、オブジェクトが個々のパスに分割されているのがわかります❹。数値が低いとビットマップ画像に変換されます。下右図は数値を低くした場合の結果です。[リンク] パネルを見ると画像が生成されているのがわかります❺。

> **MEMO**
> [プリント] ダイアログの [詳細] を選択し、[オーバープリントおよび透明の分割・統合オプション] の [カスタム] をクリックすると、[カスタムの透明分割・統合オプション] ダイアログが表示され、ラスタライズとベクターの設定を行うことができます。

Illustrator Design Reference

NO.
# 260 特色をプロセスカラーに変換する

VER.
CC / CS6 / CS5 / CS4 / CS3

DICカラーなどの特色を使用すると、印刷用にCMYKの4版と特色版が出力されます。特色は［スウォッチ］パネルでプロセスカラーに変換することができます。

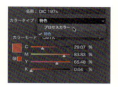

## STEP 1

［スウォッチ］パネルの［スウォッチライブラリメニュー］ボタン❶をクリックして［カラーブック］の中にある特色（ここでは［DICカラーガイド］❷）を選択します。［DICカラーガイド］から色を選択すると❸、［スウォッチ］パネルに自動的に登録されます。

## STEP 2

［スウォッチ］パネルで登録されたスウォッチをダブルクリックすると、［スウォッチオプション］ダイアログが表示されます。特色をプロセスカラーに変更するには、［カラーモード］で［CMYK］を選び❹、続けて［カラータイプ］で［プロセスカラー］を選び❺、［OK］をクリックします。

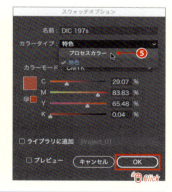

### 💡 MEMO

プリントやファイルに出力するときに、特色をプロセスカラーに変換できます。［ファイル］メニューから［プリント］を選び、［プリント］ダイアログで［出力］を選び、［すべての特色をプロセスカラーに変換］をチェックすれば、特色がプロセスカラーで出力されます。CS3では、［色分解］の項目を選び、［すべての特色をプロセスカラーに変換］を選びます。

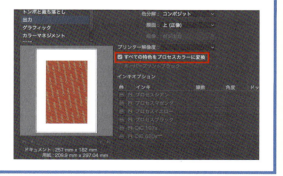

264 印刷分版をプレビューする

NO.
## 261 オーバープリントを設定する

VER.
CC / CS6 / CS5 / CS4 / CS3

印刷インキの重ね方には、ノックアウトとオーバープリントの方法があり、[属性]パネルで切り替えます。

### ノックアウトとオーバープリントとは

Illustratorでオブジェクトを重ねると、通常はノックアウトの指定になります。ノックアウトは背景の色を抜いて重ねます。オーバープリントは、背景に色を敷いて重ねるので、前面のオブジェクトは背景の色の影響を受けます。たとえば右下図のように、前面に配置した文字のカラーは、背景のカラー（M：70%）を加えた色になります。

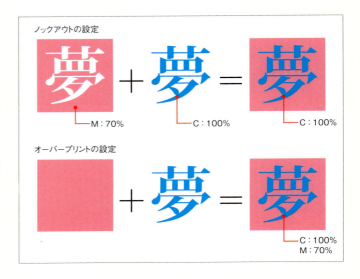

### オーバープリントを設定する

**STEP 1** ノックアウトをオーバープリントに変更するには、オーバープリントを設定するオブジェクトを[選択]ツール で選択し❶、[ウィンドウ]メニューから[属性]を選択して[属性]パネルを表示し、[塗りにオーバープリント]や[線にオーバープリント]にチェックを入れます❷。

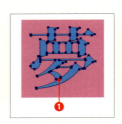

**STEP 2** オーバープリントの印刷効果は、画面上で確認することができます。[表示]メニューから[オーバープリントプレビュー]を選択すると❸、印刷仕上がりの状態を画面上でチェックできます❹。

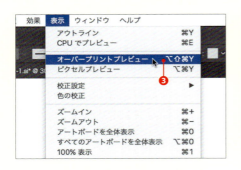

> **MEMO**
> [ウィンドウ]メニューの[分版プレビュー]（CS4以降で搭載）で表示される[分版プレビュー]パネルの[オーバープリントプレビュー]にチェックを入れても、確認できます。

264 印刷分版をプレビューする

# NO. 262 ブラックのオーバープリントを一括して設定する

VER. CC / CS6 / CS5 / CS4 / CS3

ブラックのオブジェクトはオーバープリントにする機会が多いため一括してオーバープリントにする機能があります。

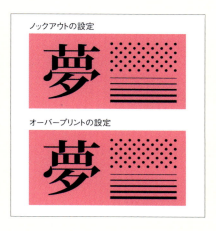

## ブラックオーバープリントとは

ブラック100％で指定したテキストや図形は、オーバープリントに設定した方が、シャープな印刷結果が得られます。ブラック（墨）の印刷インキは、他の色（シアン、マゼンタ、イエロー）よりも背景の色の影響を受けにくいので、オーバープリントによる色変わりが起こりにくい性質があります。右図は、ブラック100％のテキスト、オブジェクト（ドット）、罫線をノックアウトとオーバープリントで実際に指定したものです。オーバープリントでは、黒には背面のマゼンタのインキが混じっているので、いくぶん濃い黒で再現されます。こうした黒はリッチブラックと呼ばれています。

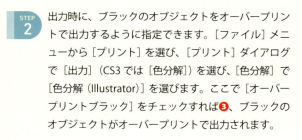

## オーバープリントブラックの設定

**STEP 1**
オーバープリントに指定したいブラック100％のオブジェクトを選択します（ブラック100％以外で色指定したオブジェクトを含めて選択しても構いません）。[編集] メニューから [カラーを編集] → [オーバープリントブラック] を選び❶、[オーバープリントブラック] ダイアログを表示させます❷。[比率] でオーバープリントを適用するブラックの比率を指定し、[適用] で [塗り] [線] のチェックをオン／オフして選択します。[オプション] で [プロセスカラーに適用] [特色に適用] を選ぶと CMY や特色を含んだブラックにも適用されます。[OK] をクリックすると、ブラックのオブジェクトにオーバープリントが適用されます。

**STEP 2**
出力時に、ブラックのオブジェクトをオーバープリントで出力するように指定できます。[ファイル] メニューから [プリント] を選び、[プリント] ダイアログで [出力]（CS3 では [色分解]）を選び、[色分解] で [色分解（Illustrator）] を選びます。ここで [オーバープリントブラック] をチェックすれば❸、ブラックのオブジェクトがオーバープリントで出力されます。

第12章 印刷と入稿

## NO. 263 トラップを設定する

VER.
CC / CS6 / CS5 / CS4 / CS3

トラップを適用すると、オブジェクトを少し太らせて、版ずれを起こしたときに紙色を現れにくくすることができます。

**STEP 1**
作例のように、黒い背景に赤の文字を重ねると、版ずれを起こしたときに、文字の周囲に紙色（通常は白）が現れてしまいます。トラップを利用して文字を少し太らせて、版ずれが起きたときに紙色が現れにくくなるようにします。トラップを設定するには、文字をアウトライン化する必要があるので、まず「Ai」の文字を選択し、[書式] メニューから [アウトラインを作成] を実行します。次に、円と文字のオブジェクトを選択し、[パスファインダー] パネルのメニューから [トラップ] を選びます❶。

**STEP 2**
トラップでは、前面と背面の色を比較して、明るい色のオブジェクトを少しだけ太らせます。輪郭部にオブジェクトを生成し、背景色と共通する色が適用されます。[パスファインダー（トラップ）] ダイアログ❷で [太さ] を設定し、[濃度の減少] で明るい色の濃度の減少値を指定します。設定を確認し、[OK] をクリックします。

**STEP 3**
画面を拡大して、文字の周囲に注目してください。背景の黒と赤いオブジェクトの境界部分に新しいオブジェクトが作成されているのが確認できます。このオブジェクトを選択し、[カラー] パネルで色を確認すると、背景の色と前面の明るい色が混じった掛け合わせになっています❸。このような色指定であれば、印刷時に版ずれが起きた場合でも紙色が現れにくくなります。トラップの設定は専門知識が必要なので、設定に迷った場合は印刷会社に相談してください。

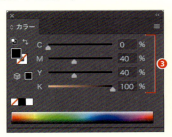

Illustrator Design Reference

## NO. 264 印刷分版をプレビューする

VER.
CC / CS6 / CS5 / CS4 / CS3

［分版プレビュー］パネルでは、印刷時の分版された状態を画面上で確認できます。入稿前のデータチェックに便利です。

**STEP 1**
［ウィンドウ］メニューから［分版プレビュー］を選択し❶、［分版プレビュー］パネルを表示します。［オーバープリントプレビュー］をチェックし❷、各版の名前の目のアイコンをクリックして表示のオン／オフを切り替えます。ここではCMYKカラー以外にDICの特色を使用しているので、［分版プレビュー］パネルにはDICカラーの色名も表示されています。

**STEP 2**
分版プレビューで、各版を個別に表示してみました。分版でチェックすることで、オーバープリントやノックアウトの指定が正しく設定されているかを確認できます。

シアンを表示

マゼンタを表示

イエローを表示

ブラックを表示

特色（DICカラー）を表示

第12章　印刷と入稿

 260 特色をプロセスカラーに変換する

# NO. 265 パッケージを使って印刷入稿する

VER.
CC / CS6 / CS5 / CS4 / CS3

CC 以降では、［パッケージ］機能を使って、印刷入稿などに必要なファイルを別フォルダーにまとめて書き出せます。

**STEP 1**
［パッケージ］機能を利用すると、ドキュメントにリンクした画像ファイルや使用している欧文フォントをまとめて書き出せます。ここでは以下のドキュメントを例に［パッケージ］を実行します。リンクした画像ファイルは［リンク］パネルで確認できます❶。また、ドキュメントで使用中のフォントは［ドキュメント情報］パネルで確認できます❷。

**STEP 2**
［パッケージ］を行う前に、［ファイル］メニューから［保存］を選び、ドキュメントを保存します。続けて、［ファイル］メニューから［パッケージ］を実行します❸。

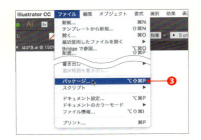

**STEP 3**
［パッケージ］ダイアログが表示されます。［オプション］で、書き出したいファイルや必要なオプションをチェックして指定します❹。オプションの各項目は、以下のような働きがあります。

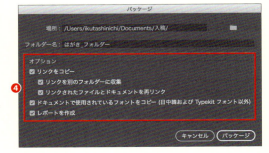

- ［リンクをコピー］を選ぶと、リンクファイルをパッケージフォルダーにコピーします。
- ［リンクを別のフォルダーに収集］を選ぶと、リンクフォルダーを作成し、リンクファイルをその中にコピーします。チェックしないと、.ai ファイルと同じ階層にコピーされます。
- ［リンクされたファイルとドキュメントを再リンク］を選ぶと、リンク先が書き出したパッケージフォルダーの場所に変更します。チェックしないと、リンク元はオリジナルの場所のまま維持されます。
- ［ドキュメントで使用されているフォントをコピー（日中韓および Typekit フォント以外）］を選ぶと、ドキュメントで使用している欧文フォントがコピーされます。
- ［レポートを作成］を選ぶと、ドキュメントの概要をまとめたレポートがテキストファイルで書き出されます。

STEP 4
パッケージフォルダーを書き出す場所を指定します。［場所］の入力ボックス（ディレクトリが表示されている）の右側にある［パッケージフォルダーの場所を選択］ボタンをクリックします❺。現れるダイアログで保存先を指定し❻、［選択］をクリックします。［パッケージ］ダイアログの右下にある［パッケージ］のボタンをクリック❼します。

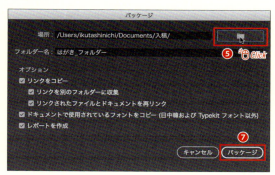

STEP 5
フォントのコピーに関する警告ダイアログ❽が表示されるので、内容を確認し、［OK］をクリックします。パッケージの作業が終了したメッセージが表示されます❾。［パッケージを表示］をクリックすると、書き出したパッケージフォルダーが開きます。右図に、パッケージフォルダーの構成を示しました。レポートファイル❿、書き出された .ai ドキュメント⓫、ドキュメントで使用した欧文フォントがコピーされた「Fonts」フォルダー⓬、リンクファイルがコピーされた「Links」フォルダー⓭が書き出されているのが確認できます。

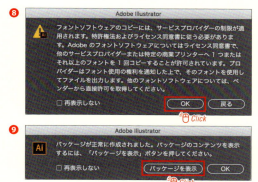

STEP 6
レポートをエディタなどで開くと、ドキュメントの概要を確認できます。このレポートには、特色のオブジェクト、使用フォントおよび所在不明のフォント、リンク画像および埋め込み画像の詳細が含まれています。

> **MEMO**
> ページレイアウトソフトの Adobe InDesign には、印刷入稿に必要なドキュメントやレポートをまとめて書き出すパッケージ機能があり、たくさんの画像をリンクしたファイルをまとめるのに大変便利です。この機能が Illustrator CC に導入されたことで、印刷入稿時の煩雑な作業が大幅に軽減されるでしょう。

第12章　印刷と入稿

NO.
# 266 PDF で Web 用や印刷入稿用として書き出す

VER.
CC / CS6 / CS5 / CS4 / CS3

Web 表示に最適化した PDF や、印刷入稿に適した PDF のドキュメントを書き出すことができます。

## Web 表示用に PDF 形式で書き出す

**STEP 1**
まず、Web 表示用に適した PDF ドキュメントを書き出してみましょう。ドキュメントを開き、[ファイル] メニューから[別名で保存]を選びます❶。[ファイル形式](CS5 以前では[フォーマット])のポップアップで[Adobe PDF（pdf）]を選びます❷。ファイル名には「.pdf」の拡張子が付くことを確認してください。保存先を指定し、[保存] ボタンをクリックします。

**STEP 2**
[Adobe PDF を保存] ダイアログが表示されます。[Adobe PDF プリセット] のドロップダウンリストから、設定済みのプリセットを選ぶことができます❸。ここでは、Web 表示用にデータ容量の軽い PDF を作成することが目的なので、[最小ファイルサイズ] を選びます❹。[最小ファイルサイズ] を選ぶと、[Web 表示用に最適化] にチェックが入ります❺。[PDF を保存] をクリックして、PDF を書き出します。

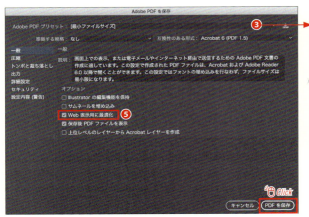
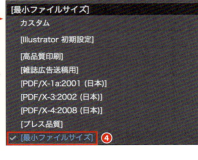

 **MEMO**
保存した PDF を、あとで Illustrator で開いて編集する場合には、[Illustrator の編集機能を保持] にチェックを入れておきます。

**STEP 3** [保存後PDFファイルを表示]をチェックすると、書き出されたPDFが開き、表示を確認できます。PDFファイルの容量を確認すると、オリジナルに比べて軽いデータになっていることがわかります。

## 印刷入稿用にPDF形式で書き出す

**STEP 1** 印刷入稿用にPDFを書き出す場合は、印刷会社の指示を受けて、[Adobe PDFプリセット]を利用します。一般的なのは[PDF/X-1a:2001（日本）]を選ぶ方法です❺。そのほか、印刷会社で設定用のマニュアルを配布していたり、独自のプリセットファイルを提供している場合もあります。

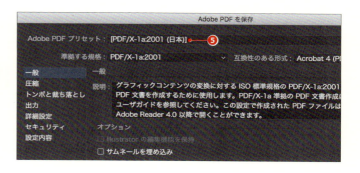

**STEP 2** 出力の詳細をカスタマイズできます。左側のリストで[圧縮]を選ぶと❻、画像の圧縮方法をカスタマイズできます。また、[トンボと裁ち落とし]を選ぶと❼、トンボの有無を選択したり❽、裁ち落とし領域の出力の有無を選択できます❾。これらの設定も、印刷会社の指示を受けて設定するようにしてください。

**STEP 3** [PDFを保存]をクリックして、PDFを書き出します。[保存後PDFファイルを表示]をチェックすると、書き出されたPDFが開き、表示を確認できます。右の出力例は、[PDF/X-1a:2001（日本）]を選択し、[すべてのトンボとページ情報をプリント]をオン、[裁ち落とし]で[ドキュメントの裁ち落としを使用]をチェックして書き出したものです。

 250 プリントダイアログでトンボを付ける

# PROCESS COLOR CHART
プロセスカラーチャート（2色）

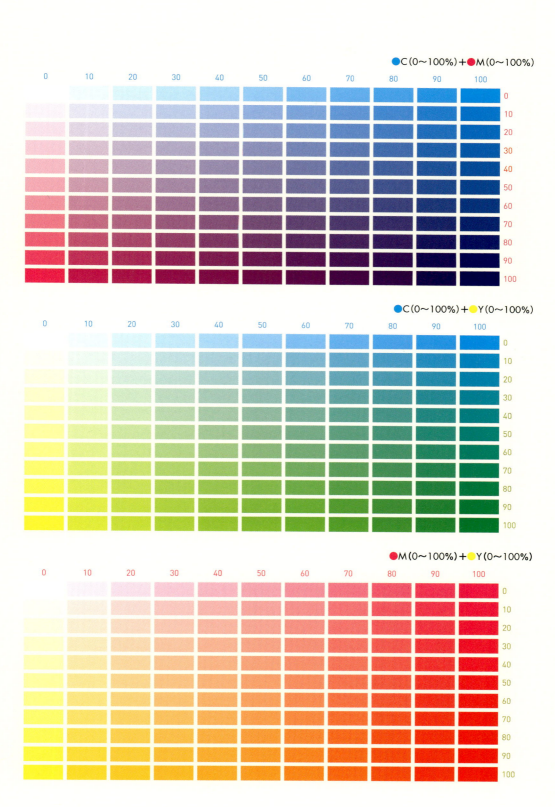

# PROCESS COLOR CHART
プロセスカラーチャート（3色）

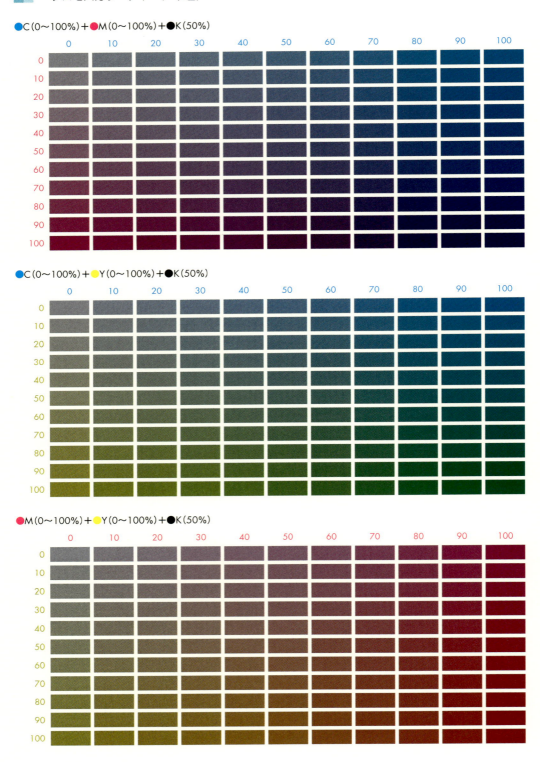

Illustrator Design Reference

プロセスカラーチャート（3色）

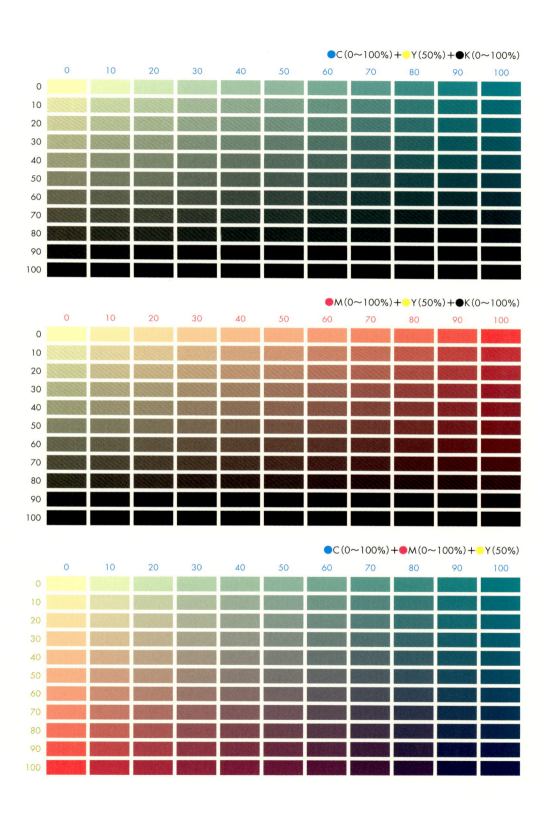

## 罫線の作図法早見表

| | |
|---|---|
| 線幅：0.25 pt | バット線端　線幅：2pt　破線 → 線分：2pt　間隔：10pt |
| 線幅：0.5 pt | バット線端　線幅：2pt　破線 → 線分：2pt　間隔：20pt |
| 線幅：0.75 pt | バット線端　線幅：2pt　破線 → 線分：5pt　間隔：5pt |
| 線幅：1 pt | バット線端　線幅：2pt　破線 → 線分：5pt　間隔：10pt |
| 線幅：2 pt | バット線端　線幅：2pt　破線 → 線分：5pt　間隔：20pt |
| 線幅：3 pt | 丸型線端　線幅：2pt　破線 → 線分：0pt　間隔：5pt |
| 線幅：4 pt | 丸型線端　線幅：2pt　破線 → 線分：0pt　間隔：10pt |
| 線幅：5 pt | 丸型線端　線幅：2pt　破線 → 線分：0pt　間隔：20pt |
| 線幅：6 pt | 丸型線端　線幅：3pt　破線 → 線分：0pt　間隔：5pt |
| 線幅：7 pt | 丸型線端　線幅：3pt　破線 → 線分：0pt　間隔：10pt |
| 線幅：8 pt | 丸型線端　線幅：3pt　破線 → 線分：0pt　間隔：20pt |
| 線幅：9pt | 丸型線端　線幅：6pt　破線 → 線分：0pt　間隔：5pt |
| 線幅：10pt | 丸型線端　線幅：6pt　破線 → 線分：0pt　間隔：10pt |
| 線幅：20pt | 丸型線端　線幅：6pt　破線 → 線分：0pt　間隔：20pt |

罫線の作図は［線］パネルから行います。詳細は、「086 破線を描く」「087 線幅や線の形状を設定する」を参照してください。

# 罫線の作図法早見表

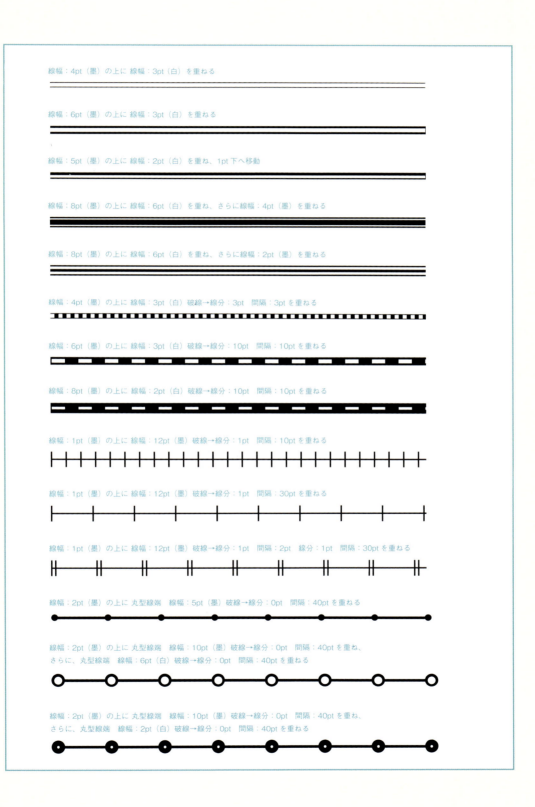

線幅 2pt　破線→線分：10pt　間隔：3pt　線分：3pt　間隔：3pt

線幅 2pt　破線→線分：10pt　間隔：5pt　線分：2pt　間隔：5pt　線分：10pt　間隔：5pt

線幅 2pt　破線→線分：15pt　間隔：3pt　線分：3pt　間隔：3pt　線分：3pt　間隔：3pt

線幅 1pt　破線→線分：3pt　間隔：3pt

線幅 3pt　破線→線分：3pt　間隔：3pt

線幅 6pt　破線→線分：3pt　間隔：3pt

線幅 10pt　破線→線分：3pt　間隔：3pt

線幅 20pt　破線→線分：3pt　間隔：3pt

線幅 0.75pt　［パスの変形］→［ジグザグ］→ 大きさ：1pt　折り返し：100 ポイント：直線的に

線幅 0.75pt　［パスの変形］→［ジグザグ］→ 大きさ：2pt　折り返し：100 ポイント：直線的に

線幅 0.75pt　［パスの変形］→［ジグザグ］→ 大きさ：3pt　折り返し：100 ポイント：直線的に

線幅 0.75pt　［パスの変形］→［ジグザグ］→ 大きさ：1pt　折り返し：100 ポイント：滑らかに

線幅 0.75pt　［パスの変形］→［ジグザグ］→ 大きさ：2pt　折り返し：100 ポイント：滑らかに

線幅 0.75pt　［パスの変形］→［ジグザグ］→ 大きさ：3pt　折り返し：100 ポイント：滑らかに

罫線の作図は［線］パネルから行います。詳細は、「086 破線を描く」「087 線幅や線の形状を設定する」を参照してください。

# INDEX
索 引

## 英数字

|  |  |
|---|---|
| 3D | 053,271,299,300,302,308 |
| 3原色 | 113 |
| 9スライス | 304 |
| Adobe Bridge | 316,318 |
| Adobe InDesign | 345 |
| Adobe Photoshop | 145,160 |
| Adobe Stock | 165,166 |
| Adobe Typekit | 222,321 |
| ait ファイル | 294 |
| CD レーベル | 328 |
| CMYK | 113 |
| CPU | 038 |
| Creative Cloud | 161,162 |
| CSS | 280 |
| CSS プロパティパネル | 280 |
| EPS | 052 |
| HTML | 285 |
| JavaScript | 286,312 |
| LINE | 290 |
| mm | 050 |
| OpenType | 210,247 |
| PDF | 321,346 |
| PDF プリセット | 320 |
| PSD | 149 |
| pt | 050 |
| Q | 050 |
| RGB | 113 |
| Shaper ツール | 063 |
| SVG | 282 |
| SVG インタラクティビティパネル | 286 |
| SVG フィルター | 282,283 |
| Template | 052 |
| TIFF | 149 |
| Web 用に保存 | 278 |

## あ

|  |  |
|---|---|
| アーティスティック | 184 |
| アートブラシ | 130 |
| アートボード | |
| 〜ツール | 033,292 |
| 〜に整列 | 077 |
| 〜にペースト | 069 |
| 〜パネル | 034,036 |
| アウトライン化 | 216,217,321 |
| アウトライン表示 | 047 |
| アクションパネル | 310 |
| アセットの書き出し | 289 |
| アップデート | 161 |
| アピアランスパネル | 114,121,157,176,189 |
| アピアランスを分割 | 122,190,336 |
| アプリ | 288 |
| 粗いパステル画 | 184 |
| アレンジ | 032 |
| アンカーポイント | 085,087,089 |
| 〜の削除ツール | 088 |
| 異体字 | 210 |
| 一括指定 | 178 |
| 一括置換 | 318 |
| 移動距離 | 068 |
| 入れ子 | 064 |
| 色鉛筆 | 184 |
| 色指定 | 112 |
| 印刷 | 321,322,323,324 |
| インスタンス | 080,081 |
| インターフェイス | 028,029 |
| インデント | 206 |
| 上付き文字 | 247 |
| 内側描画 | 154 |
| 打ち消し線 | 204 |
| うねりツール | 104 |
| 埋め込み | 144,148 |
| 〜を解除 | 149 |
| 絵筆ブラシ | 129 |
| エリア内文字 | 193,194,199 |
| 〜ツール | 198 |
| 遠近感 | 099 |
| 遠近グリッドツール | 108 |
| 遠近図形選択ツール | 110 |
| 遠近法 | 109 |
| 円グラフ | 257,262,263,264 |
| 円柱のグラフ | 272 |
| 鉛筆ツール | 062 |
| エンベロープ | 102,103,220,221 |
| 欧文回転 | 243 |
| オーバープリント | 340,341 |
| オーバーフローテキスト | 238 |
| 押し出し・ベベル | 302,308 |
| オブジェクトを再配色 | 296 |
| オリジナルカラー | 115 |
| 折れ線グラフ | 257,270 |

## か

|  |  |
|---|---|
| カーソルキー | 049 |
| カーニング | 205 |
| 階層 | 071 |
| 階層グラフ | 257 |
| 解像度 | 158 |
| 回転体 | 299 |
| 回転ツール | 096,097 |
| ガイド | 043,044,326 |
| 下位バージョン | 052,053 |
| 拡大・縮小ツール | 090 |
| 角度 | 068 |
| 重ね順 | 070 |
| 加算・減算 | 091 |
| カスタムブラシ | 129,130 |

| | | |
|---|---|---|
| 下線·················· 204 | 検索・置換············ 209,333 | ～ウィンドウ ·········· 048 |
| 画像トレースパネル········ 305,307 | 原点················· 042 | ～シンボル············ 080 |
| 型抜き················ 078 | 効果ギャラリー·········· 181 | ～ドキュメント········ 030,031 |
| 合体················· 079 | 交差·············· 042,046 | ～ライブラリ·········· 054,162 |
| カラー | 光彩················· 219 | ～レイヤー············ 072 |
| 　～ガイドパネル ········ 138 | 合成フォント··········· 248 | シンボルスプレーツール····· 080 |
| 　～スウォッチ·········· 114 | コーナーウィジェット······ 060 | シンボルパネル········ 080,081,304 |
| 　～調整············· 168 | コーナーポイント········ 061,085 | シンメトリー··········· 098 |
| 　～ハーフトーン········ 185 | 個別に変形··········· 092,093 | 水彩画··············· 184 |
| 　～パネル············ 112 | コントロールパネル······· 026 | スウォッチパネル······ 114,115,132 |
| 　～分岐点··········· 124,127 | コンポーザー··········· 242 | 数値指定············· 068 |
| 　～モード··········· 030,113 | | ズームツール··········· 038 |
| カリグラフィブラシ········ 129 | さ | ズームボックス········· 040 |
| カンバスカラー·········· 029 | サイズ指定············ 058 | スクリーン············ 136 |
| キーオブジェクト········· 077 | 最前面へ············· 070 | スクリプト············ 312 |
| キーボードショートカット····· 208 | 最適化··············· 278 | スケッチ············· 183 |
| 基準点·············· 041,091 | 作業画面············· 024 | スターツール··········· 059 |
| 行送り··············· 204 | 座標軸··········· 253,258,259 | スタイライズ·········· 174 |
| 行揃え··············· 206 | 散布図·············· 257 | スタンプ············· 290 |
| 共通オブジェクトを選択······ 066 | 散布ブラシ············ 130 | ステップ数············ 075 |
| 曲線ツール············ 061 | サンプルテキスト········ 227 | スポイトツール········· 155 |
| 切り分け············· 101 | シアーツール·········· 096,099 | スマートガイド········· 045 |
| 禁則処理············ 207,241 | 仕上がり線············ 326 | スムーズツール········· 062 |
| 空白文字············· 226 | シアン··············· 113 | スムーズポイント········ 085 |
| クラウンツール·········· 104 | シェイプ形成ツール······ 078,079 | スモールキャップス······· 204 |
| グラデーション······ 124,126,127,128 | ジグザグ············ 171,175 | スライス選択ツール······· 277 |
| グラフィックスタイル······· 175 | 字形パネル············ 210 | スライスツール········· 276 |
| グラフ | 字下げ··············· 206 | スレッドテキスト········ 238 |
| 　～設定············· 254 | 下付き文字············ 247 | 整列パネル········· 076,089 |
| 　～のイラスト ····· 265,266,268,270 | 収縮ツール············ 104 | セグメント············ 100 |
| グリッド············· 046 | 自由変形ツール········· 095 | 切断················ 100 |
| クリッピングマスク······ 153,154,217 | 定規··············· 041 | 選択ツール············ 026 |
| グループ化············ 064 | 乗算················ 136 | 選択面ウィジェット······ 108,110 |
| グループ選択ツール······· 065,260 | 乗法／除法············ 091 | 線················· 112 |
| グローバルカラー········ 116 | 白フチ文字············ 218 | 　～の位置·········· 118,120 |
| 消しゴムツール·········· 106 | 新規 | 　～の形状············ 122 |

# 索引

| | | |
|---|---|---|
| 線パネル・・・・・・053,117,120 | テンプレート・・・・・・142,294 | ハイフネーション・・・・・・207 |
| 〜幅・・・・・・118 | テンプレートレイヤー・・・・・・072 | 背面へ・・・・・・070 |
| 線幅ツール・・・・・・123 | 等間隔・・・・・・077 | バウンディングボックス・・・・・・094 |
| 線分・・・・・・117 | 同心円グリッドツール・・・・・・082 | はさみツール・・・・・・100 |
| 前面へ・・・・・・070 | 透明パネル・・・・・・135,136 | パス |
| **た** | 透明部分を分割・統合・・・・・・338 | パス上文字ツール・・・・・・196,197 |
| ターゲットコラム・・・・・・073 | ドキュメント情報パネル・・・・・・332 | 〜のアウトライン・・・・・・122 |
| タイトルバー・・・・・・022 | 特殊文字・・・・・・226 | 〜のオフセット・・・・・・170 |
| タイリング印刷・・・・・・330 | 特色・・・・・・339 | 〜の書き出し・・・・・・160 |
| ダイレクト選択ツール・・・・・・086 | ドック・・・・・・024 | 〜の自由変形・・・・・・095,173 |
| 多角形ツール・・・・・・059 | 突出線端・・・・・・118 | パスファインダーパネル・・・・・・078,079 |
| 断ち落とし・・・・・・326 | トラッキング・・・・・・205 | 破線・・・・・・117 |
| 縦中横・・・・・・244 | トラップ・・・・・・342 | パターン・・・・・・096,132 |
| 縦横比・・・・・・090 | 取り消し・・・・・・051 | パターンスウォッチ・・・・・・261 |
| タブ・・・・・・032 | トリムマーク・・・・・・326 | パターンタイルツール・・・・・・133 |
| タブパネル・・・・・・212 | トレース・・・・・・142 | 〜ブラシ・・・・・・130 |
| 単位・・・・・・050,259 | ドロップシャドウ・・・・・・219 | パッケージ機能・・・・・・344 |
| 段組設定・・・・・・214 | トンボ・・・・・・325,326 | バッチ処理・・・・・・310 |
| 段落スタイルパネル・・・・・・230,232 | **な** | バット線端・・・・・・118 |
| 段落パネル・・・・・・206 | ナイフ・・・・・・101 | バナー・・・・・・292,294 |
| 長方形グリッドツール・・・・・・082 | ナビゲーターパネル・・・・・・040 | パネル表示・・・・・・024 |
| 長方形ツール・・・・・・058 | 入稿・・・・・・321,346 | パンク・膨張・・・・・・175 |
| チョーク・木炭画・・・・・・183 | 塗り・・・・・・112 | ハンドル・・・・・・084 |
| ツール | 塗りブラシツール・・・・・・105 | 凡例・・・・・・251,253,255 |
| 〜アイコン・・・・・・022,028 | ネオン光彩・・・・・・184 | ピクセル・・・・・・026,030 |
| 〜グループ・・・・・・022 | ネスト・・・・・・064 | ピクセルグリッドに整合・・・・・・275 |
| 〜パネル・・・・・・022,023 | ノックアウト・・・・・・340 | ピクセルプレビュー・・・・・・274 |
| 粒状フィルム・・・・・・184 | **は** | ピクセレート・・・・・・185 |
| 積み上げ棒グラフ・・・・・・257 | バージョン・・・・・・052 | ひだツール・・・・・・104 |
| 低解像度・・・・・・159 | パース・・・・・・110 | ビットマップ・・・・・・156 |
| データの読み込み・・・・・・252 | ハードライト・・・・・・136 | 非表示・・・・・・022 |
| テキストの回り込み・・・・・・228 | ハーモニールール・・・・・・138 | 表・・・・・・212 |
| テクスチャ・・・・・・182 | 配色パターン・・・・・・138 | 描画モード・・・・・・136 |
| 手のひらツール・・・・・・039,040 | 配置・・・・・・140,141 | 表示倍率・・・・・・039 |
| 点線・・・・・・117 | | フォント検索・・・・・・203,224,332 |
| | | 復元・・・・・・056 |

| | | |
|---|---|---|
| 複合シェイプ……………… 078,079 | 星形………………………… 059 | 落書き……………………… 188 |
| 複合パス…………………… 217 | **ま** | ラスタライズ……………… 156 |
| 複製………………… 035,067,068 | マイター結合……………… 118 | ラベル………………… 251,253 |
| 不透明度…………… 127,135,137 | マスク……………………… 137 | ランダム…………… 093,104,172 |
| 不透明マスク……………… 137 | マゼンタ…………………… 113 | リキッドツール群………… 104 |
| ブラケット………………… 196 | マッピング機能…………… 300 | 立体感……………………… 074 |
| ぶら下がり………………… 240 | 丸型線端…………………… 118 | リッチブラック…………… 341 |
| ブラシストローク………… 186 | 回り込み…………………… 228 | リフレクトツール……… 096,098 |
| フリーハンド…………… 062,106 | メッシュツール…… 102,103,128 | リンク……………… 142,143,152 |
| プリント分割ツール……… 324 | 目盛り……………………… 258 | 〜画像…………… 150,151,152 |
| プレビュー表示…………… 047 | モザイク…………………… 169 | 〜パネル………… 146,147,148 |
| ブレンドツール………… 074,075 | 文字 | リンクルツール…………… 104 |
| プロセスカラー…………… 339 | 〜回転…………………… 170 | レイヤー…………… 143,145,331 |
| プロファイル……………… 030 | 〜スタイルパネル…… 234,236 | レイヤーパネル…………… 072 |
| 分割………………………… 107 | 〜揃え…………………… 246 | レーダーチャート………… 257 |
| 分割文字…………………… 226 | 文字タッチツール… 170,200,204 | レジストレーションマーク…… 325 |
| 分数………………………… 211 | 文字ツール…………… 170,202 | 連結………………………… 087 |
| 分版プレビュー…………… 343 | 〜ツメ…………………… 205 | ロゴ………………………… 170 |
| 分布………………………… 076 | 〜パネル…………… 204,224 | ロック…………………… 043,044 |
| 平均………………………… 089 | **や** | **わ** |
| ペイント属性……………… 134 | 矢印………………………… 063 | ワークスペース…………… 024 |
| ペースト…………………… 069 | やり直し…………………… 051 | ワープ効果……………… 177,220 |
| ベースラインシフト……… 204 | 歪み………………………… 103 | ワープツール……………… 104 |
| ベクター画像……………… 305 | 横向き積み上げ棒グラフ…… 257 | ワイヤフレーム…………… 302 |
| ベベル結合………………… 118 | 横向き棒グラフ…………… 257 | 割注………………………… 245 |
| 変形……………… 093,094,096 | **ら** | |
| 〜パネル………… 041,091 | ライブカラー……………… 296 | |
| 変数パネル………………… 314 | ライブシェイプ…………… 060 | |
| ペンツール………………… 084 | ライブトレース…………… 305 | |
| ポインタ…………………… 084 | ライブプレビュー………… 224 | |
| ポイント……………… 030,046 | ライブペイントツール…… 298 | |
| ポイント文字…………… 192,194 | ライブラリパネル…… 054,162,164 | |
| 棒グラフツール…………… 250 | ラウンド結合……………… 118 | |
| 方向線…………… 084,085,086 | | |
| 膨張ツール………………… 104 | | |
| ぼかし…………………… 179,180 | | |

### 執筆者プロフィール

#### 生田 信一
有限会社ファー・インク代表。東京デザイン専門学校非常勤講師。1991 年よりデザイン専門誌の編集に関わり、その後多くの書籍や雑誌の著作、編集、レイアウトなどを行う。著書に『プロなら誰でも知っている デザインの原則 100』(ボーンデジタル)、共著書に『標準 DTP デザイン講座 基礎編』、『InDesign CS6 逆引きデザイン事典 PLUS』、『InDesign 標準デザイン講座』(以上すべて翔泳社)、『Design Basic Book はじめて学ぶ、デザインの法則』(BNN 新社)、『デザインを学ぶ 1 グラフィックデザイン基礎』(MdN) などがある。

(第 1 章、第 7 章、第 8 章、第 12 章を担当)

#### ヤマダジュンヤ
グラフィックデザイナー。2000 年より Web サイト (http://www.ch67.jp) 公開と同時にフリーランスとして活動開始。広告、ロゴなどを中心に幅広い分野で活動中。デザイン関連書籍及び専門誌での執筆、寄稿多数。著書に『クリエイターのための 3 行レシピ ロゴデザイン Illustrator』(翔泳社)、『Illustrator CS2 デザインスクール for Win & Mac』(MdN)、共著書に『もっとクイズで学ぶデザイン・レイアウトの基本』(翔泳社)、『プロとして恥ずかしくない 新・配色の大原則』(MdN) などがある。

(第 2 章、第 3 章、第 4 章を担当)

#### 柘植 ヒロポン
グラフィックデザイナー。横浜美術大学 美術学部 美術・デザイン学科 非常勤講師。デザイン関連の書籍の企画、レイアウト、執筆を多数手がける。近著に『やさしい配色の教科書』(単著)、『プロとして恥ずかしくない 新・配色の大原則』(共著)(共に MdN) がある。

(第 5 章、第 9 章を担当)

#### 順井 守
デザイン事務所ハイ制作室を経て 2003 年より 12design として独立。現在 Web を中心にインタラクティブ・グラフィックデザインを手がけている。
http://www.12design.jp

(第 6 章、第 10 章、第 11 章を担当)

| | |
|---|---|
| 装丁・本文デザイン | 坂本 真一郎（クオルデザイン） |
| カバーイラスト | フジモト・ヒデト |
| 組 版 | ファー・インク |
| 編 集 | 古賀 あかね、江口 祐樹 |

# Illustrator 逆引きデザイン事典
イラストレーター

[CC/CS6/CS5/CS4/CS3] 増補改訂版

2017年2月9日　初版第1刷発行
2021年3月5日　初版第2刷発行

| | |
|---|---|
| 著　　者 | 生田 信一、ヤマダ ジュンヤ、柘植 ヒロポン、順井 守 |
| 発 行 人 | 佐々木 幹夫 |
| 発 行 所 | 株式会社 翔泳社（https://www.shoeisha.co.jp） |
| 印刷・製本 | 大日本印刷 株式会社 |

©2017 Shinichi Ikuta, Junya Yamada, Hiropon Tsuge, Mamoru Juni

＊本書は著作権法上の保護を受けています。本書の一部または全部について（ソフトウェアおよびプログラムを含む）、株式会社翔泳社から文書による許諾を得ずに、いかなる方法においても無断で複写、複製することは禁じられています。
＊落丁・乱丁はお取り替えいたします。03-5362-3705までご連絡ください。
＊本書へのお問い合わせについては、002ページに記載の内容をお読みください。

ISBN978-4-7981-4982-0　　Printed in Japan